无人机系统研究与应用出版工程
陕西出版资金精品项目

WURENJI BIANDUI FEIXING JISHU

无人机编队飞行技术

王新民　王晓燕　肖　堃　著

西北工業大學出版社

【内容简介】 本书系统而全面地介绍了无人机编队飞行中的关键技术问题，提出了一系列编队队形设计准则，建立了编队飞行数学模型，并对编队气动耦合进行了深入的分析，研究了多无人机协同航迹规划问题和三维无人机编队飞行控制系统的设计问题。

本书可供无人飞行器作战技术与指挥及相关专业高年级本科生和研究生学习参考，同时也适合从事无人飞行器设计、无人飞行器战术战法研究等方面的作战指挥决策者参考。

图书在版编目(CIP)数据

无人机编队飞行技术/王新民，王晓燕，肖堃著．—西安：西北工业大学出版社，2015.9(2025.8 重印)

ISBN 978-7-5612-4622-1

Ⅰ.①无… Ⅱ.①王… ②王… ③肖… Ⅲ.①无人驾驶飞机—编队飞行 Ⅳ.①V279②V323.18

中国版本图书馆 CIP 数据核字(2015)第 227517 号

出版发行：西北工业大学出版社
通信地址：西安市友谊西路 127 号　　邮编：710072
电　　话：(029)88493844　88491757
网　　址：www.nwpup.com
印 刷 者：陕西奇彩印务有限责任公司
开　　本：787 mm×1 092 mm　1/16
印　　张：16　　彩插：4
字　　数：289 千字
版　　次：2015 年 11 月第 1 版　　2025 年 8 月第 8 次印刷
定　　价：58.00 元

前　言

无人机编队飞行的协同侦察、作战模式可以在一定程度上提高单机单次作战任务的成功概率，因而引起各国对无人机编队飞行的研究热潮。目前国外虽已取得了显著的研究成果，但离工程应用还有很大的差距，而国内研究才刚刚起步，还属于理论跟踪性研究。因此系统而全面地研究无人机编队飞行的关键技术，逐步实现其工程应用迫在眉睫。本书以无人机编队飞行为背景，全面探讨编队飞行的各项关键技术，并着重分析研究无人机编队队形设计、编队建模与气动耦合、航迹规划和编队控制等方面的内容。

本书共分6章。首先简要介绍无人机的发展历史以及单架无人机执行任务时面临的问题，引出无人机编队飞行的概念。参照国内外相关文献对无人机编队飞行的不同定义，提出较完备的无人机编队飞行的定义，概括了无人机编队的特点及编队飞行的优势。第2章结合近年来国内外无人机编队飞行的发展状况和一些主要的研究成果，系统而全面地介绍无人机编队飞行中的关键技术问题，主要包括队形设计、航迹规划、气动耦合、队形重构、编队方式、信息交互和传递、防撞控制、编队飞行控制以及硬件测试平台等方面。第3章提出无人机编队队形设计的定义，从编队几何形状设计、无人机数量、气动耦合等因素出发，详细分析、讨论无人机编队飞行的队形设计问题，提出一系列编队队形设计准则，并概括无人机编队的分类。第4章给出根据编队几何关系推导编队飞行相对运动学方程的方法，并对编队气动耦合进行深入的分析。第5章主要研究多无人机协同航迹规划，阐述一种多无人机协同覆盖航迹规划算法。对无人机执行覆盖任务的能力进行评价，得到无人机的任务性能指数。根据该性能指数及子区域的宽度，对待覆盖区域进行划分，并分配给相应的无人机。该算法具有动态重规划能力，当单架无人机出现故障退出任务时，能够利用剩余的无人机完成整个区域的覆盖。第6章阐述三维无人机编队飞行控制系统的设计问题。

应用PID控制理论结合线性混合器进行三维编队飞行控制器的仿真设计，提供一种机动时能保持队形，并能通过控制间隔距离变换队形的控制系统的设计方法。针对无人机编队飞行的非线性模型，阐述非线性动态逆控制器、神经网络自适应逆控制器和鲁棒动态逆控制器的设计原理，提高编队控制的精度与鲁棒性。

本书内容是在笔者多年从事科研项目研究基础上撰写的。笔者指导的博士研究生、硕士研究生参与了本书部分内容的相关研究工作，在此对参与过研究工作的研究生们表示衷心的感谢。

本书可供无人飞行器作战技术与指挥及相关专业高年级本科生和研究生学习参考，同时也适合从事无人飞行器设计、无人飞行器战术战法研究等方面的作战指挥决策者参考。

著　者

2015年7月

目　　录

第1章　绪论 ……………………………………………… 1

1.1　无人机编队飞行概述 ……………………………… 1
1.2　国内外研究现状 …………………………………… 4

第2章　无人机编队飞行关键技术 …………………… 9

2.1　编队队形设计 ……………………………………… 9
2.2　编队航迹规划 ……………………………………… 11
2.3　编队气动影响 ……………………………………… 12
2.4　编队队形重构 ……………………………………… 15
2.5　编队的基本方式 …………………………………… 18
2.6　编队信息交互和传递 ……………………………… 21
2.7　编队防撞控制 ……………………………………… 23
2.8　编队飞行控制 ……………………………………… 24
2.9　编队飞行硬件测试平台 …………………………… 25

第3章　无人机编队队形设计 ………………………… 27

3.1　编队队形设计定义 ………………………………… 27
3.2　编队几何形状设计 ………………………………… 27
3.3　编队无人机数量选择 ……………………………… 29
3.4　编队气动耦合影响 ………………………………… 29
3.5　编队队形设计准则 ………………………………… 44
3.6　编队飞行分类 ……………………………………… 46

第4章　无人机编队飞行模型的建立 ………………… 48

4.1　飞机/自动驾驶仪模型 …………………………… 48
4.2　编队坐标系 ………………………………………… 50
4.3　运动学方程 ………………………………………… 51
4.4　编队飞行系统数学模型 …………………………… 56
4.5　编队的气动耦合模型 ……………………………… 67

第 5 章　无人机编队协同航迹规划 ………………………… 70

5.1　航迹规划的定义 ………………………… 70
5.2　航迹规划约束 ………………………… 72
5.3　威胁模型 ………………………… 77
5.4　协同航迹规划指标 ………………………… 80
5.5　多无人机编队协同航迹规划算法 ………………………… 83

第 6 章　编队飞行控制方法 ………………………… 149

6.1　鲁棒 H_∞ 控制器设计 ………………………… 149
6.2　非线性动态逆编队飞行控制方法研究 ………………………… 172
6.3　鲁棒动态逆编队飞行控制方法研究 ………………………… 188
6.4　神经网络自适应逆编队飞行控制方法研究 ………………………… 213
6.5　航迹规划下的编队飞行控制 ………………………… 232

参考文献 ………………………… 238

第1章 绪 论

1.1 无人机编队飞行概述

1.1.1 无人机编队飞行的定义

目前，国内外对无人机编队飞行的定义，主要有以下几种：

(1)无人机编队飞行，就是将多架无人机按照一定的队形进行排列，并使其在整个飞行过程中保持队形不变[1-6]。

(2)无人机编队飞行，是指将多架无人机按照一定的队形进行排列，并使其在整个飞行过程中保持队形不变或者相对位置在一定范围内变动[7]。

(3)无人机编队飞行，就是将多架具有自主功能的无人机按照一定的结构形式进行三维空间排列，使其在飞行过程中保持稳定的队形，并能根据外部情况和任务需求进行动态调整，以体现整个机群的协同一致性[8]。

(4)无人机编队飞行，是指多架无人机为适应任务要求而进行的某种队形排列和任务分配的组织模式，它既包括编队飞行的队形产生、保持和变化，也包括飞行任务的规划和组织[9]。

四种定义中都提出，无人机编队飞行是将多架无人机按照一定的队形进行排列，并要求在整个飞行过程中保持队形不变。定义(2)指出无人机编队飞行的队形可以保持不变或在一定范围内变动。定义(3)要求参与编队的无人机要具有自主功能，保持飞行中队形稳定并能进行动态调整，强调了整个机群的协同、一致。而定义(4)具体化了编队飞行的内容，提出了明确的目标要求，指出编队飞行主要包括队形设计、保持和调整，同时还有对飞行任务的规划和组织。

无人机编队的主要目的就是保持各无人机之间给定的相对姿态和相对位置不变，或根据任务、机动要求在一定范围内变化。同时，机群中所有飞机都要在执行任务时根据面临的具体情况来分担任务[10-11]。编队飞行的无人机能通过信息共享在飞行中改变原有队形，自主地对突发事件做出反应。当某架无人机因敌人通信干扰或受到攻击而掉队失踪时，其余的无人机应该能立即填补它留下的空缺。在上述基础上提出笔者理解的无人机编队飞行定义。

定义1(无人机编队飞行):无人机的编队飞行,是指两架或两架以上具有自主功能的无人机为适应任务要求而进行的一定结构的某种队形排列和任务分配的组织模式。它既包括编队飞行的队形设计、飞行过程中的队形保持和根据外部情况及任务需求进行队形的动态调整变化,也包括飞行任务的规划和组织,以体现整个无人机群的协同一致性。其中,带队的那架无人机称为长机(lead aircraft /leader),而其余的无人机称为僚机(wing aircraft/follower)。飞机编队飞行示例如图1-1所示。

(a)

印度空军苏-30MKI战斗机(下)和英国皇家空军"台风"战斗机编队飞行
SB 041

(b)

(c)

图1-1　飞机编队飞行示例

根据上述无人机编队飞行的定义,可以概括无人机编队的特点:由两架或两架以上的无人机组成，并按照一定的队形排列；无人机之间的距离不大，依照不同的编队飞行目的和任务要求，一般为几十米或几千米；各无人机在整个飞行过程中保持队形不变或者相对位置在一定范围内变动；编队中的无人机能够根据外部情况和任务需求进行队形的动态变换、调整；功能上相当于一架大的“虚拟无人机”。

由于无人机已经成为现代战争的重要装备，具备强大的信息收集和处理能力，若其能够编队飞行，则可通过信息共享在飞行中改变原有队形，自主地对突发事件做出反应，无疑将成为一个极其重要的武器平台。

1.1.2 无人机编队飞行的优势

与单架无人机飞行相比，无人机采用编队飞行具有非常突出的优势，主要表现在以下几个方面[5,7-9]：

1. 可以扩大视野

多架无人机采用一定的编队进行飞行，不仅具有宽广的搜索和侦察范围，而且能按统一的时间进度在各个空间区域获取信息，从而达到时间与空间的高度统一。实际应用中，设备简单，操作方便，灵活可靠，可以随时随地进行。加上无人机自身的优点，可以近距离对地面目标有选择性和针对性地实施观测，并且能够进入敌方阵地进行监视，提高情报的可靠性和时效性。

2. 可以高精度定位，多角度成像

通过调整相机在无人机上的安装角度，编队飞行可以实现在较短时间(相对于单架无人机执行相同任务所需时间)内完成对目标的全方位立体拍照，提高信息的逼真度。这可用于完成空间对地观测，比如侦察和监视地面目标、军事测绘、大气测量与观测、近地环境变化监测、资源勘探、森林防火和人工降雨等。

3. 可用于演示验证星载设备

无人机与空间飞行器都属于无人驾驶范畴，在某些方面有相似之处，故可将准备用于卫星上的某些设备先安装在无人机上进行演示，以便对设备的性能进行评估，验证其实际应用特性并分析设计方案，成功后再转移到卫星上使用。相对于直接在空间飞行器上进行试验，具有耗时少、费用低、技术难度小、便于方案的实施修改和完善、易于操作、研制周期短等特点[5]。

4. 可提高无人机的整体效率

对多架无人机采用一定的编队飞行，在执行任务时的成功率和抗突发事件的能力都比单架无人机飞行高。例如，在某次任务的执行过程中，有一架无人机出现故障不能继续飞行，那么它可以返回进行维修，而其余无人机仍旧按照原来的计划保持编队飞行，使任务得以圆满完成。

5. 可以提高命中率

在军事侦察、目标打击、通信中继、电子对抗、战场评估和骚扰诱惑等方面，编队飞行可以提高单次完成任务的效率。如在目标打击任务中，编队飞行可使多架攻击型或战斗型无人机同时从不同角度对同一目标进行全方位攻击，扩大命中范围，提高杀伤力和命中率；也可以同时对多个敌方目标实施攻击，扰乱敌防空体系，提高战斗的时效性[12]。

6. 可以减小整体上的飞行阻力

从气动效率和结构强度方面考虑，近距离方式的编队飞行可有效增加处于跟随位置无人机的升/阻比气动性能，减少其飞行阻力、节省燃油，获得相当于大展弦比飞机的气动性能，同时不至于减小飞机所具有的强度，也不会增加飞机的质量，即可实现质量轻、展弦比大、气动性能好、结构强度高等优点。如果有规律地更换不同位置上的无人机，则可使整个多无人机群的飞行距离得到延长，同时在这一过程中不会改变飞机自身所具有的强度和质量[13]。

此外，无人机编队飞行可以充分发挥无人机成本低廉、损失较少的优势。还可以模拟机群编队，使敌方判断失误，为我方创造战机等。

虽然多无人机的编队飞行方式具有以上诸多优势，但无人机毕竟不同于鸟类，如采用近距编队飞行方式时，并不能完全自主、智能地调整好自身姿态，以利用最佳涡旋位置上产生的气动耦合关系，达到最大节省燃油的目的；其次，多无人机之间的信息转换也难以做到精确无误，因此，无人机的编队飞行是一个困难重重的课题，还需要科研人员去不断改进现有的设备和技术，以求早日达到编队飞行的预期效果。

1.2 国内外研究现状

多架无人机的协同编队飞行是国外近年来提出的一种新概念，虽然编队飞行具有的许多优点是单架无人机无法比拟的，但要将编队飞行应用于实际飞行中，还会涉及很多问题。国外研究机构已经在积极进行这方面的试验与研究，包括备受美海军重视的“模式可重构的智能作战编队”计划；斯坦福大学GPS实验室利用无人机编队飞行作为演示验证平台来验证他们自己组装的一种新的多天线GPS接收机与惯性测量单元导航系统的性能；西弗吉尼亚大学、麻省理工学院、宾夕法尼亚大学的GRASP实验室对无人机编队协同控制进行了相关研究并建立了仿真测试平台。2006年,西弗吉尼亚大学对其设计的编队控制器的性能进行了飞行测试,实现了2架小型无人机的松散编队飞行[14];2007年,宾夕法尼亚州立大学成功进行了2架小型无人机协同搜索、监视一个感兴趣目标的飞行试验[15]。国内的一些院校也进行了相关的研究。然而多架无人机的协同编队飞行控制是一个涉及多学科的研究课题,对无人机编队飞行的构形设计、编队控制仅有一些相关讨论和研究,离实际的工程应用还有一段很长的距离。

紧密编队飞行时多架无人机间的气动干扰将直接影响并改变在队形中不同位置上的无人机所受到的力和力矩。解决好这个问题将能够使这种气动干扰转换为有利于机群编队飞行的动力,即减少僚机的飞行阻力,达到降低其耗油量的效果。自20世纪70年代开始,美国NASA(National Aeronautics and Space Administration)研究中心进行了大量编队飞行的风洞实验和飞行试验[16-18],验证了不同情况下(如不同机间距离,不同飞机机型,不同编队飞机数目以及不同飞行速度等)的编队飞行将可能使气动干扰产生不同的影响效果。美国空军理工学院的研究人员利用HASC95进行了各种编队飞行状态的仿真计算[19],结果显示编队飞行的速度对减少阻力的效果具有一定的影响。为了充分利用编队无人机之间的气动耦合效应,目前国外的一些学者发展了不同的方法来估算涡诱导效应,如片条理论(strip theory)以及查表插值法(look-up table)和涡格法。但是前一种方法需要从风的分布中计算诱导攻角和侧滑角(这将决定后面所要计算的诱导力和诱导力矩),查表法需要处理大量的由风洞或水洞实验得到的数据。此外,这两种方法都受到两机之间的相对距离和相对方位的限制。最近又出现了利用升力线理论(lifting line theory)估算编队和贴地飞行效应的方法[20-22]。但是这几种方法都不能够直接融入飞机飞行的动力学方程中去,无法满足实时飞行仿真的要求。

目前,编队控制问题研究主要集中在编队控制方案设计方面,主要解决的问题是飞机之间相对位置的保持和空气动力的影响。怎样充分考虑飞机之间空气动力关系,用良好的控制方法,保持编队飞行控制系统的稳定性和良好的动态性能是设计的关键。基于上述设计目的,已有相应的研究针对飞机的编队飞行控制问题,如Fabrizio Giulietti提出使用内外环控制的思想[23-24];Sai Ming Li使用全局稳定性的非线性自适应设计思想[25];Bin Zuo使用常规的PID设计方法进行设计[26];Elham Semsar采用反馈线性化的设计思想,使用李亚普诺夫稳定性理论设计自适应编队飞行控制,在不考虑气动耦合的情况下设计了二维编队飞行控制器[27];S. McCamish等人提出了最优控制理论的编队控制设计,采用PIFF(Proportional Integral Feedforward)控制器使编队飞行机动过程中的能量消耗最小[28]。由于编队控制要同时涉及飞机的动力学和运动学特性，J. D. Boskovic 提出采用反馈线性化方法进行双机编队飞行控制[29]。Seungkeun 设计了基于行为的分布式三维编队飞行最优控制器[30]。D. Hummel 利用离散极值搜索算法，通过搜索僚机的最大副翼偏转角来解决飞行动力最小化的问题，在仿真实验中僚机的动力需求较单飞时仅节约了 20%[31]；D. Chichka 等人运用峰值控制，通过搜寻编队飞行中最大的诱导升力来解决此问题[32]。Travis Dierks 等人提出了基于神经网络的设计思想，通过引入神经网络控制律获知无人机的动态特性，包括气动耦合等未建模动态，保证僚机精确跟踪长机的角度、位置，保持理想的编队间距[33]

国内对无人机编队飞行的研究起步较晚。朱战霞等基于 PI 控制律对两架无人机编队分别设计了纵向和横侧向两个方向的控制器，以控制僚机跟随长机进行机动并保持原有的相对位置和姿态[34]。胡云安等利用退火递归神经网络极值搜索算法解算出最优的紧密编队飞行结构，从而使得僚机飞行所需的动力最小化[35]。刘小雄等人采用直接自适应控制技术进行无人机编队飞行控制，使得飞机具有良好的模型跟踪能力，同时采用 PID 控制器使得系统快速跟踪指令[36]。王正等人研究了“长机-僚机”编队结构中僚机的全局渐近稳定的编队保持自动驾驶仪控制算法[37]。刘成功等人针对多无人机紧密编队飞行控制系统，提出一种基于小脑模型神经网络与常规的 PID 控制器相结合的编队飞行队形保持控制器，在定常运动和机动过程中都可以保持期望队形[38]。秦世引等人对两机编队飞行的长机模式和前机模式两种编队策略进行了仿真实验和比较分析，证实了长机模式的优越性[39]。万婧等人将模糊技术应用于无人机编队飞行控制系统设计研究中，实现了对编队飞行中无人机的稳定控制[40]。李广文等人提出一种能够控制多无人机编队的分布式控制方法，通过设计嵌入内部模型的前馈控制器和基于观测器的反馈控制器，实现了多无人机的编队控制[41]。胡云安等人研究了采用全状态量反馈的方法对无人机编队的控制，但是采用的编队模型是用线性化的简化模型，而且没有考虑漩涡对僚机产生的气动耦合效应[42]，在文献[35]中进行了改进，考虑到了漩涡对僚机的影响，但其编队模型仍然是线性化的简化模型，气动效应只是作为一个突然的外界干扰，没有将它考虑到模型中去。上述这些方法都是将编队模型进行线性化后对其进行控制，与实际相差较远，控制方法也多是对线性系统适应的方法，用于实际的非线性系统难以取得令人满意的效果。

动态逆方法是通过动态系统的“逆”的概念来研究一般非线性控制系统反馈线性化设计的一种直接分析方法，这种方法可以以一般形式的非线性系统作为研究对象，对方程形式没有特殊要求，因而具有普遍的研究意义。同时它不需要引入微分几何等抽象的数学理论，为应用提供了一定方便。从国外已出版的文献可以了解到，动态逆方法已成功应用于飞行控制系统的设计中，如

F-18，HARV，x29，x33，等等。美国在其研制的新一代战斗机 F-35 的飞控系统设计中成功地采用了动态逆方法[43-45]。Schumacher 提出最优控制和动态逆结合的内外回路飞行控制方案[43-44]。Sahjendra 以速度、航向和高度作为内环控制，将气动耦合作为未知干扰，采用自适应反馈线性化方法对近距离编队飞行的无人机控制做了研究[45]。李文皓等人结合逆控制的解耦性能和 PIDA 控制器低模型依赖、简单结构、快速性等优点，设计了一种"PIDA＋逆"的多无人机编队飞行控制器[46]；肖健等人将模型划分为快变和慢变两个子系统，两个子系统分别用动态逆设计控制器，并在慢回路用干扰观测器补偿逆误差和模型的不确定性[47]。动态逆技术克服了传统增益预置的局限性，但同时也引发了一个最关键的问题：如何克服逆误差，增强鲁棒性。以上两种方法对无人机编队飞行的非线性控制做了尝试，但非线性动态逆的方法要求系统模型精确，否则无法保证系统的鲁棒性。国内外许多针对非线性系统控制律设计的研究都是采用动态逆与其他控制相结合的思路，以克服单纯使用动态逆控制对模型精确性依赖性强的缺点[48-49]。

鲁棒控制方法是一种比较新的现代控制方法，主要是使得被控对象具有良好的稳定性，不受外界环境的干扰，使用频域设计的方法，对多输入多输出系统进行优化设计。鲁棒控制理论存在不同的理论分支，其中主要包括 Kharitonov 区间理论、结构奇异值理论和 H_∞ 控制理论。Barish 在 1984 年将 Kharitonov 的区间多项式鲁棒稳定条件[50]的结果引入控制领域，引发了在参数空间中研究系统鲁棒性的热潮。Doyle[51]于 1982 年首次提出了结构奇异值的概念，并进一步将其上升为研究动态不确定性鲁棒控制的结构奇异值理论。上述两种方法理论性较强，在实际的控制器设计过程中难以应用。Zames[52]于 1981 年提出了著名的 H_∞ 控制思想，1989 年，Doyle 等人在著名的 DGKF 论文中，将标准的 H_∞ 控制问题归结为求解两个 Ricatti 方程，H_∞ 控制的研究取得了突破性的进展。但是，Ricatti 方程的求解依然比较困难，并且所得到结果的保守性较大。随着内点法的发展，线性矩阵不等式(Linear Matrix Inequalities, LMI)成为解决鲁棒控制问题最为有效的工具。出现了大量基于 LMI 方法的鲁棒控制研究结果。随后，基于 H_∞ 控制理论，针对不同的控制问题和要求，又产生了很多新的鲁棒控制方法，例如 H_2/H_∞ 控制、μ 综合、H_∞ 回路成形等。国内的鲁棒控制的研究起步于 20 世纪 90 年代，主要集中于 H_∞ 控制方法的研究。其中冯纯伯等人研究了基于代数 Ricatti 方程的鲁棒控制系统设计方法[53]。郭雷等人[54]利用 LMI 方法，将鲁棒 H_∞ 性能问题转化为确定性系统的 H_∞ 控制问题。俞立、褚健研究了 LMI 方法在鲁棒控制中的应用，并将鲁棒控制方法与区域极点配置的方法结合[55]。近年来，高会军将鲁棒控制应用于网络控制和滤波问题，取得了一些成果[56-57]。

E. Mekheal提出了基于 H_∞ 回路成形和不等式理论的鲁棒控制器设计方法[58]。对于鲁棒控制在飞行控制系统中的应用，国内外学者做了广泛的研究。文献[59－67]提出了几种具有鲁棒稳定性的非线性动态逆控制方案，主要针对在指令跟踪和自动着陆飞行运动条件下飞机模型参数摄动后的鲁棒稳定控制。文献[68－79]介绍了几种将具备实时学习能力的神经网络加入到以NDI控制律为主的飞行控制系统结构中，以提高控制性能的方法。文献[80－89]研究了几种应用NDI结合自适应控制的飞行控制器设计方法，并进行了仿真验证。

国外一些学者对于编队飞行的鲁棒控制做了尝试，主要采用的方法是滑模变结构控制[90-97]，D. Galzi研究了紧密编队飞行时，三维编队飞行的高阶滑模控制方法[98]。这种控制方法对于编队控制还是一个设想，可作为未来的研究趋势。

除了编队飞行的控制问题，多无人机协同航迹规划也是无人机编队飞行中需要解决的关键技术。

多无人机协同航迹规划可以同时为多个无人机规划多条可行航迹，使多个无人机分别沿不同航迹飞行。在未来的军事应用中，通常需要同时使用多个无人机从不同方向对同一具有防空设施的目标进行攻击。为了使摧毁目标的概率最大，要求所有无人机同时到达。这时，如何为每一架无人机生成有效的航迹，并协调各无人机的到达时间，是完成攻击任务的前提条件之一。

这样生成的航迹对每个单一的无人机来说，不一定是最优的，但对于整个无人机编队来说，却是最优或近似最优的。这些航迹在空间上具有明显差异性，时间上具有一定协同性，便于实现多个无人机对指定目标的同时或分批次攻击。这样可以分散敌方防空火力，大大减小我方无人机被拦截的概率，提高生存概率，达到更好的攻击效果。比如在攻击战区内的敌方舰艇编队时，单个无人机在飞行过程中有可能被敌方防空雷达发现并发出预警，敌方可以发射多枚导弹实施拦截而且成功概率很大；但如果有多个无人机同时从不同进攻角度接近敌方目标，即使一部分无人机被敌方防空炮火成功拦截，剩下的无人机还可以对敌方目标实施有效攻击。

鉴于多无人机编队飞行的特点和在现代战争中的重要性，为了提高军队在现代战争中的战斗力，有效打击敌方目标，从容应对各种威胁，国内学者针对无人机编队飞行中的多项关键技术进行了广泛、深入的研究[169-175]。对多无人机协同航迹规划以及编队控制的研究显得尤为迫切而且必要。因此，本书着重讨论了多无人机编队控制与协同航迹规划这两项关键技术。

第 2 章　无人机编队飞行关键技术

无人机编队飞行可以完成单机无法完成的任务，提高执行任务的效率，具有独特的优势和发展前景，因而引起了各国对编队飞行的研究热潮。但是，无人机进行编队飞行，首先要具备单架无人机飞行所必需的控制系统、通信、信息融合、数据压缩、传感器、机体与推进系统等技术；其次编队飞行的研究又涉及空气动力、传感器、电子、计算机、控制、通信及人工智能等多个学科和技术领域的交叉。因此，无人机的编队飞行是一个困难重重的研究课题，目前，科研人员对无人机编队飞行的研究多集中于以下关键性技术问题。

2.1　编队队形设计

无人机编队飞行的队形设计和选择是整个编队飞行任务中需要解决的重要问题之一。根据不同的任务要求，需要无人机编排成不同的队形，如图2－1所示。编队的无人机，尤其是近距离紧密编队中的无人机会受到其他无人机的气动干扰。不同编队的气动耦合效应也不同，因此，队形设计是否合理直接影响编队飞行无人机完成任务的效率程度，飞行中所消耗的能量，以及编队飞行的安全性等。

(a)　(b)　(c)　(d)

图 2－1　几种编队队形

国内外关于无人机编队队形设计的研究情况如下：美国 R. O. Saber 等人[99]将编队中的每架无人机视为刚体，通过图形理论确定编队的形状变量，采用动态节点增广方法实现编队中个体的分离和重聚。新加坡 D. M. Stipanovic 等人[100]提出的分散重叠编队方式，降低了单架飞机的计算量。美国 L. Pollini 等人[101]分析了不同数量的无人机(见图 2-2)的编队队形结构问题。美国 J. Walls 等人[102]给出了最邻近目标和最快跟踪目标两种可用编队设计结构(见图 2-3)。澳大利亚 A. Lucas 等人[103]分析了不同编队用途(如侦察拍照或搜索营救等)，考虑燃油消耗和其他相关条件(如白昼时间)下的多无人机的编队队形结构问题。国内专门对无人机编队飞行的队形设计研究的报道很少，王晋云等人[104]提出了无人机的两种编队形式——固定编队和自由编队。刘小雄等人[36]介绍了无人战斗机最基本的两机编队形式，即双机一字编队和双机翼形编队。

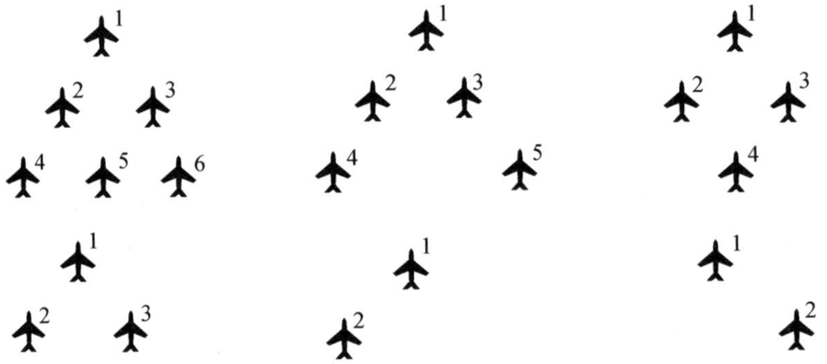

图 2-2　不同数量的无人机编队队形

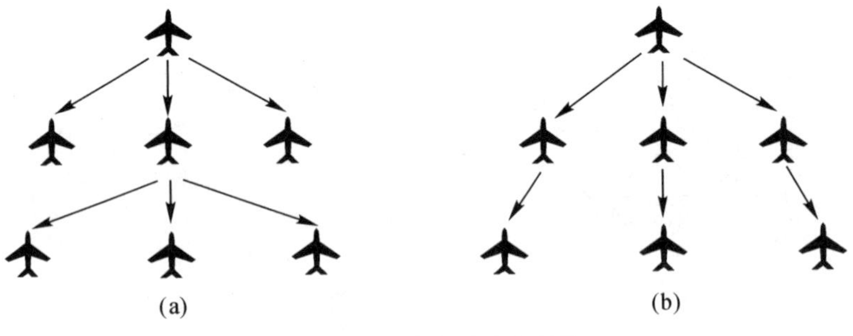

图 2-3　两种编队设计结构

(a)最快目标跟踪；(b)最邻近目标跟踪

2.2　编队航迹规划

利用无人机编队飞行实现既定的任务，必须进行航迹规划和设计。编队航迹规划的目的是在确定的单架无人机性能、燃油量、武器装备性能以及自然地理环境等条件下，考虑编队飞行的队形保持、避免碰撞和安全飞行等各种约束条件，计算并选择最优或次优的飞行航迹，尽最大可能提升协同编队作战的优势，完成预期作战任务[8]。编队飞行中的最优航迹是确保编队队形容易保持，尽可能没有大速率的机动转弯，并且飞向目标区域的航迹尽可能短，还要尽量避开敌方的雷达，或者在飞行过程中暴露在敌方雷达下的概率最小等[22]。无人机编队飞行中僚机跟随长机进行队形保持或队形重构时都必须依赖于期望航迹，因此，在多无人机编队飞行研究课题中，编队飞行的航迹规划及其设计是不可缺少的重要内容。

假定编队飞行中，只有长机可以上传航路点，且具有实时任务规划的能力。在编队队形保持的过程中，其余飞机只需要以一定的队形结构跟随即可，也就是说，僚机相对长机队形保持的期望航迹实际上就是与长机飞行航迹存在固定三维空间间距的航迹。而对于当编队飞行任务发生变化需要变换队形，或遇到威胁障碍物需要实时进行编队几何形状的改变时，以实现无人机编队飞行的多目的性和多任务性的编队重构问题，僚机期望航迹的产生就比队形保持复杂得多。如图 2-4 所示，假设要求从跟随编队变换为菱形编队，即僚机被命令从位置 P_i 移至位置 P_j，为了成功进行队形重构，就需要在这两点间产生一条光滑、安全的航迹以便于控制需要切换位置的僚机沿这条航迹的命令飞行。

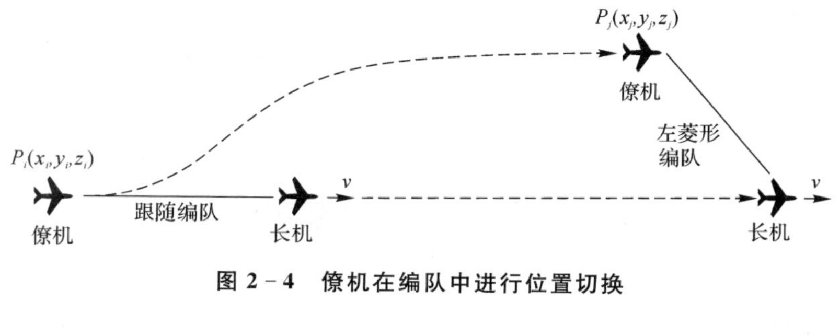

图 2-4　僚机在编队中进行位置切换

无人机进行编队飞行起飞前就要设定好编队飞行路径，且可在飞行过程中进行实时调整。飞行控制算法要严格保证每一架无人机的飞行轨迹相对于另外一架无人机的位置。在实战中，飞行轨迹可以根据地面的控制站或者轨迹规划算法进行校正或调整[6]。无人机编队飞行的航迹规划比单架无人机的航迹规划要复杂得多，计算量也更大。目前基于航迹规划算法的文章很多，如蚁群算法、遗传算法、粒子群算法、动态规划算法等，但绝大多数都是针对单架无人机的，而对于无人机编队飞行航迹规划问题的研究，国内还处于一个起步跟踪研究阶段。

国外，J. D. Wolef 等人[105]研究了无人机编队飞行的航迹规划问题，指出了由于编队飞行在编队控制量的作用下是强耦合的，因此完全可以看作是一架无人机的飞行。X. H. Wang 等人[106]在规划无人机编队飞行航迹的问题中提出了“碰撞回避”和“障碍回避”两个术语，碰撞回避是指编队无人机之间不发生碰撞；障碍回避是指无人机要避开环境中的威胁障碍。McLain 等人[107]针对多架无人机编队集合问题的航迹规划提出了分解策略，其主要思想是在以最大化整个编队生存概率为优化目标，结合单机的燃油和避撞等约束条件，分别计算自己的最优航迹或次优航迹，考虑整个编队的估计到达时间(ETA)，确保所有无人机都同时达到目标区域。

国内，宋绍梅等人[108]基于层次分解策略的方法，将整个动态、大规模、强耦合的优化问题化解为三个层次：航线规划层、协同规划层和航线平滑层，结果表明该方法是有效、可行的。贾秋玲等人[109]将协同逆推预测控制方法引入无人机机群路径规划研究中，并采用遗传算法(GA)求出了满足协同目标和约束要求的控制量，使任务空间中无人机能够自动地分别访问不同的目标以得到最大的获利值。丁琳等人[110]采用 Voronoi 图方法，引入协同变量和协同函数产生关于已知威胁的航段，使各架无人机能够同时到达目标，并利用集合点规划状态图，针对作战过程中的突发威胁实时进行航段规划，从而得到各架飞机的几何路径。秦硕等人[111]在单机路径规划基础上考虑各机的飞行时间、战术攻击策略等，以攻击时间为协同变量，对规划路径进行调整，在部分无人机的路径中加入附加机动并(或)调整飞行速度和高度，实现多无人机的协同。史战伟等人[112]采用进化计算法解决了静态环境下多无人飞行器的从不同起始点出发同时攻击某一预定目标问题。

2.3 编队气动影响

近距离紧密编队飞行时，各飞机之间的气动干扰将直接影响并改变在队形中不同位置上的飞机所受到的力和力矩，如图 2-5 所示。合理地解决这个问题，能够将这种气动干扰转换为有利于飞机编队飞行的动力，即减小僚机的飞行阻力，达到降低其燃油消耗量的效果。

在20世纪70年代，美国NASA研究中心进行了大量编队飞行的风洞实验和飞行试验[16-18]，验证了在不同机间距离，不同飞机机型，不同编队飞机数目以及不同飞行速度等情况下的编队飞行可能使气动干扰产生不同的影响效果。NASA的Langley研究中心采用两架无垂尾三角翼无人机模型在(9×18) m^2的全尺寸风洞中进行双机编队实验的结果表明，两机翼在横侧向无重叠时的编队飞行中，阻力可减少15%，而当两机翼在横侧向轻微重叠时，僚机阻力减小得更多，同时，科学家也测量到了较大的俯仰力矩和滚转力矩，这就需要对无人机进行一定的控制来抵消这一俯仰和滚转趋势。有专家利用分层管理代码HASC95程序计算出的阻力减小可达20%，比实验结果要稍微大一些。同时HASC95计算给出的僚机稳定区域和Langley研究中心的实验结果也非常接近。当采用两架1/10的F-18C飞机模型进行风洞实验(见图2-6)时，结果显示阻力减少高达25%。

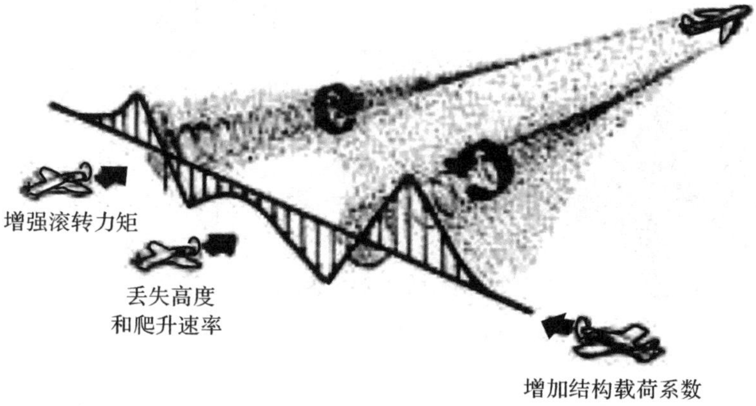

图2-5 不同位置上飞机受气动干扰的影响状态

随后，NASA的Dryden飞行研究中心改装了两架F-18C并加装GPS系统，飞机之间的相对距离可以小到0.3 m，进行了紧密编队飞行试验。在采用小间隙编队飞行96 min后，僚机的数据显示阻力减少可达20%以上，且燃油消耗比长机少18%。

美国空军飞行试验中心(Air Force Flight Test Center)于2001年年底利用T-38s进行了双机(见图2-7，其中A，B，C，D分别表示两机不同宽度的交叠面积)和三机编队飞行试验。从飞机的对称性和飞行空气动力学的理论可以获知，三机编队要比双机编队在减少阻力方面具有更好的气动效果，但实际飞行结果中优势并不明显。

图 2-6　风洞试验中的 F-18C 模型

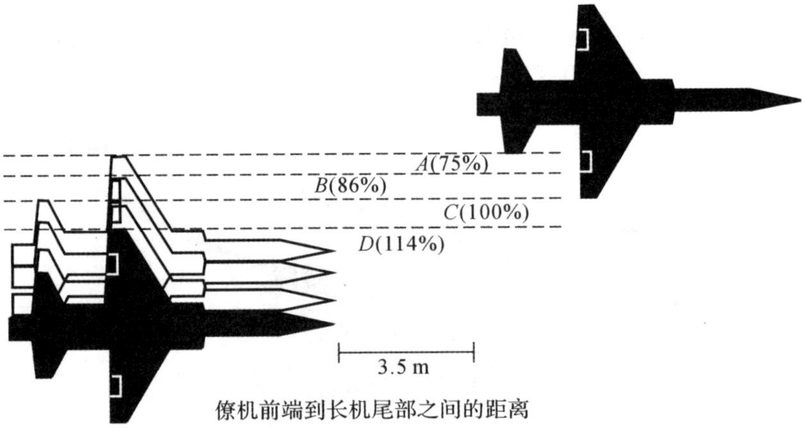

图 2-7　T-38 双机编队飞行试验

美国空军理工学院(Air Force Institute of Technology)的研究员利用 HASC95 进行了各种编队飞行速度状态的仿真计算[19]，结果显示在马赫数为 0.5 并考虑操纵面效应的情况下，双机编队中的僚机阻力减少 15%，三机编队中最后一架飞机的阻力减少 18%。该结果比 Langley 研究中心的无尾三角翼无人机的双机编队飞行的试验结果数据要小，这是因为编队飞行的速度对减少阻力的效果具有一定的影响，存在一个编队减阻的最优速度问题，但是这个最优速度不易得到。有专家预测，达到最优减阻速度时，阻力可以减小 30%。

在编队飞行中，保持整体阻力最小主要存在两个方面的困难[19]。所遇到的最大困难是编队中后面的飞机与前面的飞机并不是处于一个稳定的相对位置，而总是在一个小范围内移动。为使阻力尽可能地减小，后面的飞机必须与领头长机产生的翼尖涡处于同一个平面。要做到这一点是非常困难的，就连一些著名的专业飞行表演队，如美国空军的雷鸟和海军的蓝天使，它们即使飞得非常近，看上去在编队中彼此保持在固定的位置，但是实际上它们是不共面的。在菱形编队中,领头长机后面的两架僚机也总是高于或低于长机的。

保持编队阻力最小的另外一个困难是飞行员为了保持位置会不得不做出比较大的滚转操作,距离长机较近的僚机受到的上洗气流是很明显的,同时这一上洗气流会对尾随飞机产生显著的滚转力矩,这对飞机近距离紧密编队飞行时的安全性的影响是非常值得关注的。同时这种滚转也会对飞机产生一定的诱导阻力,因此需要在这种滚转诱导阻力增加和减小编队整体阻力之间进行权衡。

目前的军用飞机或无人机采用松散编队飞行,即飞机之间的距离保持得比较大以至于并不能利用气动涡流影响使得诱导阻力减小。但是保持这样的飞行可以使得整个编队飞机相互之间保持良好的视觉联系,确保编队的安全性[19]。

高效地利用编队间的气动干扰,能够延长编队飞行的距离和续航时间。但由于领头长机的扰动会对后面的僚机造成影响,因此近距离紧密编队飞行通常是很难保持的,当前只能在飞行表演时才会看到飞机的紧密编队飞行。但是,对无人机编队飞行中气动耦合影响问题的研究可以为有效地延长无人机的航程和滞空时间提供帮助,也可以更好地实施对无人机的合理控制,避免其相互之间发生碰撞,对未来无人机的自主飞行、空中加油以及飞行安全也都有着非常重要的指导意义。

2.4　编队队形重构

当编队飞行中的无人机群受到电子干扰失效或者在战斗中遭到局部损坏时,可以用机群中别的无人机随时进行补充从而保持编队队形稳定,如图2－8所示。此外,根据飞行环境或任务目标发生变化时,为确保无人机编队飞行的安全性和多任务性,要求实时变换编队的几何形状,如图 2－9 和图 2－10 所示,这都属于无人机编队飞行的队形重构。

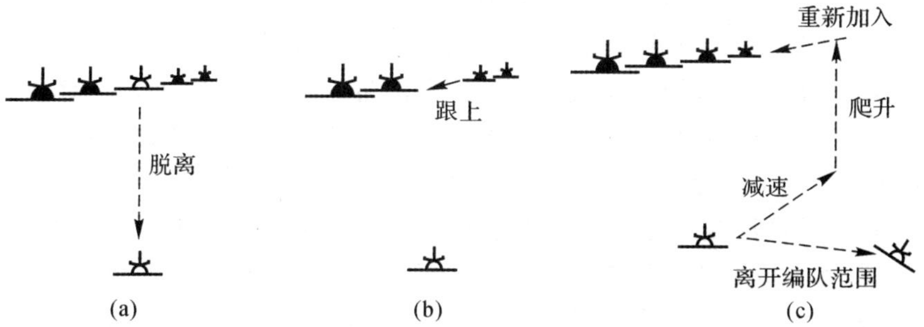

图 2－8　一架无人机脱离编队后的队形重构

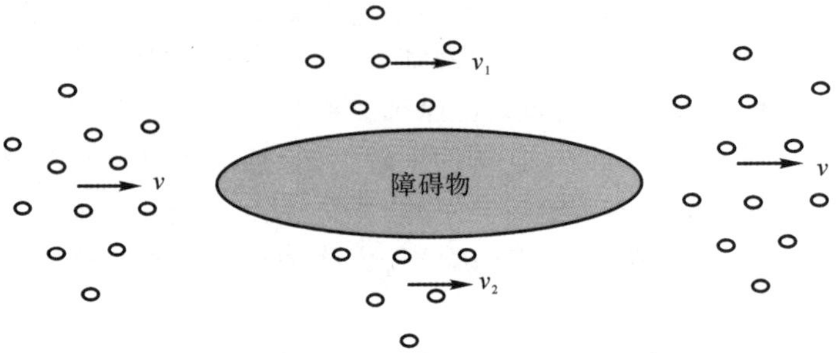

图 2-9　编队无人机遇障碍物时的队形重构

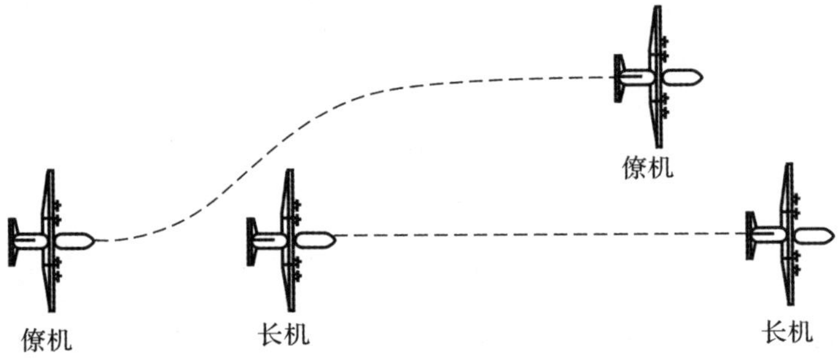

图 2-10　无人机编队队形的动态变换

无人机编队重构的研究内容就是怎样在飞行中实时调整无人机位置，使得性能良好的无人机能在飞行中完成对编队队形的重构，从而保持队形不变或者达到最优队形。无人机编队飞行队形重构需要确定无人机的间隔距离、位置、初始编队结构到最终结构优化转换的过程，以及单架无人机为实现理想最终结构而进行的协同自主控制。

各国研究人员结合军事和民事方面的需求，仿效群鸟迁徙现象，分别探讨了无人机编队飞行队形的动态调整所应该具备的一些性能。例如，美国 G. Wagner等人[113]从节省燃油和增加航程出发，利用紧密编队无人机之间的气动影响，研究了定时按顺序调整编队中前后端位置上无人机的方法(见图 2-11)；美国 F. Giulietti 等人[114]从编队飞行中出现无人机损坏、无人机携带的信息发送器或接收器存在故障等突发事件角度出发，研究了怎样对编队飞行中的个体实现随时补充或进行整体的重新配置的方法，力求降低任务风险；美国 R. O. Saber 等人[99]从编队飞行的安全性、多任务性和多目的性角度出发，研究了当编队飞行过程中遇到威胁障碍物或是根据任务目标发生改变时，实时调整无人机编队飞行的几何形状(见图 2-12)。国内的熊伟等人[115]提出了一种新的结合控制作用参数化与时间离散化(CPTD)方法和遗传算法

(GA)的混合算法，将编队重构最优时间控制问题进行控制作用参数化和时间离散化处理，转化为带自由终端状态约束的离散型优化问题，并通过对传统遗传操作算子的改进，采用改进的遗传算法进行寻优，得到最优解。

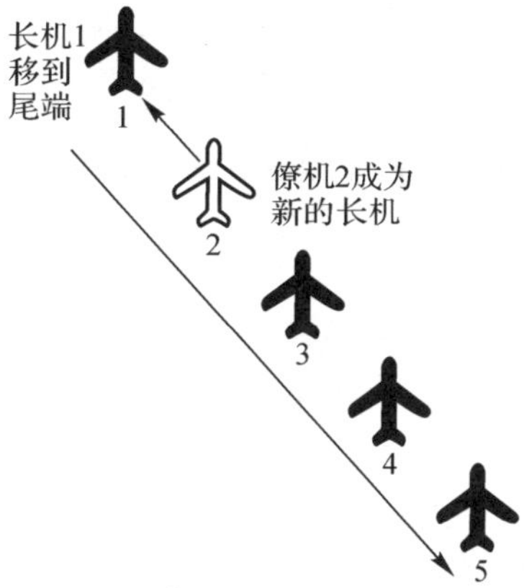

图 2－11　无人机位置顺序调整

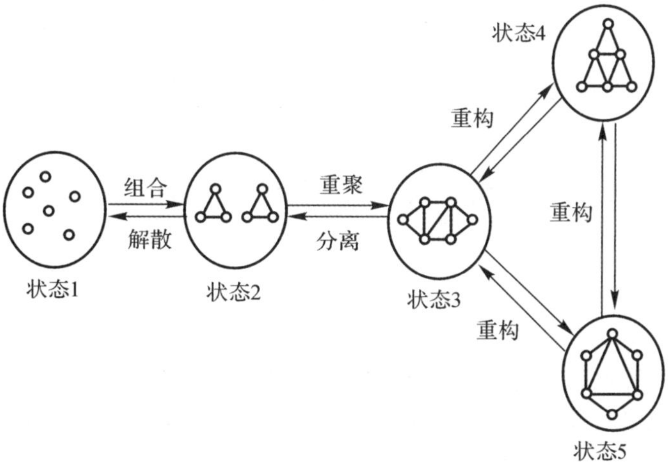

图 2－12　几种编队队形的调整变换

图 2－13 所示为 6 架无人机组成的编队中长机丢失后的重构图。图中，表示工作正常的无人机，表示编队中的空缺位置。编队中一旦长机丢失，即位置 1 成为空缺，允许占据位置 2 的无人机取代长机位置，这样位置 2 成了空缺，根据队形设计中的图 2－2 描述的不同数量无人机的编队队形，加之近距离编队情况下，所处位置 5 的无人机相对不利，同时受到位置 2，3 上的无人机的气流影响，故接着是占据位置 5 的无人机移至位置 2。

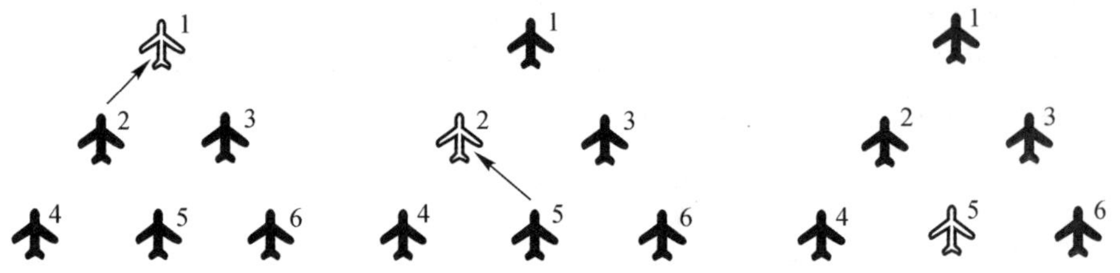

图 2-13　长机丢失的编队重构图

编队重构的一个核心问题就是怎样在飞行中实时规划机群中无人机的飞行航迹，使得性能良好的无人机能在飞行中完成对编队队形的重构，从而保持队形不变或者达到最优队形。编队重构的航迹规划要求无人机在给定时间内，不违反碰撞回避和控制等约束，从当前状态转换为一组要求的最终状态的最优转换航迹规划[116]。由于每架无人机上携带的能量资源有限，燃料或能量的有效使用是无人机编队飞行的一个重要问题。因此，可以先将编队重构的航迹规划问题描述为连续有界优化控制问题，然后以消耗燃料最少或能量最少为优化目标，进行无人机重构的航迹规划。

2.5　编队的基本方式

已有的编队基本方式主要有三种[117]："长-僚"(leader - follower)型，也称主从型，基于行为(behavioral)型和虚拟结构(virtual structures)型。

1."长-僚"型

"长-僚"型方式是指其中的一架无人机被设计成长机，并将任务路径存储在长机中，或者通过传感器根据实际情况生成任务路径，其他无人机被设计成僚机，让僚机跟踪长机的位置以及方向，而且与长机保持一定的距离。僚机与长机的位置可以根据实际情况进行变换和调整。

当只有两架无人机编队飞行时，很显然只能有一架长机和一架僚机。但如果编队无人机数量在三架以上，则长机的选择对编队效果影响很大，主要有两种模式[117]，如图 2-14 所示。

模式 1：称为长机模式(leader mode)，所有僚机(图 2-14 中是僚机 1 和僚机 2)都以编队长机作为参考。

模式 2：称为前者模式(front mode)，每架无人机都以其前面的无人机作为参考(图 2-14 中即是僚机 1 以长机作为参考，而僚机 2 以僚机 1 作为参考)。

这两种长机选择方法的编队方式各有其优、缺点。模式 1 中，僚机 1 和僚机2都直接以长机行为作为自身参考，当长机行为有变化时，由于僚机2直接参考领头长机，所以相比较模式2来说能较快地做出实时反应。但是，也正因为此种模式下僚机1和僚机2之间没有相关信息的交流，使得两者可能发生碰撞。模式2中，由于每架无人机都以前面无人机行为作为参考，所以可以避免碰撞，但是相比较模式1来说，由于僚机2以僚机1作为中继参考，所以其响应有了一个延时，并且可能存在误差的传递，僚机2可能表现出不如模式1中的瞬态响应良好。

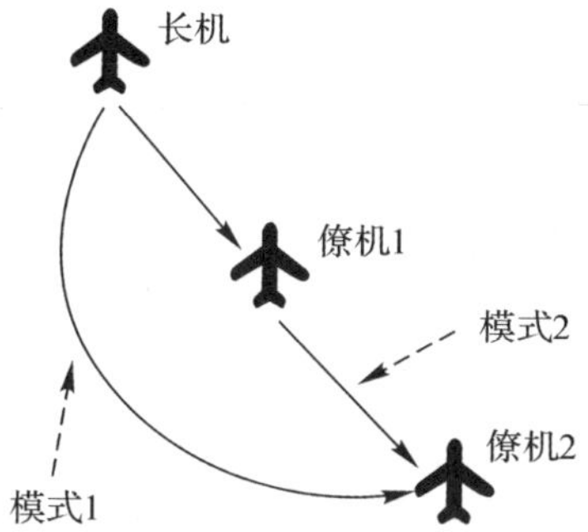

图2-14　长机选择的两种模式

模式1中，僚机2直接跟随长机，没有关于它与僚机1的距离信息，因此可能与僚机1发生碰撞。相反，模式2中可以有效避免碰撞，同时误差传递可以通过优化自动驾驶仪而减少，故这种类型的编队结构可能会更加重要。

2. 虚拟结构型

虚拟结构型方式是将整个编队看成一个单一的虚拟结构，每架无人机是虚拟结构上相对位置固定的一点。当队形移动时，每架无人机跟踪队形刚体固定点的运动即可。

常见的有如图2-15所示的基于二维空间的虚拟长机(Virtual Leader，VL)和编队几何中心两种编队结构方式[6]。

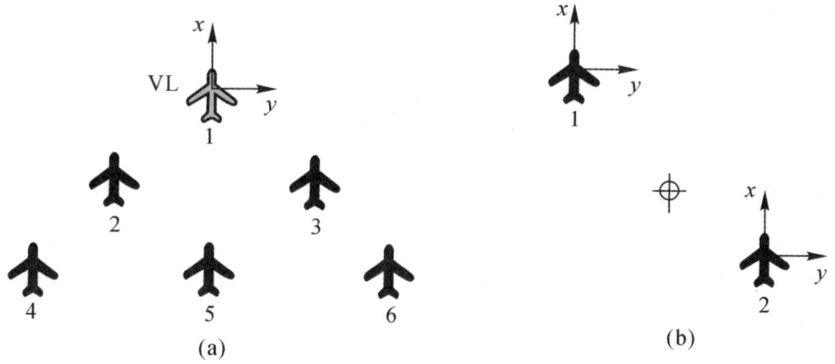

图2-15　虚拟长机结构方式和编队几何中心方式

(a)虚拟长机结构；(b)编队几何中心

编队几何中心方式是指编队选择编队中心点作为特定点，通过相对这一特定点的距离来保持各无人机之间所给定的相对姿态和相对位置不变，或根据任务和机动要求在一定范围内变化。

虚拟长机参考坐标系一直同惯性坐标系的坐标轴是平行的，它们之间只是一个平移的关系而不需要任何的旋转。通过引入一个在空间中移动的假想点作为编队保持的特定点，跟踪编队指定的路径，参考轨迹可视为编队的事实长机，并被编队中所有无人机严格地跟从，这个假想点称为虚拟长机。基于图形理论通过如下定义介绍[118]：

定义1：表示编队中无人机的节点属于集合：

$$V=\{v_1,v_2,\cdots,v_n\} \tag{2.5.1}$$

定义2：表示编队中知道参考轨迹的无人机的节点属于 V 的子集 L：

$$L=\{l_1,l_2,\cdots,l_p\},\quad p\leqslant n \tag{2.5.2}$$

定义3：图形 $F=(V,E)$，其中 E 是一个有限的弧线集合，是一个编队图形(Formation Graph, FG)，当且仅当：

$$\forall v\in(V\backslash L)\quad \exists l\in L \tag{2.5.3}$$

这样，如下条件必有一个成立：

①$(l,v)\in E$；

②$\exists C=\{v_1,\cdots,v_k\},k\geqslant 1,C\subseteq(V\backslash L),(l,v_1)\in E\wedge(v_k,v)\in E\wedge(\forall i=1,\cdots,k-1,(v_i,v_{i+1})\in E)$。

定义4：给定节点 n，图形 $F'=(V',E')$，其中 $V'=V\cup v'$，$E'=E\cup\tilde{E}$，且 $\tilde{E}$ 是有限弧线集，是一个扩展编队图形(Extended Formation Graph, EFG)，当且仅当：

①$F=(V,E)$ 是一个编队图形；

②$\tilde{E}$ 包含从节点 n 出发到属于集合 L 的节点的每段弧线。

此时，节点 v' 叫作虚拟长机。

3. 基于行为型

基于行为型方式的思想是为每架无人机定义几个期望的行为，可能的行为一般包括冲撞避免、障碍物躲避、目标寻找和队形保持等，每个行为都有自己的目标，控制行为则是在给每个行为赋予一个适当的权值后的总和。

4. 三种编队方式优、缺点比较

每种编队基本方式都有其各自的优、缺点，如表2-1所示。无人机编队具体采用何种编队方式需要顾全编队飞行需求、编队目的，以及各种编队方式的适用场合等进行综合选择。

表 2-1　编队飞行方式比较

编队飞行方式	优点	缺点
“长-僚”型（主从型）	可以用标准的控制理论知识加以分析并稳定跟踪误差；整个编队的行为直接由确定单一量——长机的行为来决定	每架无人机没有清晰的反馈信息给队形控制的机构。例如，长机突然对僚机来说运动得太快难以跟踪，因此控制器的设计将是至关重要的
虚拟结构型	很容易描述群体的协调行为（虚拟结构的行为）；并且可以进行队形反馈，取得较高精度的轨迹跟踪效果	要求整个编队的运动按照一个单一的虚拟的结构运动，缺乏灵活性和适应性，限制了该方法的应用范围
基于行为型	当多架无人机存在多个相互竞争的目标时，很容易给予一个控制策略，本质上是一个分布式执行方式；由于每架无人机根据相邻的无人机来决定自己的行为，对于编队来说也不存在反馈信息	缺点是群体行为很难定义；很难用数学的方法来分析群体的行为；并且编队的属性（比如稳定性）不能保证

2.6　编队信息交互和传递

编队的无人机由于任务要求往往要保持其在队列中的相对位置基本不变。在队形保持过程中，可能会因为一些干扰因素引起扰动，防止冲突策略就是要避免在扰动下可能发生的碰撞和信息交互中的阻塞。无人机编队飞行要保持一定的队列形状，它们之间必须有信息的交互。编队中无人机之间的信息交互方式[9]一般有集中式（centralized）、分布式（distributed）和分散式（decentralized），每一种方式都有各自的定义与优势。

1. 集中式

集中式信息交互要求编队中每架无人机要将自己的位置、速度、姿态和运动目标等信息和队列中所有无人机进行交互，如图 2-16 所示。其中，A 为长机，B～E 为僚机，虚线型椭圆表示信息流。

2. 分布式

分布式信息交互是指编队中的每架无人机要将自己的位置、速度、姿态和运动目标等信息和队列中与之相邻的无人机进行交互，具体概况如图 2-17 所示。图中，A 为长机，B 和 C 跟随 A 并保持与 A 的相对位置以保持其在队列中的位置，D 和 E 则只要分别知道 B 和 C 的信息并与其保持相对位置就可以保持在整个队列中的位置。整个队列是由若干个基本的两机跟随飞行编队组成的，具有良好的扩充性。

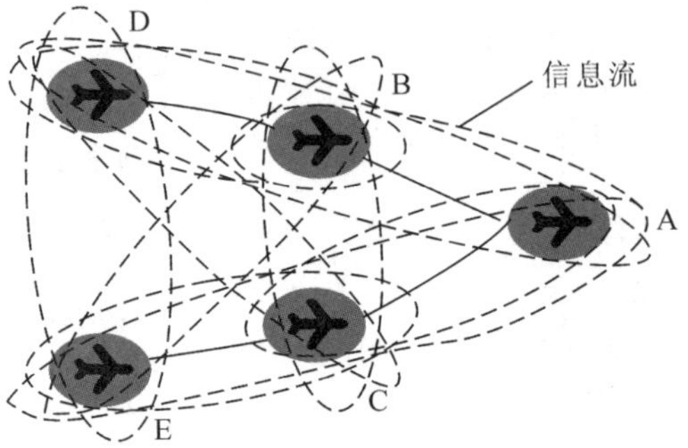

图 2－16　集中式信息交互

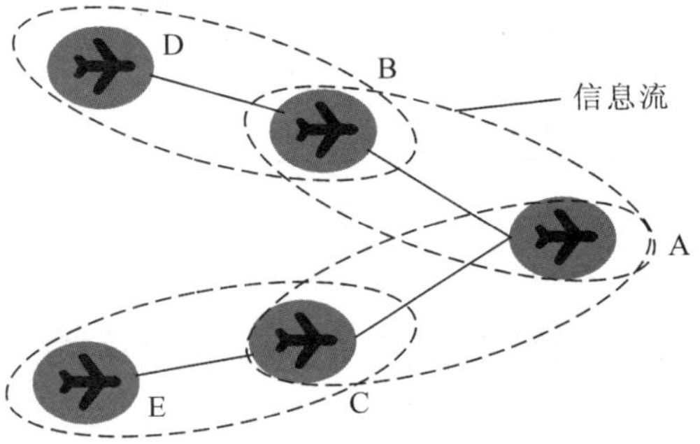

图 2－17　分布式信息交互

3. 分散式

分散式信息交互的每架无人机只要保持自己和队列中约定点的相对关系，不和其他无人机进行交互。

4. 三种信息交互方式比较

对三种编队信息交互方式的优、缺点做出分析比较，如表 2－2 所示。

表 2－2　编队信息交互方式比较

交互方式	优点	缺点
集中式	每一架无人机都知道整个队列的信息，控制效果最好	交互信息量巨大，容易产生冲突；计算量大，对机载计算机性能要求较高，系统和控制算法复杂
分布式	每一架无人机需知道与之相邻无人机的信息，信息交互较少，大大减少了计算量，系统实现相对简单	控制效果相对较差
分散式	计算量也最少，但结构最为简单	基本没有信息交互，其控制效果最差

可以看到，分布式信息交互的效果虽然比不上集中式，但其构造简单可靠，信息量小，较容易避免信息冲突，这样的结构在工程上便于实现和维护[9]。此外，分布式信息交互适应性强，能够将突发影响限制在局部范围内，具有良好的扩充性和容错性，如编队飞行途中突然变更任务需要新的无人机加入编队，或者某无人机由于故障不能继续完成任务需要脱离编队并补充新的无人机的情况。

与此同时，倘若用集中式信息交互完成编队，其信息量将是巨大的，这是因为处理这些信息的复杂程度与编队无人机的数量成几何关系。而如果采用分散式，则不能保证在编队形成的过程中无人机之间不发生碰撞，只有分布式能同时解决信息交互和避免碰撞的问题。因此，目前对信息交互方式的研究热点也逐渐由集中式转向分布式[119]。

2.7　编队防撞控制

编队飞行是按规定的间隔、距离、高度差保持队形的飞行。由于编队机动，队形调整、变换等各种因素的影响，编队飞行中无人机之间的间隔、距离、高度差不可能经常绝对地保持不变，处理不当就容易发生相撞。无论是飞行环境中的威胁障碍物规避还是防无人机之间的碰撞，其目标均是确保编队系统中每架无人机不会与环境中静态障碍物（山峰等）和动态障碍物（其他无人机等）发生碰撞，使其安全飞行。因此，如何模拟鸟类群聚无碰撞飞行这一特点进行无人机编队无碰撞控制，对保障多机安全编队飞行也起着重要作用。

目前，各国研究人员普遍采用多层混合系统的控制方法[120]模拟鸟类群聚的防撞处理。高层控制器利用各种探测设备进行位置检测。例如，M. G. Stewart 等人[121]介绍的使用 GPS 导航系统检测未知环境中的障碍，并转换到基于栅格的三维地图中进行避撞航迹规划；R. Larson 等人[122]利用集成雷达网络进行环境探测，规划出满足无人机动态约束的实时航迹；L. Pollini 等人[123]基于视觉传感器，对西弗吉尼亚大学的 YF－22 模型飞机进行了自动驾驶仪和编队控制律设计。底层控制器只处理所获得的局部信息，以便快速、动态地调整相邻距离和方向，避免机群中的碰撞发生。Stanford 大学使用两架固定翼无人机进行编队飞行试验[124]，试验中一架无人机在飞行中穿插到另一架无人机的航路中，用于验证避撞控制系统的工作效果。无人机编队飞行的防撞处理，多被当成威胁类型中的一种，作为航迹规划中的约束条件加以考虑。如王锐[125]等人提出了一种基于滚动时域控制（receding horizon control）的保证无人机编队在飞行过程中满足约束条件并且防撞的分散式控制设计方案。此方法中，每架无人机都可以做出紧急自由碰撞规避机动，以保证冲突避免和约束履行。使用不变集合方法和强制协同的逻辑规则保证了在飞行中无人机之间的碰撞避免。周炜[126]等人针对危险模式下无人机编队问题，提出基于层次分解策略的编队避障方法，并设计了无人机编队的通行规则，解决了无人机在避障飞行过程中有可能产生的碰撞冲突问题，结果表明了该方法的可行性和有效性。

2.8 编队飞行控制

无人机的编队飞行属于一个较新的研究领域，其中，编队飞行控制又是编队飞行的重点和核心技术。根据编队飞行定义的基本要求，必须保持队形结构在编队飞行过程中不变，同时还能根据外部环境和任务要求进行编队队形的变换，这都需要依赖于编队飞行的控制策略。

单架无人机控制系统的设计主要基于常规 PID 控制、自适应控制、模糊控制、鲁棒控制、神经网络控制等。对于多架无人机编队飞行控制系统的设计，也可以基于这些方法。

1. 常规 PID 控制

常规 PID 控制理论简明直观，结构简单易实现，抗干扰较强，安全可靠，参数整定方法也有很多，在很多情况下都能较好地满足控制要求，因而广泛运用于工业控制，同时也是飞行控制中应用最广泛、技术最成熟的控制方法。

2. 神经网络控制

神经网络作为一段软件程序，具有记忆和自学习的能力，运用神经网络对系统进行控制，可以通过学习系统的输入输出数据从而模仿系统的行为，然后用被控对象的实际输出与期望输出的误差来控制神经网络的学习，可以通过调整神经网络的权系数来达到控制系统稳定的目的。

3. 模糊逻辑控制

模糊控制具有良好的处理非线性系统的能力。由于编队飞行中的不确定性因素影响控制系统具有一定的非线性，因此，可以利用模糊控制器的自调节功能，消除长机产生的涡流对僚机的影响，从而使得相对队形保持不变。

4. 极值搜索

极值搜索方法作为一种优化方法，得到了广泛的应用。在编队飞行法中，通过对一个容易测量的量进行极值搜索，如选用俯仰角作为搜索的参数，使僚机所需的飞行动力最小，并确保良好的飞行性能。

5. 涡旋调整技术

涡旋调整是编队飞行中需要克服的重要问题，在这种方法的研究中，首先要解决的问题就是怎样操纵长机，使得长机翼尖产生的涡流对僚机的飞行有所帮助，这涉及对飞机机翼的结构进行调整的问题。

6. 鲁棒控制

鲁棒控制方法是一种比较新的现代控制方法，主要是使得被控对象具有良好的稳定性，不受外界环境的干扰，使用频域设计的方法，对多输入多输出系统进行优化设计。这种控制方法可作为编队控制未来的一个研究趋势。

2.9 编队飞行硬件测试平台

经过稳定性分析可行后的编队飞行控制策略，必须经过硬件测试平台的实时性验证，才能真正具有继续研究的工程意义。目前国内关于编队飞行硬件平台的相关报道甚少，而国外该项技术已经相对较为成熟[8,15]。

2003年美国空军就推出了硬件在环的开放式控制平台项目(Open Control Platform - Hardware - In - The - Loop project, OCP - HITL)，专门用于开发和测试无人机飞行控制算法，最初应用于单架飞机的测试。Pruett S. H. 等人[127]就基于该控制平台对机群防撞系统(TCAS)进行了硬件在回路仿真。E. Nettleton 等人[128]在基于实时多无人机仿真(Real - time Multi - UAV Simulator, RMUS)的结构上开发了无人机任务控制系统，其地面站允许实时演示飞行航迹，并记录所有遥测到的无人机数据。Jeffrey M 等人[129]在康乃尔大学的编队地面试验台上验证了单个无人机飞行控制和多架无人机的编队控制，并取得了一定成果。J. How 等人[130]开发了8架飞机的测试平台，并利用中央处理器(CPUs)模拟多架飞机的航迹规划。图2-18显示了这种硬件在环测试平台的系统结构，但两架飞机编队飞行测试时最小高度差为50 m，由地面站遥控进行编队飞行。

无人机的编队飞行硬件测试平台物理系统如图2-19所示，该平台主要由三个子系统组成：基于DSP处理器的无人机飞行控制系统(Flight Control System, FCS)，基于Statemate构建的无人机虚拟样机(Virtual Prototype, VP)以及地面测试系统。整个编队飞行采用“长机-僚机”编队控制方式。测试时，无人机飞行控制计算机充当长机，航迹通过地面检测/遥控遥测(Ground Test/ Remote Control and Remote Sensing, GT/ RCRS)系统预先下载到飞控计算机；无人机VP担任僚机，按照编队队形的结构要求，通过编队飞行控制器实时调整飞行姿态，其飞行航迹可以通过局域网在其他 PC 机上通过模拟仪表和 3D 方式显示出来；地面测试系统除了检测单机的基本功能之外，还负责传送长机的飞行姿态信息给僚机。通过这种平台可以简单演示编队的效果。

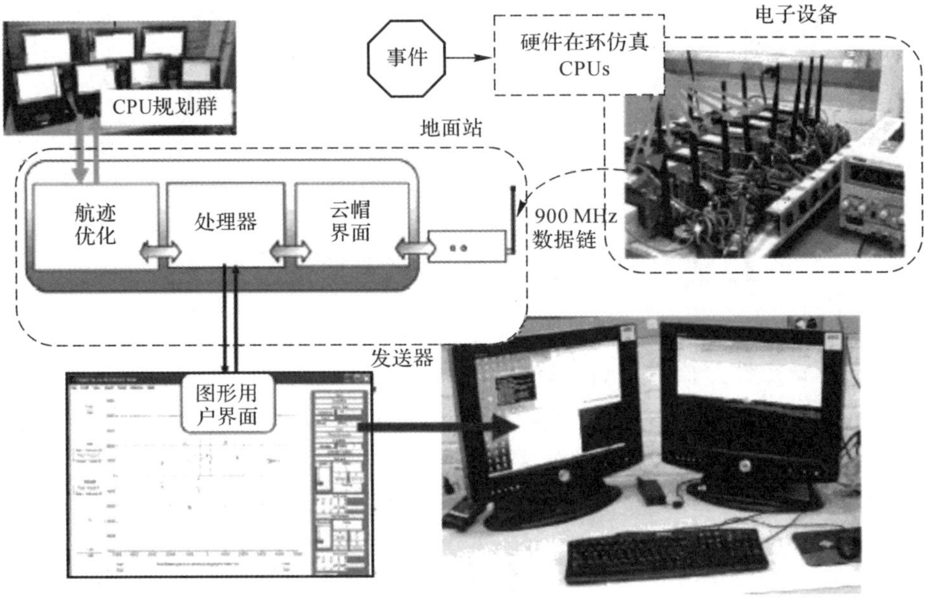

图 2－18　硬件在环测试平台系统结构

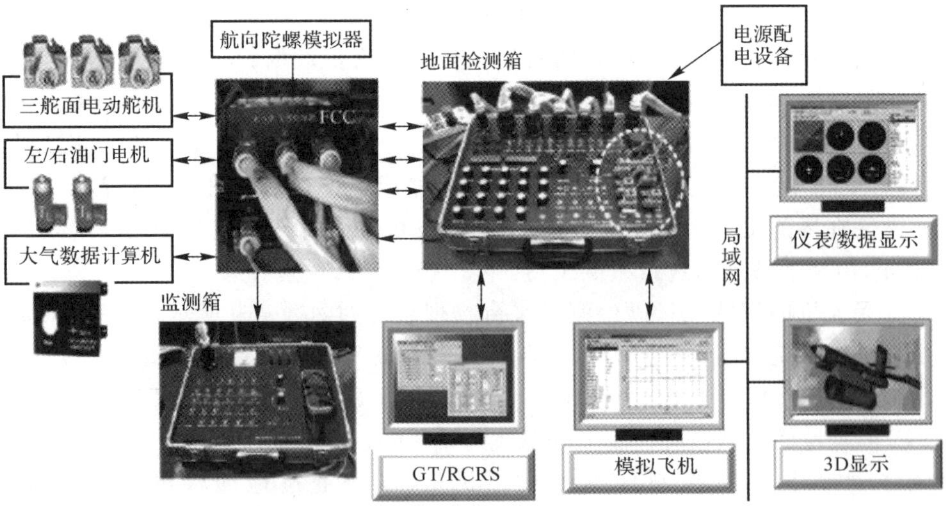

图 2－19　硬件在环仿真测试平台的示意图

第3章　无人机编队队形设计

无人机编队飞行的队形设计是编队飞行研究中需要解决的重要问题之一。队形设计的好坏对整个编队飞行任务的完成有着重大的影响。合理的队形设计，有利于提高无人机编队执行任务的效率，减少无人机队形保持控制消耗的能量，延长编队飞行系统的工作时间，从而充分发挥无人机编队飞行的优势。

3.1　编队队形设计定义

无人机采用编队飞行具有单机无法比拟的很多优势，可以扩大搜索和侦查范围，完成单机无法完成的任务，提高无人机的整体效率等。而编队的这些优势都是建立在一定编队队形的基础上的。目前，国内外专门对无人机编队飞行队形设计研究的报道很少。本书在此根据无人机编队飞行需求及其实际应用提出无人机编队队形设计的定义。

定义1(无人机编队队形设计)：所谓无人机的编队队形设计，是指根据无人机编队飞行的应用环境和任务要求，确定编队中无人机的队形结构。它既需要确定编队无人机的数量，各架无人机所构成的特定几何形状以及编队间隔距离，也包括选择编队的飞行方式。

可以看到，在设计编队队形时，除了要考虑编队几何形状、无人机的数量、无人机之间的气动力影响外，还要考虑编队的任务要求，同时保证编队机动时不至于发生相撞[5]。

3.2　编队几何形状设计

根据不同的任务要求，需要无人机编队采用不同的队形达到最佳性能。编队主要有两种形式[21]：一种是编排成某种特定几何形状的固定编队；一种是无人机之间没有相对固定距离和状态的自由编队。

无人机固定编队的几何形状可以为菱形编队、跟随编队、十字形编队、人字形编队等。其中，菱形编队和跟随编队(即竖一字编队)是无人机编队飞行中两种最基本的编队队形。跟随编队中无人机遍历最小化的陆地区域，减小了被敌方地面部队侦察到的概率；相比之下，菱形编队覆盖了更大的地面区域，也给各无人机之间提供了较好的可视性。其他队形也可以看成是这两种基本队形的不同组合。图 3-1 所示分别为由三架无人机构建的菱形编队和跟随编队。

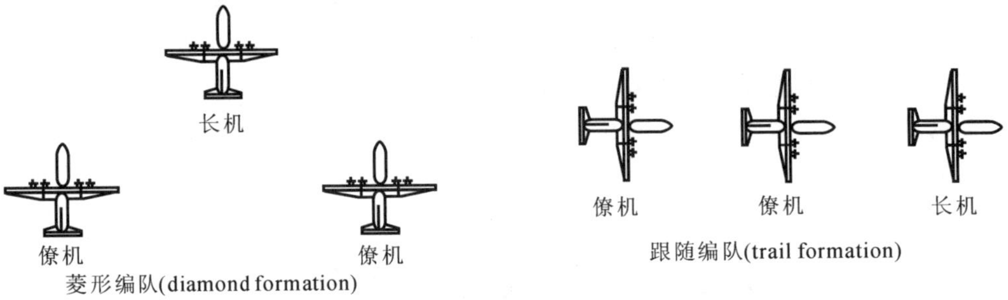

图 3-1 两种无人机编队队形

无人机在军事上主要用于执行战略侦察、监视、前线冲击和深入敌后的作战任务。对于攻击型无人机，编队飞行可以提高打击效果和成功概率；对于侦察型无人机，编队无人机可以扩大侦察范围，同时减少价格昂贵的装备被敌方打击的概率。在实际空战中，编队战术通常是以基本的两机编队为单元，按照层级的概念建立起大规模的多机编队。目前最常用的军用两机编队主要有两种，即双机横一字编队和双机翼形编队，如图 3-2 所示。横一字编队队形是指僚机在长机前 15°到后 20°的区域内飞行，与长机保持1～2 km的距离，这种队形具有好的攻击性和防御性，但牺牲了一定的操纵性，适合于高空；翼形编队队形是指僚机在长机后 30°到后 60°的区域内飞行，与长机保持 1～2 km 的距离，这种队形整体操纵性良好，却牺牲了一定的攻击性和防御性，适合于低空。

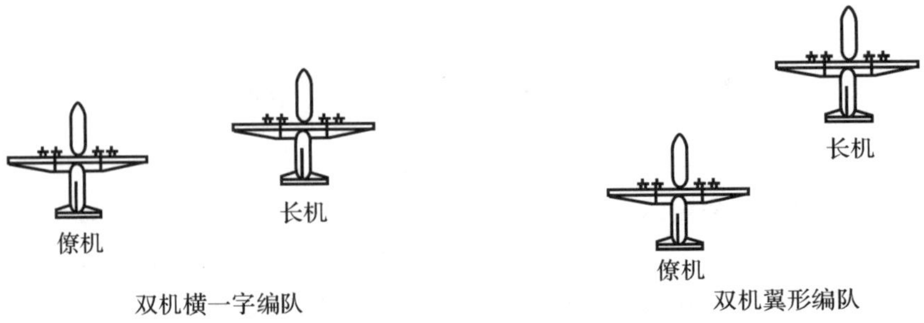

图 3-2 两种常见军用两机编队

不同的编队队形有各自的优、缺点，可以根据编队飞行时不同的任务要求和飞行阶段选择合适的编队几何形状。无人机编队几何形状的选择不是由设计者随意构想的，需要综合考虑无人机自身和队形的对称性、编队飞行目的、相关飞行空气动力学理论等因素，确保编队队形的合理性与可实施性。

3.3　编队无人机数量选择

编队无人机数量的选择需要根据具体的编队用途（如空中侦察或防御攻击）、应用环境（如我方区域或敌方环境）和编队形状（如菱形编队或十字形编队）而确定。国外有研究表明，编队飞行的理论航程 Range_F 与组成编队的无人机数量 N 和单架无人机的航程 Range_S 有如下关系[19]：

$$\mathrm{Range}_F = \mathrm{Range}_S \times \sqrt{N} \tag{3.3.1}$$

但这个关系式同时还受到无人机编队飞行速度和高度的影响。例如，假设一架无人机以一定的速度在某一高度上飞行，则 9 架无人机编队飞行的航程理论上是一架无人机单飞航程的 3 倍，然而这也需要无人机编队飞得更高或更慢。如果无人机编队还是以同样的高度和速度飞行，则 9 架无人机编队飞行的航程是单架无人机的 1.8 倍。此外，如果考虑到发动机的性能和大气扰动等，实际航程会减少得更多。

3.4　编队气动耦合影响

飞行器飞行时，气流流过机翼后由于上下翼面的压力差，会在机翼尖处产生两条对称的翼尖涡流，涡流对在涡流区域内的物体产生诱导速度，包括上洗、下洗和侧洗影响等。编队飞行中，无人机往往会处于其他无人机的翼尖涡流场内，因此，无人机的飞行运动将受到编队中其他无人机的翼尖涡影响，这种由于气流场影响而导致的飞行运动关联一般称之为气动耦合。

针对紧密编队所产生的气动耦合，必须建立适当的模型来进行描述，以便对紧密飞行的无人机编队进行控制。本节对无人机编队飞行时产生的气动耦合现象及其产生的原因进行深入研究，详细推导了编队飞行时的涡流效应，建立适当的模型，给出了在气动耦合作用下，僚机升力、阻力和侧力的计算公式，并以最小阻力为目标，推导了最优编队距离。

3.4.1 涡流效应

3.4.1.1 涡流的产生

飞机按某一正迎角 α 飞行时，气流绕机翼表面流过，由于机翼形状的影响，上表面流速较快，下表面流速较慢，根据伯努利方程，机翼上表面的压强减小，而下表面的压强增大，从而导致上、下表面的压力差，产生升力。但同时会在翼尖处拖出两条强烈的旋涡。左、右两半机翼涡线的旋转方向是对称的，在离开机翼一定距离后，卷成两条大旋涡，呈现柱状并随时间逐渐消散。机翼自身也处于涡线的诱导下洗流场之中，因此，升力在沿远前方气流方向上也就有了向后的分力，即诱导阻力。旋涡从飞机的翼尖开始按环形流向机身，然后再流回翼尖。这样，从后面看，空气经过飞机左翼时引起一个顺时针方向的气流，而经过右翼时则引起一个逆时针方向的气流，如图 3-3 所示。这种因为空气流经飞机翼尖而引起的尾涡流，因其形状类似马蹄形而被称作马蹄涡。两条尾涡流之间几乎都是下洗气流，尾涡流外侧是上洗和侧洗气流的混合。进入长机尾涡的飞机会受到额外的气动力[131]。

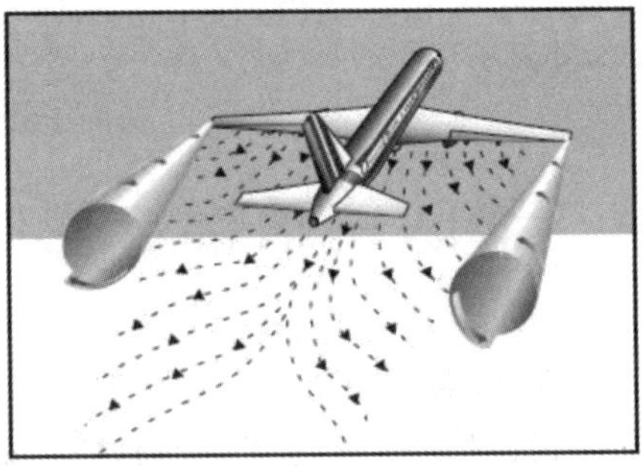

图 3-3 涡流的产生

德国科学家 Prandtl 最先研究了涡流对飞机的影响。从气动效率方面考虑，紧密编队飞行时，可以利用长机与僚机之间的气动耦合，减少整体飞行时的阻力。所谓紧密编队飞行是指两架无人机之间的侧向距离不大于一个翼展的编队情形。众所周知，展弦比越大，诱导阻力就越小，假设单个无人机的展弦比为 A_R，则 n 架无人机按适当的距离编队后，等效于一架展弦比为 $n\times A_R$ 的大飞机，因此，近距离紧密编队可以获得相当于大展弦比飞机的气动性能[132]。

如果无人机飞行在涡流中合适的位置，就可以减少阻力并且增加升力。同鸟类编队飞行一样，无人机编队飞行时编队中的每个位置获得的益处也是不一样的，以 V 形编队为例，气动干扰也有利于长机的飞行性能，但影响很小，而位于编队中间的无人机处在最有利的位置，这个位置的无人机既可以从前面无人机的上洗气流获得额外的升力，又可以获得后面无人机对其诱导阻力的减小。这些有利因素意味着处于中间位置的无人机将比领头的无人机或队尾的无人机受到更小的阻力，消耗更少的燃油，因此，飞行过程中调整处于长机位置的无人机，可以增加编队无人机的航程，如图 3－4 所示。

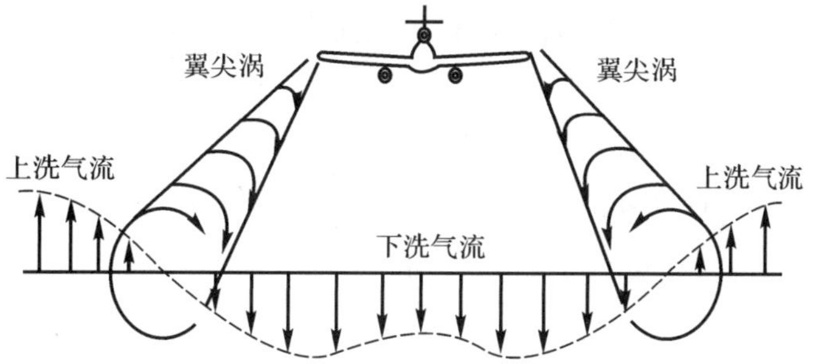

图 3－4　上洗流与下洗流

利用上洗气流来减小阻力的难点在于需要精确保持僚机与长机之间的相对位置。涡流会产生很大的力，飞行控制系统需要抑制这些力的影响，以减小对僚机稳定性的影响，并使僚机保持在合适的位置。

3.4.1.2　涡流的内移

翼面所产生的涡流不仅仅出现在翼尖处，而且遍布于整个飞机翼面。这些翼面上相邻的小涡流都有外移的趋势，因而翼面所产生的所有涡流脱离翼面后，在靠近翼尖的某个位置处会汇合并发生扭结，形成左右两条大的涡流带（在涡流带的外侧形成向上的洗流），如图 3－5 所示。飞机上、下翼面的气流在飞机翼尖处汇合，由于飞机下翼面的压力通常比上翼面的压力大，下翼面的气流会向上翻转，而上翼面的气流则向内收缩，这一过程不仅产生了上洗气流，而且使得翼尖涡的脱落位置产生内移。所以涡流带的实际位置并不是在翼尖处，而是有一定量的内移。

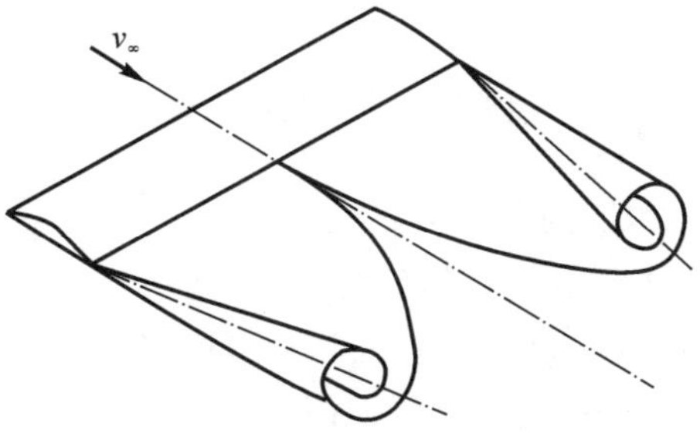

图 3－5　涡流带的形成

按照薄翼理论和升力线理论，可以将机翼看作一条附着涡线，在低速小迎角飞行的条件下，涡流带所产生的升力与翼面绕流的升力无本质差别。

如果不计黏性影响，飞机的绕流升力可以由下式求出：

$$F_L = \frac{1}{2}\rho v_\infty^2 SC_L \tag{3.4.1}$$

其中，对于椭圆形机翼，其面积 $S = \frac{\pi}{4}bc$。

同时，绕流升力的产生及计算还可利用库塔条件及库塔-儒可夫斯基升力公式求得

$$F_L = \rho \Gamma C_L \tag{3.4.2}$$

其中，Γ 为涡线的速度环量（即涡强），$\Gamma = \frac{1}{2}v_\infty^2 cb'$；$b'$ 为两条涡流带之间的距离。对比式(3.4.1)与式(3.4.2)，可知

$$b' = \frac{\pi b}{4}$$

可见，两条涡流带间的距离小于飞机的实际翼展，如图 3-6 所示。

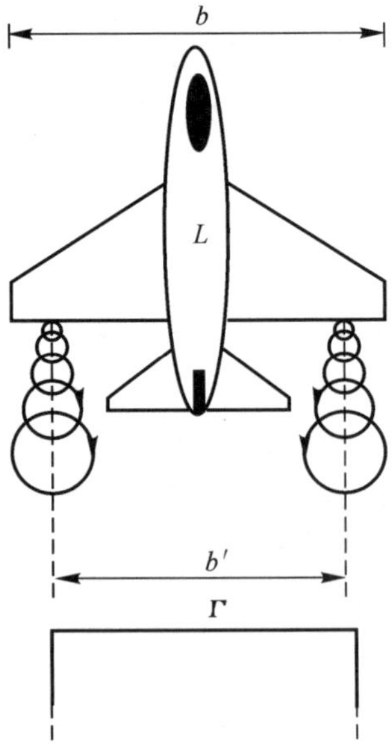

图 3-6　涡流的内移

这两条翼尖涡有如下两条重要性质：

(a) 每条涡线提供大小相同的升力；

(b) 两条尾涡的环量值相等，并且与机翼中线处的环量相同。

图3-6还表明附着涡线和尾涡线在机翼后方较远的地方有一条具有同样

不变环量的升力线封闭，但是方向与机翼上的附着涡线环量方向相反。对于一条封闭的涡线，系统总的净升力为零，故机翼后方升力线的垂直力与机翼升力应该是大小相等的。

紧密编队飞行中，保持阻力最小的最大困难是编队中后面的无人机与前面的无人机不是处在一个稳定的相对位置，而总是在一个小范围内移动。为使阻力尽可能地减小，后面的无人机必须与长机产生的翼尖涡处于同一个平面[133]。

3.4.1.3　Biot - Savart 定律

本小节分析了长机对僚机的上洗和侧洗影响并建模。Biot - Savart 定律是用来描述电流与电磁场强度的，也可以用于空气中涡线产生的诱导速度。利用该定律，可以确定长机翼尖涡对僚机的气动影响。长机涡流的涡线如图 3 - 7 所示。

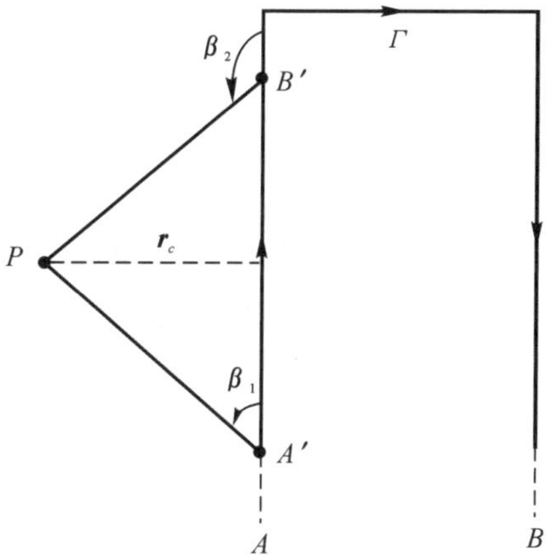

图 3 - 7　长机涡线

为了计算涡流场中 P 点的诱导速度，选取涡线 A 上的一段 $A'B'$，角度 β_1，β_2 由 A' 和 B' 与 P 点的连线确定。根据 Biot - Savart 定律可知，涡线 A 在 P 点所产生的诱导速度 $\boldsymbol{v}$ 为

$$\boldsymbol{v}=\frac{\hat{\boldsymbol{\Phi}}\Gamma}{4\pi \boldsymbol{r}_c}(\cos\beta_1-\cos\beta_2) \tag{3.4.3}$$

其中，Γ 为每单位长度上涡流强度；$\boldsymbol{r}_c$ 是点 P 到涡线的距离；$\hat{\boldsymbol{\Phi}}$ 是与距离 $\boldsymbol{r}_c$ 正交的单位向量。当 A' 在 $-\infty$ 时，角度 $\beta_1=0$，B' 在 $+\infty$ 时，角度 $\beta_2=\pi$，假设编队纵向距离很大，比如长机尾部与僚机前端的实际距离大于 $2b$(b 是翼展)时，则可以近似认为 B' 在 $+\infty$ 处。本小节正是基于这样的假设，对长机涡流作用下僚机位置进行研究。涡流在消失前会持续很长一段距离，这也符合 A'

在 $-\infty$ 远处的假设。此时，式(3.4.3)可以简化为

$$\boldsymbol{v}=\frac{\hat{\boldsymbol{\Phi}}\Gamma}{2\pi \boldsymbol{r}_c} \tag{3.4.4}$$

图 3-8 中，长机用其涡线 A 和 B 围成的马蹄涡代表，僚机用机翼代表，等效翼展为 b'，对椭圆形机翼来说，$b'=\frac{\pi}{4}b$。

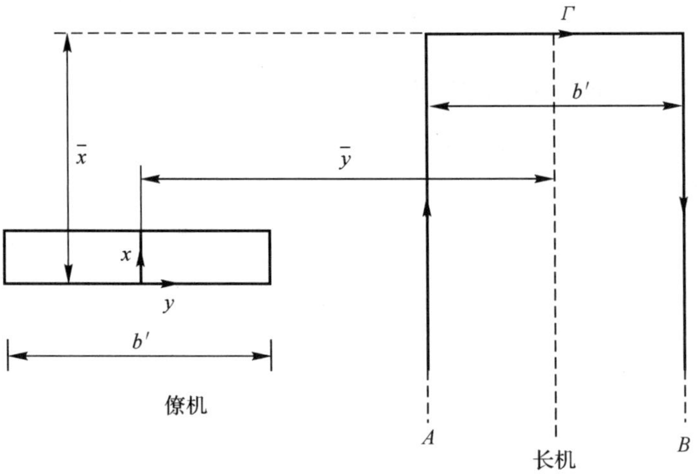

图 3-8　长机与僚机相对位置的俯视图

图 3-9 所示为两架飞机的后视图。半径矢量 $\boldsymbol{r}'_c$ 是每条涡线到僚机的距离。

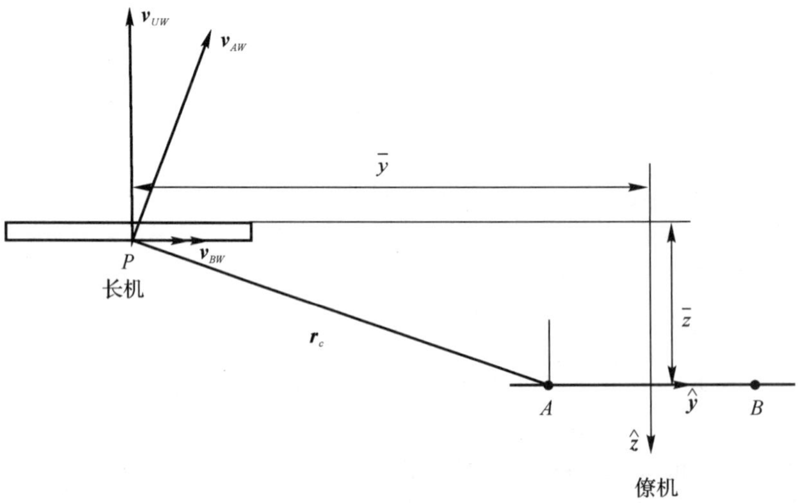

图 3-9　长机与僚机相对位置的后视图

涡线 A,B 到点 P 的半径向量分别为

$$\left.\begin{aligned}\boldsymbol{r}_A &= \left(\bar{y}-\frac{b'}{2}-y\right)\hat{\boldsymbol{y}}+(\bar{z}-z)\hat{\boldsymbol{z}}\\ \boldsymbol{r}_B &= \left(\bar{y}+\frac{2}{\ }-y\right)\hat{\boldsymbol{y}}+(\bar{z}-z)\hat{\boldsymbol{z}}\end{aligned}\right\} \tag{3.4.5}$$

其中,$\hat{\boldsymbol{y}}$ 和 $\hat{\boldsymbol{z}}$ 是单位方向向量。由图 3-8 和图 3-9,根据几何学知识,可知,在 $(y,0)$ 处长机两条涡线引起的总的诱导上洗速度 $\bar{\boldsymbol{v}}_{UW}$ 为涡线 A,B 在该点处引起的诱导速度之和,因为 B 点在该点处的诱导速度方向与 A 相反,故有

$$\bar{\boldsymbol{v}}_{UW}=\bar{\boldsymbol{v}}_A\cos\theta_A-\bar{\boldsymbol{v}}_B\cos\theta_B=\frac{\Gamma_L}{2\pi\boldsymbol{r}_{cA}}\cos\theta_A-\frac{\Gamma_L}{2\pi\boldsymbol{r}_{cB}}\cos\theta_B$$

其中,

$$r_{cA}=\sqrt{\left(\bar{y}-\frac{b'}{2}-y\right)^2+\bar{z}^2},\quad \cos\theta_A=\frac{\bar{y}-\dfrac{b'}{2}-y}{\sqrt{\left(\bar{y}-\dfrac{b'}{2}-y\right)^2+\bar{z}^2}}$$

$$r_{cB}=\sqrt{\left(\bar{y}+\frac{b'}{2}-y\right)^2+\bar{z}^2},\quad \cos\theta_B=\frac{\bar{y}+\dfrac{b'}{2}-y}{\sqrt{\left(\bar{y}+\dfrac{b'}{2}-y\right)^2+\bar{z}^2}}$$

故

$$\bar{\boldsymbol{v}}_{UW}=\frac{\Gamma_L}{2\pi}\left[\frac{\left(\bar{y}-\dfrac{b'}{2}-y\right)}{\left[\left(\bar{y}-\dfrac{b'}{2}-y\right)^2+\bar{z}^2\right]}-\frac{\left(\bar{y}+\dfrac{b'}{2}-y\right)}{\left[\left(\bar{y}+\dfrac{b'}{2}-y\right)^2+\bar{z}^2\right]}\right](-\hat{\boldsymbol{z}})$$

$$-\frac{b'}{2}\leqslant y\leqslant\frac{b'}{2} \tag{3.4.6}$$

其中,$\bar{x}$,$\bar{y}$,$\bar{z}$ 分别是长机和僚机在 $\hat{\boldsymbol{x}}$,$\hat{\boldsymbol{y}}$,$\hat{\boldsymbol{z}}$ 方向上的额定间距。同理可得$(0,z)$处总的侧洗速度 $\bar{v}_{SW}$ 是

$$\bar{\boldsymbol{v}}_{SW}=\frac{\Gamma_L}{2\pi}\left[\frac{(\bar{z}-z)}{\left[\left(\bar{y}-\dfrac{b'}{2}\right)^2+(\bar{z}-z)^2\right]}-\frac{(\bar{z}-z)}{\left[\left(\bar{y}+\dfrac{b'}{2}\right)^2+(\bar{z}-z)^2\right]}\right]\hat{\boldsymbol{y}}$$

$$-h_z\leqslant z\leqslant 0 \tag{3.4.7}$$

其中,h_z 为垂直尾翼的高度。

3.4.1.4　平均上洗和侧洗速度

平均诱导上洗速度由下式计算:

$$\bar{\boldsymbol{v}}_{UW}=\frac{\Gamma_L}{2\pi b'}\int_{-\frac{b'}{2}}^{\frac{b'}{2}}\left[\frac{\left(\bar{y}-\dfrac{b'}{2}-y\right)}{\left[\left(\bar{y}-\dfrac{b'}{2}-y\right)^2+\bar{z}^2\right]}-\frac{\left(\bar{y}+\dfrac{b'}{2}-y\right)}{\left[\left(\bar{y}+\dfrac{b'}{2}-y\right)^2+\bar{z}^2\right]}\right]\mathrm{d}y(-\hat{\boldsymbol{z}}) \tag{3.4.8}$$

令 $u=\left(\left(\bar{y}-\frac{b'}{2}-y\right)^2+\bar{z}^2\right)$，$v=\left(\left(\bar{y}+\frac{b'}{2}-y\right)^2+\bar{z}^2\right)$，代入式(3.4.8)，并相应修改积分区间，可得

$$\bar{\boldsymbol{v}}_{UW}=\frac{\Gamma_L}{4\pi b'}\left[\ln\frac{\bar{y}^2+\bar{z}^2}{[(\bar{y}-b')^2+\bar{z}^2]}-\ln\frac{[(\bar{y}+b')^2+\bar{z}^2]}{[\bar{y}^2+\bar{z}^2]}\right](-\hat{\boldsymbol{z}}) \tag{3.4.9}$$

同理，在区间$[-h_z,0]$积分可得侧洗速度为

$$\bar{\boldsymbol{v}}_{SW}=\frac{\Gamma_L}{2\pi h_z}\int_0^{-h_z}\left[\frac{(\bar{z}-z)}{\left(\bar{y}-\frac{b'}{2}\right)^2+(\bar{z}-z)^2}-\frac{(\bar{z}-z)}{\left(\bar{y}+\frac{b'}{2}\right)^2+(\bar{z}-z)^2}\right]\mathrm{d}z\cdot\hat{\boldsymbol{y}} \tag{3.4.10}$$

整理得

$$\bar{\boldsymbol{v}}_{SW}=\frac{\Gamma_L}{4\pi h_z}\left[\ln\frac{\left(\bar{y}-\frac{b'}{2}\right)^2+\bar{z}^2}{\left(\bar{y}-\frac{b'}{2}\right)^2+(\bar{z}+h_z)^2}-\ln\frac{\left(\bar{y}+\frac{b'}{2}\right)^2+\bar{z}^2}{\left(\bar{y}+\frac{b'}{2}\right)^2+(\bar{z}+h_z)^2}\right]\hat{\boldsymbol{y}} \tag{3.4.11}$$

式(3.4.11)分子、分母都除以 b^2，化为无量纲量，因为

$$b'=\frac{\pi}{4}b \tag{3.4.12}$$

整理得

$$\bar{\boldsymbol{v}}_{SW}=\frac{\Gamma_L}{4\pi h_z}\left[\ln\frac{\left(y'-\frac{\pi}{8}\right)^2+z'^2}{\left(y'-\frac{\pi}{8}\right)^2+\left(z'+\frac{h_z}{b}\right)^2}-\ln\frac{\left(y'+\frac{\pi}{8}\right)^2+z'^2}{\left(y'+\frac{\pi}{8}\right)^2+\left(z'+\frac{h_z}{b}\right)^2}\right]\hat{\boldsymbol{y}} \tag{3.4.13}$$

其中，y' 和 z' 为无量纲量，$y'=\frac{\bar{y}}{b}$，$z'=\frac{\bar{z}}{b}$。

3.4.2 升力和阻力变化

3.4.2.1 阻力变化

上洗流会引起僚机仰角的变化，从而改变升力和阻力，如图 3-10 所示。$\boldsymbol{v}$ 是飞行速度，$\boldsymbol{v}_{UW}$ 是上洗诱导速度，$\boldsymbol{v}'$ 是合成速度。$\boldsymbol{L}$ 和 $\boldsymbol{D}$ 为单架飞机的升力和阻力，$\boldsymbol{L}'$ 和 $\boldsymbol{D}'$ 为受气动干扰影响后的升力和阻力。$\Delta\alpha$ 表示由上洗气流带来的微小迎角变化量。$\Delta\boldsymbol{D}$ 表示升力发生旋转后的阻力变化值。$\Delta\boldsymbol{L}$ 表示因为阻力的旋转而带来的升力变化量。由图 3-10 可见仰角变化为

$$\Delta\alpha = \arctan\frac{\boldsymbol{v}_{UW}}{v} \approx \frac{\boldsymbol{v}_{UW}}{\boldsymbol{v}} \tag{3.4.14}$$

僚机阻力的变化为

$$\Delta\boldsymbol{D}_w = (\boldsymbol{L}+\Delta\boldsymbol{L})\tan\Delta\alpha \approx (\boldsymbol{L}+\Delta\boldsymbol{L})\frac{\boldsymbol{v}_{UW}}{\boldsymbol{v}}\boldsymbol{x} \tag{3.4.15}$$

可得无量纲阻力系数增量为

$$\Delta C_{Dw} = \frac{\Delta D_W}{\bar{q}S} = -\frac{L_W}{\bar{q}S}\frac{|\boldsymbol{v}_{UW}|}{v} = -C_{Lw}\frac{|\boldsymbol{v}_{UW}|}{v} \tag{3.4.16}$$

单位长度的涡流强度可以表示为

$$\Gamma = \frac{L_L}{\rho v b'} = \frac{L_L}{\rho v\ \dfrac{\pi}{r}b} = \frac{\dfrac{1}{2}\rho v^2 SC_{L_L}}{\rho v\ \dfrac{\pi}{4}b} = \frac{2}{\pi}\frac{S}{b^2}C_{L_L}vb = \frac{2}{\pi A_R}C_{L_L}vb \tag{3.4.17}$$

其中，S 为机翼面积；b 为翼展；v 为编队飞行速度；A_R 为展弦比；C_{LL} 为长机的升力系数。将式(3.4.9)、式(3.4.15)、式(3.4.17)代入式(3.4.16)可得

$$\Delta C_{DW} = -\frac{1}{\pi A_R}C_L C_{LL}\frac{2}{\pi^2}\left[\ln\frac{y'^2+z'^2}{\left(y'-\dfrac{\pi}{4}\right)^2+z'^2} - \ln\frac{\left(y'+\dfrac{\pi}{4}\right)^2+z'^2}{y'^2+z'^2}\right] \tag{3.4.18}$$

阻力增量为

$$\Delta D_W = \Delta C_{DW}\bar{q}S \tag{3.4.19}$$

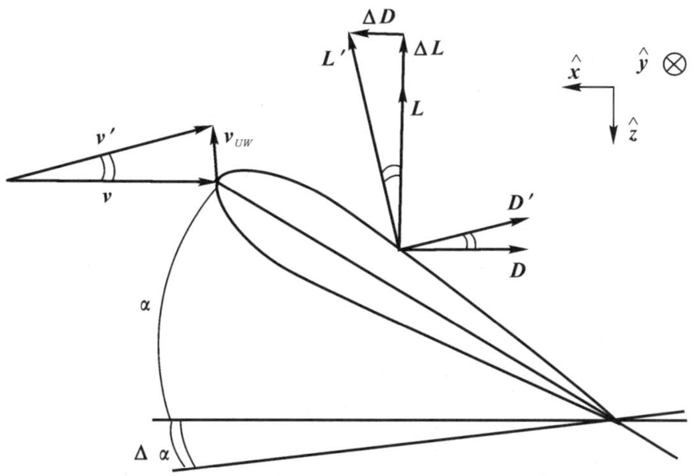

图 3-10　气动耦合引起的升力与阻力变化

3.4.2.2 升力变化

同理可以推出升力系数增量：

$$\Delta C_{LW}=\Delta\alpha a_W=\frac{|\boldsymbol{v}_{UW}|}{v}a_W=$$

$$\frac{a_W}{\pi A_R}C_{LL}\frac{2}{\pi^2}\left[\ln\frac{y'^2+z'^2}{\left(y'-\frac{\pi}{4}\right)^2+z'^2}-\ln\frac{\left(y'+\frac{\pi}{4}\right)^2+z'^2}{y'^2+z'^2}\right] \tag{3.4.20}$$

式中，a_W 为机翼升力曲线斜率。

则升力增量为

$$\Delta L_W=\Delta C_{LW}\bar{q}S \tag{3.4.21}$$

3.4.2.3 侧力变化

长机引起的侧洗会作用在垂直尾翼上，使侧力发生改变。这个侧力的变化为

$$\Delta\boldsymbol{F}_Y=\eta\bar{q}S_{vt}a_{vt}\frac{|\boldsymbol{v}_{SW}|}{v}\hat{\boldsymbol{y}} \tag{3.4.22}$$

其中，η 是尾翼上的气动影响因子；S_{vt} 是垂直尾翼的面积；a_{vt} 是垂直尾翼的升力曲线斜率。侧力系数的无量纲增量为

$$\Delta C_{YW}=\eta\frac{S_{vt}}{S}a_{vt}\frac{|\boldsymbol{v}_{SW}|}{v} \tag{3.4.23}$$

将式(3.4.12)、式(3.4.22)代入式(3.4.23)，可得

$$\Delta C_{YW}=\eta\frac{S_{vt}}{S}\frac{a_{vt}}{v}\frac{\Gamma_L}{4\pi h_z}\left[\ln\frac{\left(y'-\frac{\pi}{8}\right)^2+z'^2}{\left(y'-\frac{\pi}{8}\right)^2+\left(z'+\frac{h_z}{b}\right)^2}-\right.$$

$$\left.\ln\frac{\left(y'+\frac{\pi}{8}\right)^2+z'^2}{\left(y'+\frac{\pi}{8}\right)^2+\left(z'+\frac{h_z}{b}\right)^2}\right] \tag{3.4.23}$$

将式(3.4.17)代入式(3.4.23)，可得

$$\Delta C_{YW}=\frac{1}{\pi A_R}\frac{\eta S_{vt}a_{vt}C_{L_L}b}{4Sh_z}\frac{2}{\pi}\left[\ln\frac{\left(y'-\frac{\pi}{8}\right)^2+z'^2}{\left(y'-\frac{\pi}{8}\right)^2+\left(z'+\frac{h_z}{b}\right)^2}-\right.$$

$$\ln \frac{\left(y'+\frac{\pi}{8}\right)^2+z'^2}{\left(y'+\frac{\pi}{8}\right)^2+\left(z'+\frac{h_z}{b}\right)^2}\Bigg] \tag{3.4.23}$$

则侧力增量为

$$\Delta F_{YW}=\Delta C_{YW}\bar{q}S \tag{3.4.24}$$

3.4.3　最优编队距离

3.4.3.1　理论分析

编队飞行时，如果能够充分利用涡流效应，可以减小阻力，增加升力，节省燃油，从而可以增加航程。下面对飞机在涡流效应下的升力、阻力及侧力进行分析，确定最优的编队距离。

下面以阻力系数增量为例，分析编队的侧向与垂直额定距离对僚机阻力的影响，以确定使阻力最小的最佳编队距离。

已知：

$$\Delta C_{DW}=-\frac{1}{\pi A_R}C_{LW}C_{LL}\ \frac{2}{\pi^2}\left[\ln\frac{y'^2+z'^2}{\left(y'-\frac{\pi}{4}\right)^2+z'^2}-\ln\frac{\left(y'+\frac{\pi}{4}\right)^2+z'^2}{y'^2+z'^2}\right] \tag{3.4.25}$$

为了分析编队侧向距离对阻力系数增量的影响，将式(3.4.25) 对 y' 求导，可得

$$\frac{\mathrm{d}\Delta C_{DW}}{\mathrm{d}y'}=-\frac{1}{\pi A_R}C_{LW}C_{LL}\ \frac{2}{\pi^2}\left[\frac{y'\left(y'^2-\frac{\pi^2}{16}\right)}{(y'^2+z'^2)^2\left(\left(y'-\frac{\pi}{4}\right)^2+z'^2\right)\left(\left(y'+\frac{\pi}{4}\right)^2+z'^2\right)}\right] \tag{3.4.26}$$

令 $\frac{\mathrm{d}\Delta C_{DW}}{\mathrm{d}y'}=0$，即可求得使阻力系数增量达到极值的 y'。因此，可得 $y'=0$，$y'=\pm\frac{\pi}{4}$。

已知侧向距离 $\bar{y}=y'b$，而 $y'=0$ 时，有 $\bar{y}=0$，僚机位于长机正后方下洗气流带中，受到下洗力的作用，此时的极值为极大值，飞机所受气流阻力最大，对飞行不利，显然，不可能选为最佳位置。因而取 $y'=\pm\frac{\pi}{4}$，即 $\bar{y}=\pm\frac{\pi}{4}b$ 处，此时僚机正好处于长机的上洗气流带，阻力增量为最小值，相应的阻力也达到最

小值，因此，$\bar{y}=\pm\frac{\pi}{4}b$ 为最佳侧向编队距离。

同理，为了分析编队垂直距离对阻力系数增量的影响，将上式对 z' 求导，可得

$$\frac{\mathrm{d}\Delta C_{DW}}{\mathrm{d}z'}=-\frac{1}{\pi A_R}C_{LW}C_{LL}\ \frac{2}{\pi^2}\left[\frac{\frac{\pi^2}{4}z'}{(y'^2+z'^2)^2\left(\left(y'-\frac{\pi}{4}\right)^2+z'^2\right)\left(\left(y'+\frac{\pi}{4}\right)^2+z'^2\right)}\right] \tag{3.4.27}$$

令 $\frac{\mathrm{d}\Delta C_{DW}}{\mathrm{d}z'}=0$，即可求得使阻力系数增量达到极值的 z'。可得 $z'=0$。

已知编队垂直距离 $\bar{z}=z'b$，则 $z'=0$ 时，$\bar{z}=0$。即长机与僚机在同一水平面内。此时，阻力增量为最小值，相应的阻力也达到最小值，因此，$\bar{z}=0$ 为最佳垂直编队距离。

同理，对升力进行分析，可得到相同结论。

3.4.3.2 仿真分析

以某型飞机为例，相关数据如表 3-1 所示。

表 3-1 无人机编队飞行相关数据

参数	符号	数值	单位
翼展	b	9.45	m
飞机质量	M	16 057	kg
展弦比	A_R	3.02	
机翼面积	S	27.87	m^2
垂直尾翼面积	S_{vt}	9.05	m^2
垂直尾翼高度	h_z	3	m
机翼升力曲线斜率	a_w	5.3	1/rad
垂尾升力曲线斜率	a_{vt}	5.3	1/rad
气动效率因子	η	0.95	

图 3-11、图 3-12 所示为当垂直额定距离 $\bar{z}=0$ 时，阻力系数变化量和升力系数变化量随侧向额定距离 $\bar{y}$ 变化的曲线。由图可知，阻力系数增量起初为正值，即气动耦合增加了僚机的阻力，但随着侧向额定距离的增加，阻力系数的增量减小，即僚机所受阻力减小。当侧向额定距离 $y=5.4$ m 时，阻力系数增量变为负值，意味着阻力开始减小。当 $\bar{y}=\frac{\pi}{4}b\approx7.4$ m 时，阻力系数增

量达到最小值，也就是说，此时僚机所受的阻力减到最小。同理，升力系数增量随 $\bar{y}$ 的增加而增加，在 $\bar{y}=\frac{\pi}{4}b\approx 7.4$ m 达到最大正值，相应的，升力增量 ΔL 达到最大，故此时僚机所受的升力最大。可见，适当选择编队侧向距离，可以减小阻力，增加升力。因此，$\bar{y}=\frac{\pi}{4}b$ 为侧向最佳距离。

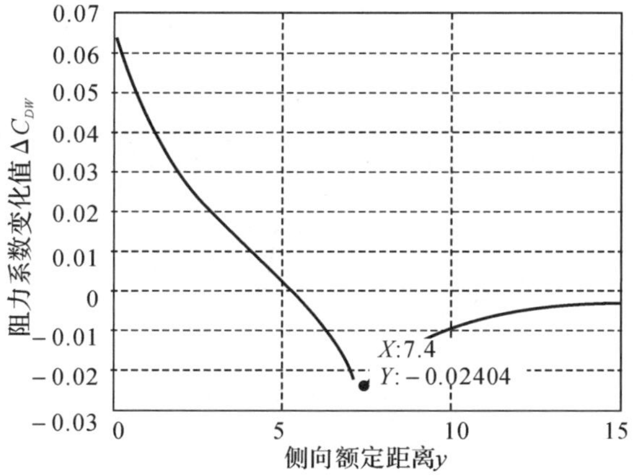

图 3－11　侧向距离与阻力系数增量关系

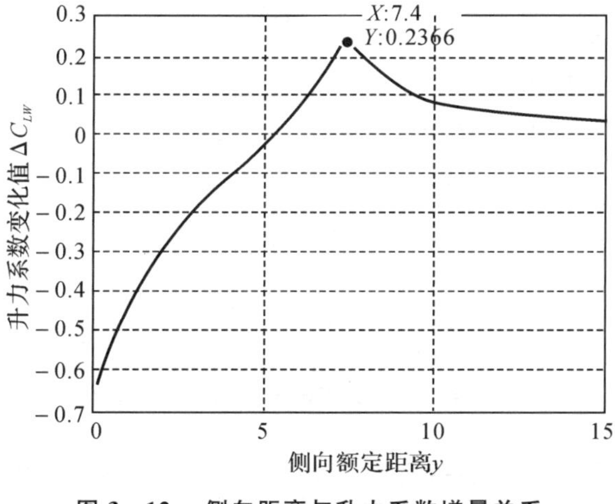

图 3－12　侧向距离与升力系数增量关系

图 3－13、图 3－14 所示为当侧向额定距离 $\bar{y}=\frac{\pi}{4}b$ 时，阻力系数增量与升力系数增量随垂直额定距离变化的曲线。由图可见，当 $\bar{z}=0$ 时，阻力系数增量达到最小，即此时僚机所受阻力也减小到最小值。而升力系数增量达到最

大，相应的，此时的升力变化量 ΔL 达到最大，故总的升力最大。可见，适当地调整编队中两机的垂直距离，也可以减小阻力而增加升力。因此，$\bar{z}=0$ 为垂直最佳距离。

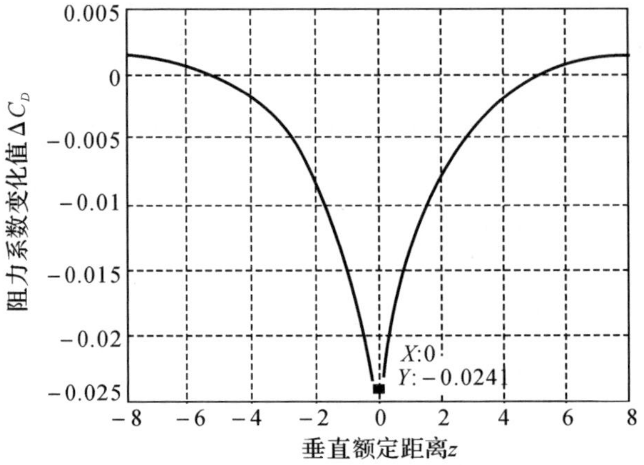

图 3-13　垂直距离与阻力系数增量关系

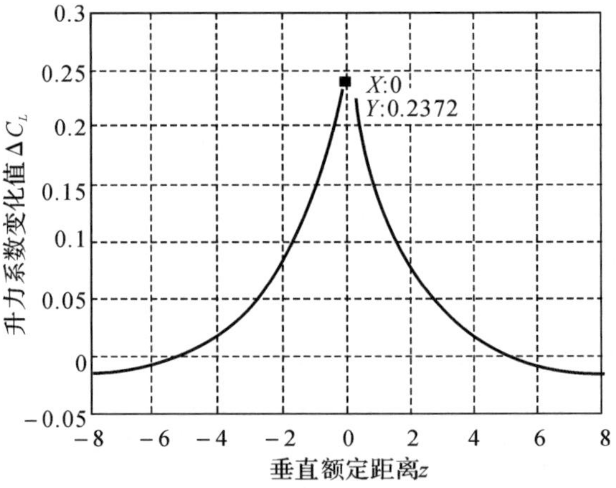

图 3-14　垂直距离与升力系数增量关系

图 3-15 所示为当垂直额定距离 $\bar{z}=0$ 时，侧力系数增量随侧向额定距离变化的曲线。图 3-16 所示为当侧向额定距离 $\bar{y}=\frac{\pi}{4}b$ 时，侧力系数增量随垂直额定距离变化的曲线。由图可见，当 $\bar{y}=\frac{\pi}{4}b$，$\bar{z}=0$ 时，侧力系数变化量为 $\Delta C_{YW}\approx-0.018$。

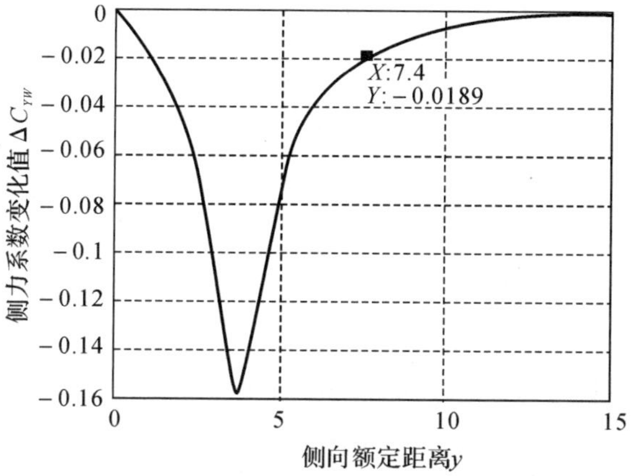

图 3-15　侧向距离与侧力系数变化量关系

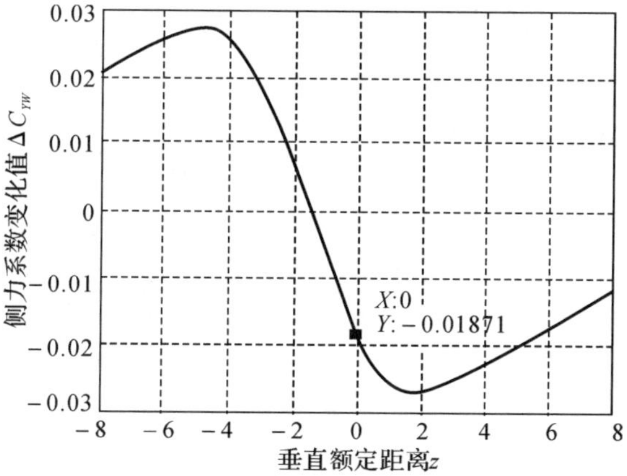

图 3-16　垂直距离与侧力系数变化量关系

由上述分析可知，双机近距离编队中僚机利用长机气动影响最大限度减少阻力、增大升力的最优位置是长机与僚机在同一飞行平面，横向间距保持为 $\pi b/4$。即最佳编队距离为 $\bar{x}=2b,\bar{y}=\dfrac{\pi}{4}b,\bar{z}=0$。与理论分析结果相符。

3.4.4　气动导数的修正

考虑涡流的黏性效应，为了使模型更符合实验结果，需要给上两式分子分母上都增加一个无量纲校正项 μ^2。可得

$$\bar{v}_{UW}=\frac{\Gamma_L}{4\pi b'}\left[\ln\frac{y'^2+z'^2+\mu^2}{\left[\left(y'-\frac{\pi}{4}\right)^2+z'^2+\mu^2\right]}-\ln\frac{\left[\left(y'+\frac{\pi}{4}\right)^2+z'^2+\mu^2\right]}{\left[y'^2+z'^2+\mu^2\right]}\right](-\hat{z}) \tag{3.4.28}$$

$$\bar{v}_{SW}=\frac{\Gamma_L}{4\pi h_z}\left[\frac{\left(y'-\frac{\pi}{8}\right)^2+z'^2+\mu^2}{\left(y'-\frac{\pi}{8}\right)^2+\left(z'+\frac{h_z}{b}\right)^2+\mu^2}-\ln\frac{\left(y'+\frac{\pi}{8}\right)^2+z'^2+\mu^2}{\left(y'+\frac{\pi}{8}\right)^2+\left(z'+\frac{h_z}{b}\right)^2+\mu^2}\right]\hat{y} \tag{3.4.29}$$

从而可得

$$\Delta C_{DW}=-\frac{1}{\pi A_R}C_{LW}C_{LL}\frac{2}{\pi^2}\left[\ln\frac{y'^2+z'^2+\mu^2}{\left(y'-\frac{\pi}{4}\right)^2+z'^2+\mu^2}-\ln\frac{\left(y'+\frac{\pi}{4}\right)^2+z'^2+\mu^2}{y'^2+z'^2+\mu^2}\right] \tag{3.4.30}$$

$$\Delta C_{LW}=\frac{a_W}{\pi A_R}C_{LL}\frac{2}{\pi^2}\left[\ln\frac{y'^2+z'^2+\mu^2}{\left(y'-\frac{\pi}{4}\right)^2+z'^2+\mu^2}-\ln\frac{\left(y'+\frac{\pi}{4}\right)^2+z'^2+\mu^2}{y'^2+z'^2+\mu^2}\right] \tag{3.4.31}$$

$$\Delta C_{YW}=\eta\frac{S_{vt}}{S}\frac{a_{vt}}{V}\frac{\Gamma_L}{4\pi h_z}\left[\ln\frac{\left(y'-\frac{\pi}{8}\right)^2+z'^2+\mu^2}{\left(y'-\frac{\pi}{8}\right)^2+\left(z'+\frac{h_z}{b}\right)^2+\mu^2}-\ln\frac{\left(y'+\frac{\pi}{8}\right)^2+z'^2+\mu^2}{\left(y'+\frac{\pi}{8}\right)^2+\left(z'+\frac{h_z}{b}\right)^2+\mu^2}\right] \tag{3.4.32}$$

3.5 编队队形设计准则

本节在对编队队形设计所需考虑的各因素进行分析研究的基础上，提出了相应的无人机编队队形设计准则。

准则 1：无人机之间可视性好的菱形编队和被敌方地面部队侦察到的概

率小的跟随编队(即竖一字编队)是无人机编队飞行中两种最基本的编队队形。

准则 2:构成编队的无人机数量,单架无人机的航程,以及无人机编队的飞行速度和飞行高度均影响编队飞行的理论航程。

准则 3:在军事用途中,无人机编队队形设计主要考虑编队队形对整个战争的防御攻击和侦察搜索价值。

准则 4:实际空战中,编队战术通常是以基本的两机编队为单元,按照层级的概念建立起大规模的多机编队。

例如,常用的军用两机编队主要有攻击性和防御性良好、适合于高空的双机横一字编队和整体操纵性良好、适合于低空的双机翼形编队两种。

准则 5:可以根据无人机编队飞行时不同的任务要求和飞行阶段选择合适的编队队形。

例如,执行搜索任务时采用覆盖区域较广的菱形编队,执行空战任务时采用攻击性较强的横一字形编队。又如,在执行某项空战任务的巡航阶段采用节省燃油、扩大航程的紧密编队,而在其攻击阶段采用编队机动时不易发生碰撞、安全性较高的松散编队。

准则 6:如果编队的目标是节省燃油,降低飞行成本,扩大飞行航程,可以采用无人机之间气动干扰影响较大的紧密编队。

准则 7:双机近距离紧密编队中僚机利用长机气动影响最大限度减少阻力、增大升力的最优位置是长机与僚机在同一飞行平面,横向间距保持为 $\pi b/4$。

由于设计无人机编队队形时涉及的因素较多,必然存在各因素之间的折中考虑,如松散编队不易发生无人机之间的相互碰撞,提高了安全可靠性,但所受气动影响较小,没有充分实现燃油节省;紧密编队可以充分利用气动耦合影响减小整体飞行阻力,节约了燃油,扩大了航程,但同时也增大了无人机进行编队机动时发生碰撞的风险。又如,双机横一字编队具有良好的攻击性和防御性,但牺牲了一定的操纵性,适合于高空;双机翼形编队的整体操纵性良好,牺牲了一定的攻击性和防御性,适合于低空。因此,在设计队形时要根据编队用途、编队目标和编队的安全性等进行综合权衡。

不同的编队队形有各自的优、缺点和适用场合,可以根据编队飞行时具体的任务要求和飞行阶段进行合适的编队几何形状的选择,其相应数学模型以及模型的稳定性、动态性等性能均不同,如何在计算量最小的条件下快速形成最佳队形结构,也是队形设计问题的一个关键所在,本节在此对该问题不作深究,但可以作为今后进一步探索的方向。

3.6 编队飞行分类

结合无人机编队飞行的关键技术，根据上述编队飞行队形设计的各种考虑因素对无人机编队飞行进行简单的分类，下面分别举例说明。

(1)根据编队时采用的几何形状不同，可以分为固定编队(fixed formation)和自由编队(flocking formation)。

固定编队是指无人机编排成某种特定的几何形状，如菱形编队、跟随编队、十字形编队、人字形编队等；自由编队是指编队无人机之间没有相对固定的距离和状态。

(2)从构成编队的无人机数量出发，可分为大规模编队(large formation)和小型编队(small formation)。

目前，无人机编队规模大小没有明确的定义，只是相对而言的。本节简单划分，编队无人机数量在4架以内的属于小型编队，反之，则属于大规模编队。

(3)按照编队中各无人机之间距离的远近以及气动力耦合影响的大小，可分为紧密编队(close/tight formation)和松散编队(loose formation)。

广义上说，当编队距离 F_D 与翼展 b 的比满足 $F_D/b \geqslant 3$ 时，属于松散编队，彼此的气动耦合影响较弱甚至可以忽略；当 $F_D/b < 3$ 时，属于气动耦合影响较强的近距离编队[133]。但通常说的无人机近距离紧密编队飞行是指长机与僚机的横轴间距小于单架无人机翼展时的情况。近距离紧密编队飞行中，各无人机之间的气动干扰将直接影响并改变在队形中不同位置上的无人机所受到的力和力矩。

(4)根据选择的无人机编队飞行方式不同，有"长-僚"型编队，也称主从型编队(leader-follower formation)、基于行为型编队(behavioral formation)和虚拟结构型编队(virtual structures formation)。

(5)依据编队中无人机之间的信息交互方式，一般有集中式编队(centralized formation)、分布式编队(distributed formation)和分散式编队(decentralized formation)。

(6)根据无人机编队任务的不同[6]，可以大致将无人机的编队飞行分为攻击/作战编队(combat formation)、侦察/搜索编队(reconnaissance formation)和混合协同编队(collaboration formation)。

(a)攻击/作战编队。攻击/作战编队是指在复杂、动态多变和不确定的空战环境下，多架攻击型或战斗型无人机(Unmanned Combat Aerial Vehicle, UCAV)按照一定的队形进行排列，通过合理协调多架无人机之间的攻击行为，充分运用作战资源，相互协同执行战场任务，以提高整体作战效能。

(b)侦察/搜索编队。侦察/搜索编队是指多架无人机编队共同进行侦察或搜索任务，通过无人机之间的相互信息传递、数据中继，获悉侦察区域或搜索范围内的相关目标信息。侦察/搜索编队可以提高任务的效率，扩大任务半径，有效地搜索或侦察到移动的或者未知的目标，并且可以进入敌方阵地进行监视，提高情报的可靠性和时效性。

(c)混合协同编队。混合协同编队是对未来战争的一种构思。在以往的战争中，通信卫星、军舰、战斗机、坦克等平台依靠自身的探测装置和武器单点战斗，互相之间缺少联系。近年来出现了混合立体式协同作战的概念，把各种传感器、武器系统、指挥控制系统通过网络化而有机地联系在一起以实现信息共享，从整体上产生高效的协调，即通过网络化实施各种军事行动，大大提高了作战效能，形成了一种"侦察卫星—载人飞船—预警机—战斗机/军舰—战略导弹—无人机群"作战大系统。同时，在作战中无人机是作为预警飞机和地面其他预警手段对战场监视能力的补充。

第 4 章　无人机编队飞行模型的建立

要解决一个工程实际问题，必须先建立起研究对象的数学模型，然后用数学的方法加以研究解决。建立无人机编队数学模型是编队飞行控制系统设计和系统仿真测试验证的基础。无人机编队飞行主要研究的是如何控制编队中各飞机的相对位置，以保持一定的队形，因此，为了使设计问题简化，本章研究了编队飞行时各飞机之间的相对几何关系，并在此基础上，结合无人机的自动驾驶仪模型，建立了基于编队几何关系的数学模型，避免了求解复杂的飞机方程，简化了编队飞行的建模过程，具有工程实用性。

4.1　飞机/自动驾驶仪模型

4.1.1　一阶自动驾驶仪模型

美国空军技术学院(AFIT)的 Rohs[134] 介绍了用一阶传递函数模拟飞机的自动驾驶仪的响应。横侧向和纵向自动驾驶仪分为三个独立的通道，分别是速度、航向和高度。各个通道的传递函数分别为

$$\left.\begin{aligned}\frac{v(s)}{v_c(s)}&=\frac{1/\tau_v}{s+1/\tau_v}\\ \frac{\psi(s)}{\psi_c(s)}&=\frac{1/\tau_\psi}{s+1/\tau_\psi}\\ \frac{h(s)}{h_c(s)}&=\frac{1/\tau_h}{s+1/\tau_h}\end{aligned}\right\}\qquad(4.1.1)$$

其中，τ_v，τ_ψ 和 τ_h 分别为速度时间常数、航向时间常数和高度时间常数。

4.1.2　二阶自动驾驶仪模型

为了更精确地模拟真实飞机的飞行品质，AFIT 的 Buzogany[135] 基于考虑加入时间延迟，进一步提出了二阶自动驾驶仪模型，并发现当用二阶模型使得航向和高度明显得到改善的同时，用大时间常数的一阶速度模型得到的响

应更精确。因此，二阶模型的传递函数描述为

$$\left.\begin{aligned}\frac{v(s)}{v_c(s)}&=\frac{1/\tau_v}{s+1/\tau_v}\\\frac{\psi(s)}{\psi_c(s)}&=\frac{1/\tau_{\psi a}+1/\tau_{\psi b}}{(s+1/\tau_{\psi a})(s+1/\tau_{\psi b})}\\\frac{h(s)}{h_c(s)}&=\frac{1/\tau_{ha}+1/\tau_{hb}}{(s+1/\tau_{ha})(s+1/\tau_{hb})}\end{aligned}\right\}\tag{4.1.2}$$

其中，$\tau_{\psi a}$，$\tau_{\psi b}$ 和 τ_{ha}，τ_{hb} 分别为两个航向时间常数和两个高度时间常数。

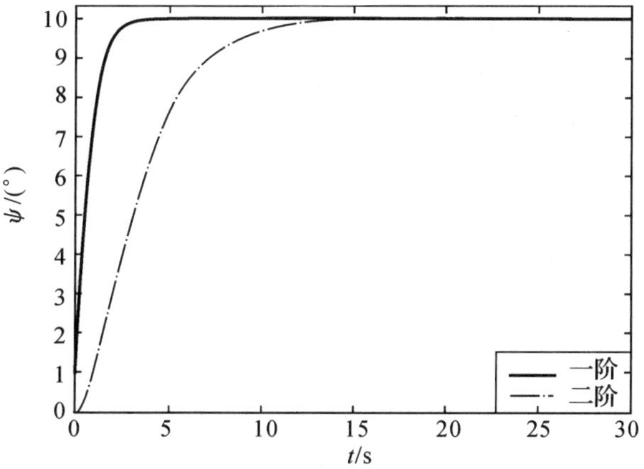

图 4－1　一阶和二阶模型的时间响应曲线

图 4－1 表示对过阻尼二阶响应和一阶响应进行的比较，可以看到二阶模型的响应比一阶模型要缓慢，更接近工程实际。故本节采用这种二阶自动驾驶仪模型，并且假定长机和僚机的自动驾驶仪模型相同，即对应通道的时间常数一致。将二阶自动驾驶仪模型的传递函数表达式改写成微分方程的形式：

$$\left.\begin{aligned}\dot{v}&=-\frac{1}{\tau_v}v+\frac{1}{\tau_v}v_c\\\ddot{\psi}&=-\left(\frac{1}{\tau_{\psi a}}+\frac{1}{\tau_{\psi b}}\right)\dot{\psi}-\frac{1}{\tau_{\psi a}\tau_{\psi b}}\psi+\frac{1}{\tau_{\psi a}\tau_{\psi b}}\psi_c\\\ddot{h}&=-\left(\frac{1}{\tau_{ha}}+\frac{1}{\tau_{hb}}\right)\dot{h}-\frac{1}{\tau_{ha}\tau_{hb}}h+\frac{1}{\tau_{ha}\tau_{hb}}h_c\end{aligned}\right\}\tag{4.1.3}$$

式中，τ_v，$\tau_{\psi a}$，$\tau_{\psi b}$ 和 τ_{ha}，τ_{hb} 分别表示速度时间常数，以及两个航向时间常数和两个高度时间常数。

4.2 编队坐标系

编队飞行控制中为了描述问题的运动学，必须建立编队参考坐标系。主要使用如下两种坐标系分析无人机的编队飞行运动学：

- 惯性基础坐标系；
- 固连于僚机的旋转参考坐标系。

基础坐标系是一个惯性北-东-地(North-East-Down，NED)系统。选取地面任意一点作为原点，指向北极的方向作为 Ox 轴；在地面上与 Ox 轴垂直、指向东向的方向作为 Oy 轴；与 Ox，Oy 轴垂直指向天空的方向为 Oz 轴。

研究编队飞行的根本问题就是研究长机和僚机的相对位置的保持问题，然而长机和僚机的位置和姿态需要在惯性坐标系(简称惯性系)中研究。惯性参考系和惯性系中表示的编队间隔距离 x^I，y^I 如图 4-2 所示。

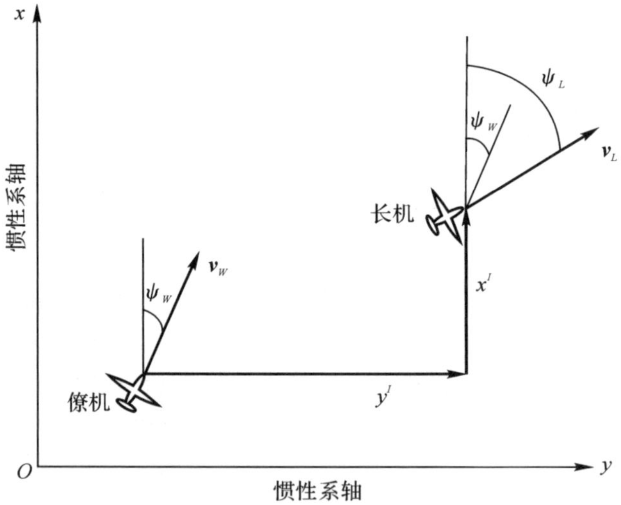

图 4-2　惯性参考系和间隔距离

僚机参考系固连于僚机，以僚机的瞬时位置为原点，为一个三轴坐标系，其定义分别为 Ox 轴沿着飞行方向(即速度矢量方向)，Oz 轴与飞机的升力向量同方向，Oy 轴沿左机翼指向外侧，与 Ox 和 Oz 轴满足右手螺旋法则。

使用僚机旋转参考系很容易得到僚机和长机之间的相对位置。此外，由实际机载传感器提供的距离测量将用旋转参考系的表示方式提供。僚机参考系和僚机系中表示的编队间隔距离 x^W，y^W 如图 4-3 所示。

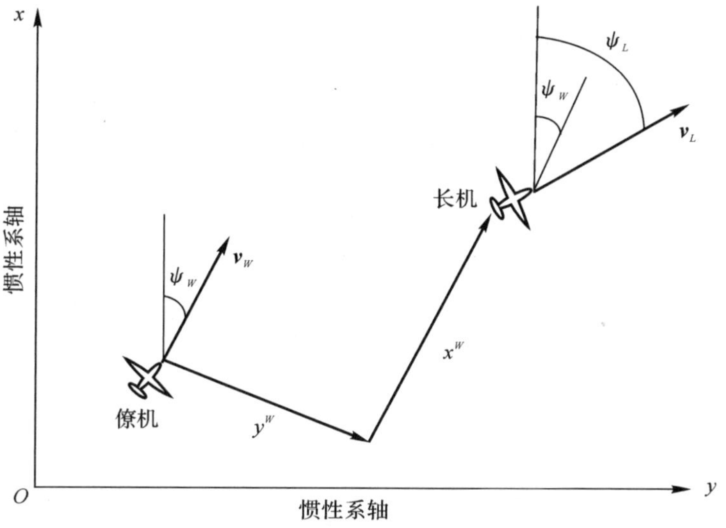

图 4-3　僚机旋转参考系和间隔距离

可以看到，两种坐标系中间隔距离的表示存在一定的航向角度转换关系。当航向角 $\psi_W = 0°$ 时，惯性系和僚机系中表示的间隔距离是一致的。

4.3　运动学方程

4.3.1　科里奥利方程

当要求得到一个物体相对不同旋转参考系中另一个物体的运动时，需要使用科里奥利方程(equation of Coriolis)。从旋转参考系中看该物体的运动，等同于它在自身运动系中的运动，加上由运动系相对角速度引起的关于惯性参考系的运动，如图 4-4 所描述。

科里奥利方程为

$$\dot{\boldsymbol{R}}_i = \dot{\boldsymbol{R}}_p + \boldsymbol{\omega}_{ip} \times \boldsymbol{R}_p \tag{4.3.1}$$

式中　$\dot{\boldsymbol{R}}_i$—— 物体在 i 参考系中的速度矢量；

$\dot{\boldsymbol{R}}_p$—— 物体在 p 参考系中的速度矢量；

$\boldsymbol{\omega}_{ip}$——p 参考系关于 i 参考系的角速度矢量；

$\boldsymbol{R}_p$—— 物体在 p 参考系中的位置矢量。

科里奥利方程也称为速度转换定律，该方程对于在僚机旋转参考系中表示长机的速度是很有用的，提供了把单架无人机航向和速度转换为间隔距离的依据，是编队飞行控制器设计过程的一个重要部分。

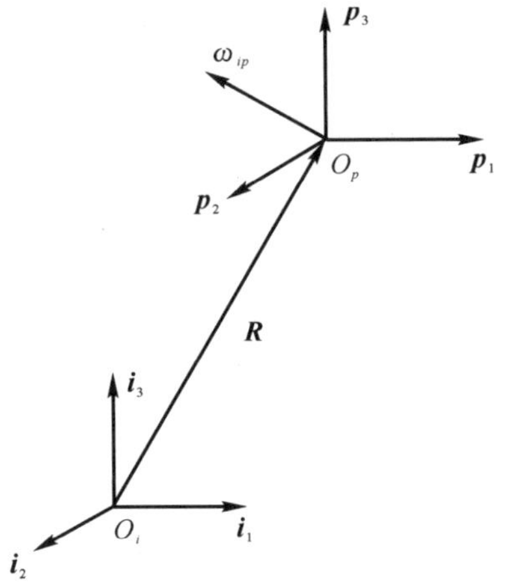

图 4-4　惯性和旋转参考系

为了模拟关于编队飞行控制模型的运动学，需要推导运动学方程。运动学方程分别提供了在僚机旋转参考系中，相对僚机而言，长机和僚机之间 Ox，Oy 和 Oz 方向的间隔距离。本节以两架无人机左菱形编队为例，采用两种方法对运动学方程进行推导。由于把无人机看作质点，因此在运动学分析中没有包含力矩分量。

4.3.2　利用科里奥利方程推导

参照美国空军技术学院(AFIT) 有关的编队飞行控制文献，应用前面介绍的科里奥利方程，长机关于僚机的速度可以表示为

$$\boldsymbol{v}_{WL}^{W} = \boldsymbol{v}_{L}^{W} - \boldsymbol{\omega}_{W}^{W} \times \boldsymbol{R}_{WL}^{W} - \boldsymbol{v}_{W}^{W} + \boldsymbol{\omega}_{W}^{W} \times \boldsymbol{R}_{W}^{W} \tag{4.3.2}$$

符号中上标表示参考系，下标表示由矢量或两参数之间关系描述的参量。

式中　$\boldsymbol{v}_{WL}^{W}$—— 长机关于僚机的速度在僚机参考系中的表示；

$\boldsymbol{v}_{L}^{W}$—— 在僚机参考系中长机的惯性速度；

$\boldsymbol{\omega}_{W}^{W}$—— 僚机参考系的角速度在僚机参考系的表示；

$\boldsymbol{R}_{WL}^{W}$—— 长机关于僚机的位置在僚机参考系的表示；

$\boldsymbol{v}_{W}^{W}$—— 僚机速度在其自身参考系中的表示；

$\boldsymbol{R}_{W}^{W}$—— 僚机位置在其自身参考系中的表示。

定义航向误差：　　　　$\psi_E = \psi_L - \psi_W$

运动学方程的形成是基于图 4-5 所示的相对运动模型图的几何关系，可观察到：

$$\boldsymbol{\omega}_W^W=\begin{bmatrix}0\\0\\\dot{\psi}_W\end{bmatrix},\quad \boldsymbol{R}_{WL}^W=\begin{bmatrix}x^W\\y^W\\z^W\end{bmatrix},\quad \boldsymbol{v}_W^W=\begin{bmatrix}v_W\\0\\0\end{bmatrix},\quad \boldsymbol{v}_L^L=\begin{bmatrix}v_L\\0\\0\end{bmatrix},\quad \boldsymbol{R}_W^W=\begin{bmatrix}0\\0\\0\end{bmatrix} \tag{4.3.3}$$

式中，$\boldsymbol{v}_L^L$ 是长机在其自身参考系中的速度。

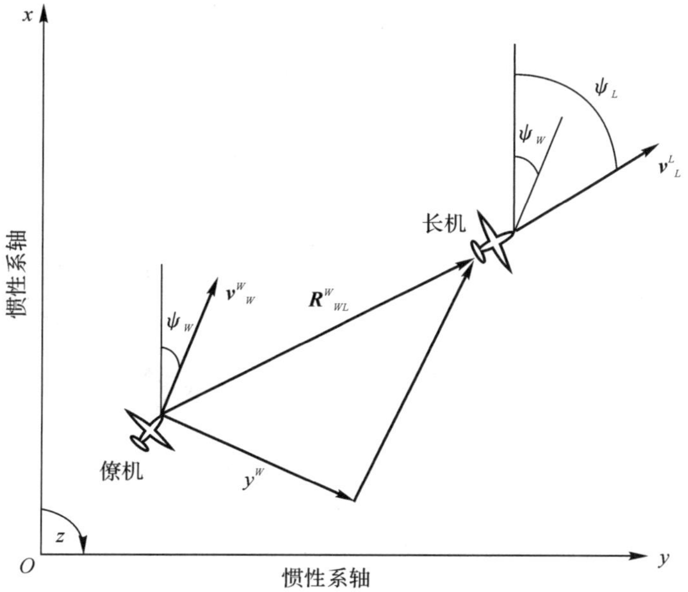

图 4-5　相对运动模型图

为求解方程式(4.3.2)，需要把 $\boldsymbol{v}_L^L$ 转换到僚机参考系中。用于进行坐标系转换的方向余弦矩阵(DCM)为

$$\boldsymbol{C}_L^W=\begin{bmatrix}\cos\psi_E & -\sin\psi_E & 0\\ \sin\psi_E & \cos\psi_E & 0\\ 0 & 0 & 1\end{bmatrix} \tag{4.3.4}$$

$$\boldsymbol{v}_L^W=\boldsymbol{C}_L^W\boldsymbol{v}_L^L=\begin{bmatrix}v_L\cos\psi_E\\ v_L\sin\psi_E\\ 0\end{bmatrix} \tag{4.3.5}$$

将式(4.3.3)和式(4.3.5)代入式(4.3.2)，得到

$$\boldsymbol{v}_{WL}^W=\begin{bmatrix}v_L\cos\psi_E\\ v_L\sin\psi_E\\ 0\end{bmatrix}-\begin{bmatrix}-\dot{\psi}_W y^W\\ \dot{\psi}_W x^W\\ 0\end{bmatrix}-\begin{bmatrix}v_W\\0\\0\end{bmatrix} \tag{4.3.6}$$

把式(4.3.6)分离成 x,y,z 各分量形式，得到

$$\left.\begin{aligned}\dot{\boldsymbol{x}}^W &= \boldsymbol{v}_L\cos\psi_E + \dot{\boldsymbol{\psi}}_W y^W - \boldsymbol{v}_W \\ \dot{\boldsymbol{y}}^W &= \boldsymbol{v}_L\sin\psi_E - \dot{\boldsymbol{\psi}}_W x^W \\ \dot{\boldsymbol{z}}^W &= \boldsymbol{0}\end{aligned}\right\} \tag{4.3.7}$$

方程组(4.3.7)用单架无人机的航向和速度形式描述了僚机旋转系中的编队运动学(x 和 y 间隔)，高度(z 间隔)只是长机和僚机之间简单的高度之差，无动力学，这是因为仿真中唯一的角速率 $\dot{\boldsymbol{\psi}}$ 在 $\boldsymbol{z}^W$ 方向没有分量，所以 $\dot{\boldsymbol{z}}^W = \boldsymbol{0}$。

4.3.3 根据编队几何关系推导

重画编队飞行的几何关系图，并作出相关几何辅助线，如图 4-6 所示。

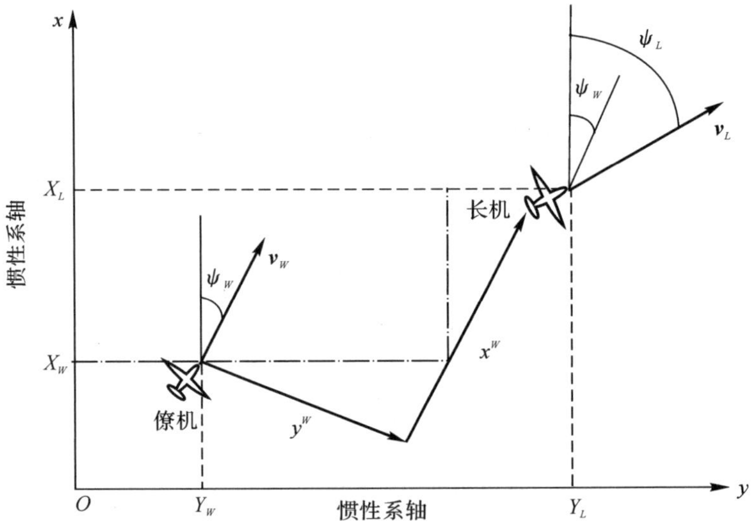

图 4-6 编队飞行几何关系图

由图可以看出，对于长机和僚机分别有

$$\left.\begin{aligned}\dot{\boldsymbol{X}}_i &= \boldsymbol{v}_i\cos\psi_i \\ \dot{\boldsymbol{Y}}_i &= \boldsymbol{v}_i\sin\psi_i\end{aligned}\right\} \tag{4.3.8}$$

其中，$i=L,W$；X_i,Y_i 分别表示长机或僚机在惯性系中的位置坐标。

根据几何关系，可得长机在惯性系中的位置坐标为

$$\left.\begin{aligned}\boldsymbol{X}_L &= \boldsymbol{X}_W + (\boldsymbol{x}^W - \boldsymbol{y}^W\tan\psi_W)\cos\psi_W = \boldsymbol{X}_W + \boldsymbol{x}^W\cos\psi_W - \boldsymbol{y}^W\sin\psi_W \\ \boldsymbol{Y}_L &= \boldsymbol{Y}_W + \boldsymbol{x}^W\sin\psi_W + \boldsymbol{y}^W\cos\psi_W\end{aligned}\right\} \tag{4.3.9}$$

对式(4.3.9)左、右两边分别求导

$$\left.\begin{aligned}\dot{\boldsymbol{X}}_L&=\dot{\boldsymbol{X}}_W+\dot{\boldsymbol{x}}^W\cos\psi_W-x^W\dot{\boldsymbol{\psi}}_W\sin\psi_W-\dot{\boldsymbol{y}}^W\sin\psi_W-y^W\dot{\boldsymbol{\psi}}_W\cos\psi_W\\\dot{\boldsymbol{Y}}_L&=\dot{\boldsymbol{Y}}_W+\dot{\boldsymbol{x}}^W\sin\psi_W+\boldsymbol{x}^W\dot{\psi}_W\cos\psi_W+\dot{\boldsymbol{y}}^W\cos\psi_W-y^W\dot{\boldsymbol{\psi}}_W\sin\psi_W\end{aligned}\right\}\tag{4.3.10}$$

将式(4.3.8)代入式(4.3.10)得

$$\boldsymbol{v}_L\cos\psi_L=\boldsymbol{v}_W\cos\psi_W+\dot{\boldsymbol{x}}^W\cos\psi_W-x^W\dot{\boldsymbol{\psi}}_W\sin\psi_W-\dot{\boldsymbol{y}}^W\sin\psi_W-y^W\dot{\boldsymbol{\psi}}_W\cos\psi_W\tag{4.3.11}$$

$$\boldsymbol{v}_L\sin\psi_L=\boldsymbol{v}_W\sin\psi_W+\dot{\boldsymbol{x}}^W\sin\psi_W+x^W\dot{\psi}_W\cos\psi_W+\dot{\boldsymbol{y}}^W\cos\psi_W-y^W\dot{\boldsymbol{\psi}}_W\sin\psi_W\tag{4.3.12}$$

将等式(4.3.11)左、右两边同乘 $\cos\psi_W$，等式(4.3.12)左、右两边同乘 $\sin\psi_W$，再将两式相加得

$$\boldsymbol{v}_L\cos(\psi_L-\psi_W)=\boldsymbol{v}_W+\dot{\boldsymbol{x}}^W-y^W\dot{\boldsymbol{\psi}}_W\tag{4.3.13}$$

类似的，将式(4.3.11)左、右两边同乘 $-\sin\psi_W$，式(4.3.12)左、右两边同乘 $\cos\psi_W$，再分别相加

$$\boldsymbol{v}_L\sin(\psi_L-\psi_W)=\dot{\boldsymbol{x}}^W\dot{\boldsymbol{\psi}}_W+\dot{\boldsymbol{y}}^W\tag{4.3.14}$$

整理可得

$$\left.\begin{aligned}\dot{\boldsymbol{x}}^W&=\boldsymbol{v}_L\cos(\psi_L-\psi_W)+\dot{\boldsymbol{\psi}}_W y^W-\boldsymbol{v}_W\\\dot{\boldsymbol{y}}^W&=\boldsymbol{v}_L\sin(\psi_L-\psi_W)-\dot{\boldsymbol{\psi}}_W x^W\end{aligned}\right\}\tag{4.3.15}$$

由于角速率 $\dot{\boldsymbol{\psi}}$ 在 z^W 方向没有分量，高度(Z 间隔)只是长机和僚机之间简单的高度之差，所以 $\dot{\boldsymbol{z}}^W=\boldsymbol{0}$。

因为僚机与长机在 z 方向的间距为 $z=h_W-h_L$，选择

$$\dot{z}=\zeta\tag{4.3.16}$$

则有

$$\begin{aligned}\dot{\zeta}=\ddot{z}=\ddot{h}_W-\ddot{h}_L&=-\left(\frac{1}{\tau_{ha}}+\frac{1}{\tau_{hb}}\right)(\dot{h}_W-\dot{h}_L)-\frac{1}{\tau_{ha}\tau_{hb}}(h_W-h_L)+\\&\quad\frac{1}{\tau_{ha}\tau_{hb}}h_{Wc}-\frac{1}{\tau_{ha}\tau_{hb}}h_{Lc}=-\left(\frac{1}{\tau_{ha}}+\frac{1}{\tau_{hb}}\right)\zeta-\frac{1}{\tau_{ha}\tau_{hb}}z+\frac{1}{\tau_{ha}\tau_{hb}}h_{Wc}-\frac{1}{\tau_{ha}\tau_{hb}}h_{Lc}\end{aligned}\tag{4.3.17}$$

可以看到，本章提出的根据物理学中的速度、加速度关系，以及编队飞行几何关系——图 4-5 所示的相关几何位置——得到的运动学关系式和前面利用科里奥利方程推导得到的结论完全一致，但这种几何关系推导方法更加简单易懂。

4.4 编队飞行系统数学模型

4.4.1 非线性编队模型

无人机编队可以采用彼此气动耦合影响较弱的松散编队，也可以采用气动耦合影响较强的紧密编队。依据选择的编队方式不同，非线性模型的描述也分为不考虑气动耦合和考虑气动耦合两种情况。本节讨论松散编队时的非线性模型。

松散编队时，无人机之间的气动耦合影响很弱以致可以忽略。根据长机、僚机自身三个通道的自动驾驶仪模型，以及长机、僚机之间的编队运动学模型，可以得到无人机松散编队的非线性方程，表示如下：

$$\left.\begin{aligned}\dot{v}_L &= -\frac{1}{\tau_v}v_L + \frac{1}{\tau_v}v_{Lc}\\ \ddot{\psi}_L &= -\left(\frac{1}{\tau_{\psi a}} + \frac{1}{\tau_{\psi b}}\right)\dot{\psi}_L - \frac{1}{\tau_{\psi a}\tau_{\psi b}}\psi_L + \frac{1}{\tau_{\psi a}\tau_{\psi b}}\psi_{Lc}\\ \ddot{h}_L &= -\left(\frac{1}{\tau_{ha}} + \frac{1}{\tau_{hb}}\right)\dot{h}_L - \frac{1}{\tau_{ha}\tau_{hb}}h_L + \frac{1}{\tau_{ha}\tau_{hb}}h_{Lc}\end{aligned}\right\} \tag{4.4.1}$$

$$\left.\begin{aligned}\dot{v}_W &= -\frac{1}{\tau_v}v_W + \frac{1}{\tau_v}v_{Wc}\\ \ddot{\psi}_W &= -\left(\frac{1}{\tau_{\psi a}} + \frac{1}{\tau_{\psi b}}\right)\dot{\psi}_W - \frac{1}{\tau_{\psi a}\tau_{\psi b}}\psi_W + \frac{1}{\tau_{\psi a}\tau_{\psi b}}\psi_{Wc}\\ \ddot{h}_W &= -\left(\frac{1}{\tau_{ha}} + \frac{1}{\tau_{hb}}\right)\dot{h}_W - \frac{1}{\tau_{ha}\tau_{hb}}h_W + \frac{1}{\tau_{ha}\tau_{hb}}h_{Wc}\end{aligned}\right\} \tag{4.4.2}$$

$$\left.\begin{aligned}\dot{x} &= v_L\cos(\psi_L - \psi_W) + \dot{\psi}_W y - v_W\\ \dot{y} &= v_L\sin(\psi_L - \psi_W) - \dot{\psi}_W x\\ \dot{z} &= \zeta = \dot{h}_W - \dot{h}_L\\ \dot{\zeta} &= -\left(\frac{1}{\tau_{ha}} + \frac{1}{\tau_{hb}}\right)\zeta - \frac{1}{\tau_{ha}\tau_{hb}}z + \frac{1}{\tau_{ha}\tau_{hb}}h_{Wc} - \frac{1}{\tau_{ha}\tau_{hb}}h_{Lc}\end{aligned}\right\} \tag{4.4.3}$$

其中，v_{Wc}，h_{Wc}，ψ_{Wc} 分别是僚机的速度、高度和航向控制输入信号；v_W，h_W，ψ_W 分别是僚机的实际速度、高度和航向。

可以看到，无人机松散编队的非线性方程由三部分组成。其中，式(4.4.1)、式(4.4.2)分别为长机和僚机的自动驾驶仪模型，式(4.4.3)为编队相对运动学关系。注意，长机和僚机采用完全相同的自动驾驶仪模型。

4.4.2　线性化编队模型

采用小扰动法对考虑气动耦合影响的非线性方程进行线性化处理，我们研究的情况是扰动运动小偏离基准运动，即扰动运动与基准运动差别甚小。选择基准运动为等速直线平飞。同样，当考虑气动耦合的线性化模型中稳定性气动导数为零时，即得到不考虑气动耦合影响的线性化模型。

4.4.2.1　小扰动线性化

根据小扰动原理，扰动运动参数可用基准运动参数附加小扰动量来表示。用于线性化的配平条件有

$$x = x_0 + \Delta x,\quad y = y_0 + \Delta y,\quad v_L = v_{L0} + \Delta v_L,\quad v_W = v_{W0} + \Delta v_W$$

$$\psi_L = \psi_{L0} + \Delta\psi_L,\quad \psi_W = \psi_{W0} + \Delta\psi_W,\quad \psi_{L0} = \psi_{W0} = \psi_0,\quad v_{L0} = v_{W0} = v_0$$

对式中的正弦和余弦分别进行泰勒级数展开：

$$\sin x = \sum_{n=0}^{\infty} (-1)^n \frac{x^{2n+1}}{(2n+1)!} = x - \frac{x^3}{3!} + \frac{x^5}{5!} - \cdots$$

$$\cos x = \sum_{n=0}^{\infty} (-1)^n \frac{x^{2n}}{(2n)!} = 1 - \frac{x^2}{2!} + \frac{x^4}{4!} - \cdots$$

把配平条件和用泰勒级数进行展开的正弦、余弦表达式代入非线性方程中，根据小扰动原理，所得式中略去高阶项，只保留一阶项，便可以得到线性化方程。为书写简便，接下来不再使用符号“Δ”表示增量。可得到如下用于线性分析的线性运动学方程：

$$\left.\begin{aligned} \dot{x} &= v_L - v_W + \dot{\psi}_W y_0 \\ \dot{y} &= v_0(\psi_L - \psi_W) - \dot{\psi}_W x_0 \end{aligned}\right\} \tag{4.4.4}$$

为了确定由于长机与僚机的相对距离 x,y,z 变化而导致的力的变化，在最优编队距离 $\bar{y} = \frac{\pi}{4}b, \bar{z} = 0$ 处对长机位置进行线性化。这需要计算在给定的 $\bar{y}$ 和 $\bar{z}$ 处的阻力、升力和侧力导数，即稳定性导数 ΔC_{Dm}，ΔC_{Lm} 和 ΔC_{Ym} $(m = x, y, z)$ 的值。

从式(4.4.4)中可以看到，x,y,z 变化时，升力和阻力变化只与 $\sigma_{UW}(y', z')$ 有关，侧力的变化只与 $\sigma_{SW}(y', z')$ 有关。对 $\sigma_{UW}(y', z')$ 和 $\sigma_{SW}(y', z')$ 分别求导，有

$$\left.\frac{\partial \sigma_{UW}}{\partial x'}\right|_{y'=\frac{\pi}{4}, z'=0} = 0$$

$$\left.\frac{\partial \sigma_{UW}}{\partial y'}\right|_{y'=\frac{\pi}{4}, z'=0} = \frac{(3/8)\pi}{[(\pi/4)^2 + \mu^2][(\pi/2)^2 + \mu^2]}$$

$$\left.\frac{\partial\sigma_{UW}}{\partial z'}\right|_{y'=\frac{\pi}{4},z'=0}=0$$

$$\left.\frac{\partial\sigma_{SW}}{\partial x'}\right|_{y'=\frac{\pi}{4},z'=0}=0$$

$$\left.\frac{\partial\sigma_{SW}}{\partial y'}\right|_{y'=\frac{\pi}{4},z'=0}=\frac{(1/2)\,(h_z/b)^2}{[(\pi/8)^2+\mu^2]\,[(\pi/8)^2+(h_z/b)^2+\mu^2]}-\frac{(3/2)\,(h_z/b)^2}{[(3\pi/8)^2+\mu^2]\,[(3\pi/8)^2+(h_z/b)^2+\mu^2]}$$

$$\left.\frac{\partial\sigma_{SW}}{\partial z'}\right|_{y'=\frac{\pi}{4},z'=0}=\frac{-(\pi/2)(h_z/b)}{[(\pi/8)^2+(h_z/b)^2+\mu^2]\,[(3\pi/8)^2+(h_z/b)^2+\mu^2]}$$

将上述导数代入阻力、升力和侧力系数变量表达式可得

$$\Delta C_{Dx}=\Delta C_{Dz}=\Delta C_{Lx}=\Delta C_{Lz}=\Delta C_{Yx}=0$$

$$\Delta C_{Dy}=-\frac{1}{\pi A_R}C_{L_L}^2\,\frac{(3/8)\pi}{[(\pi/4)^2+\mu^2]\,[(\pi/2)^2+\mu^2]}$$

$$\Delta C_{Ly}=\frac{1}{\pi A_R}a_W C_{L_L}\,\frac{(3/8)\pi}{[(\pi/4)^2+\mu^2]\,[(\pi/2)^2+\mu^2]}$$

$$\Delta C_{Y_y}=\frac{1}{\pi A_R}\,\frac{\eta S_{vt}a_{vt}h_z}{4Sb}C_{L_L}\left[\frac{1}{[(\pi/8)^2+\mu^2]\,[(\pi/8)^2+(h_z/b)^2+\mu^2]}-\frac{3}{[(3\pi/8)^2+\mu^2]\,[(3\pi/8)^2+(h_z/b)^2+\mu^2]}\right]$$

$$\Delta C_{Yz}=-\frac{1}{\pi A_R}\,\frac{\eta S_{vt}a_{vt}}{4S}C_{L_L}\,\frac{(\pi/2)}{[(\pi/8)^2+(h_z/b)^2+\mu^2]\,[(3\pi/8)^2+(h_z/b)^2+\mu^2]}$$

代入方程组式(4.4.1)～式(4.4.3)中，整理可以得到无人机编队考虑气动影响的小扰动线性化方程，描述如下：

$$\left.\begin{aligned}\dot{v}_L&=-\frac{1}{\tau_v}v_L+\frac{1}{\tau_v}v_{Lc}\\ \ddot{\psi}_L&=-\left(\frac{1}{\tau_{\psi a}}+\frac{1}{\tau_{\psi b}}\right)\dot{\psi}_L-\frac{1}{\tau_{\psi a}\tau_{\psi b}}\psi_L+\frac{1}{\tau_{\psi a}\tau_{\psi b}}\psi_{Lc}\\ \ddot{h}_L&=-\left(\frac{1}{\tau_{ha}}+\frac{1}{\tau_{hb}}\right)\dot{h}_L-\frac{1}{\tau_{ha}\tau_{hb}}h_L+\frac{1}{\tau_{ha}\tau_{hb}}h_{Lc}\end{aligned}\right\}\tag{4.4.5}$$

$$\left.\begin{aligned}\dot{v}_W&=-\frac{1}{\tau_v}v_W+\frac{1}{\tau_v}v_{Wc}+\frac{\bar{q}S}{m}\Delta C_{Dy}y\\ \ddot{\psi}_W&=-\left(\frac{1}{\tau_{\psi a}}+\frac{1}{\tau_{\psi b}}\right)\dot{\psi}_W-\frac{1}{\tau_{\psi a}\tau_{\psi b}}\psi_W+\frac{1}{\tau_{\psi a}\tau_{\psi b}}\psi_{Wc}+\frac{\bar{q}S}{m}[\Delta C_{Y_y}y+\Delta C_{Yz}z]\\ \ddot{h}_W&=-\left(\frac{1}{\tau_{ha}}+\frac{1}{\tau_{hb}}\right)\dot{h}_W-\frac{1}{\tau_{ha}\tau_{hb}}h_W+\frac{1}{\tau_{ha}\tau_{hb}}h_{Wc}+\frac{\bar{q}S}{m}\Delta C_{Ly}y\end{aligned}\right\}\tag{4.4.6}$$

$$\left.\begin{aligned}
&\dot{x}=v_L-v_W+\dot{\psi}_W y_0\\
&\dot{y}=v_0(\psi_L-\psi_W)-\dot{\psi}_W x_0\\
&\dot{z}=\zeta=\dot{h}_W-\dot{h}_L\\
&\dot{\zeta}=-\left(\frac{1}{\tau_{ha}}+\frac{1}{\tau_{hb}}\right)\zeta-\frac{1}{\tau_{ha}\tau_{hb}}z+\frac{1}{\tau_{ha}\tau_{hb}}h_{Wc}+\frac{\bar{q}S}{m}\Delta C_{Ly}y-\frac{1}{\tau_{ha}\tau_{hb}}h_{Lc}
\end{aligned}\right\}\tag{4.4.7}$$

4.4.2.2　线性化模型无量纲化

无量纲化是选择通常相对于边界层较大的数特征长度 L 和特征速度 U，利用其使得某些变量如 X,Y,v，变成 $X/L<1$ 或 $Y/L<1$ 或 $v/U<1$，减少控制方程的变量数目。

假定长机和僚机的初始编队航向角为 0°，则编队几何关系如图 4-7 所示，其中的关键参数是额定间隔距离 $l=\sqrt{x_0^2+y_0^2}$ 和编队角 α。

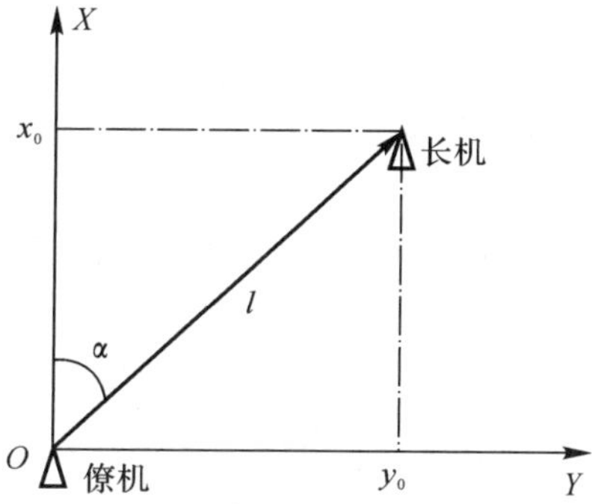

图 4-7　编队几何关系

直角间隔距离与这两个参数的关系为

$$\left.\begin{aligned}
x_0&=l\cos\alpha\\
y_0&=l\sin\alpha
\end{aligned}\right\}\tag{4.4.8}$$

定义变量 $l=\sqrt{x_0^2+y_0^2}$，$\bar{t}=l/v_0$，这里 l 是特征长度，$\bar{t}$ 是特征时间，v_0 是额定编队速度。用特征时间和特征长度定义无量纲变量和参数，这些变量和参数用符号“ˆ”表示：

$$\hat{x}=\frac{x}{l},\quad \hat{y}=\frac{y}{l},\quad \hat{z}=\frac{z}{l},\quad \hat{h}=\frac{h}{l},\quad \hat{x}_0=\frac{x_0}{l}=\cos\alpha,\quad \hat{y}_0=\frac{y_0}{l}=\sin\alpha$$

$$\hat{v}_W=\frac{v_W}{v_0},\quad \hat{v}_{Wc}=\frac{v_{Wc}}{v_0},\quad \hat{v}_L=\frac{v_L}{v_0},\quad \hat{\tau}_v=\frac{\tau_v}{\bar{t}},\quad \hat{\tau}_{\psi a}=\frac{\tau_{\psi a}}{\bar{t}},\quad \hat{\tau}_{\psi b}=\frac{\tau_{\psi b}}{\bar{t}}$$

$$\hat{\tau}_{ha}=\frac{\tau_{ha}}{\bar{t}},\quad \hat{\tau}_{hb}=\frac{\tau_{hb}}{\bar{t}}$$

在无人机编队不考虑气动耦合影响的小扰动线性化方程中代入前述的无量纲变量和参数，对式中的所有变量参数化(无量纲化)，有

$$\dot{\hat{x}}=\frac{\bar{t}}{l}\dot{x}=\frac{\bar{t}}{l}[v_L-v_W+\dot{\psi}_W l\sin\alpha]=\frac{\bar{t}}{l}[v_0\hat{v}_L-v_0\hat{v}_W+\frac{1}{\bar{t}}\dot{\hat{\psi}}_W l\sin\alpha]=$$

$$\hat{v}_L-\hat{v}_W+\dot{\hat{\psi}}_W\sin\alpha \tag{4.4.9}$$

$$\dot{\hat{y}}=\frac{\bar{t}}{l}\dot{y}=\frac{\bar{t}}{l}[v_0(\psi_L-\psi_W)-\dot{\psi}_W l\cos\alpha]=\frac{\bar{t}}{l}[v_0(\hat{\psi}_L-\hat{\psi}_W)-\frac{1}{\bar{t}}\dot{\hat{\psi}}_W l\cos\alpha]=$$

$$\hat{\psi}_L-\hat{\psi}_W-\dot{\hat{\psi}}_W\cos\alpha \tag{4.4.10}$$

$$\dot{\hat{v}}_W=\frac{\bar{t}}{v_0}\dot{v}_W=\frac{\bar{t}}{v_0}\left(-\frac{1}{\tau_v}v_W+\frac{1}{\tau_v}v_{W_c}\right)=\frac{\bar{t}}{v_0}\left(-\frac{1}{\bar{t}\hat{\tau}_v}v_0\hat{v}_W+\frac{1}{\bar{t}\hat{\tau}_v}v_0\hat{v}_{W_c}\right)=$$

$$-\frac{1}{\hat{\tau}_v}\hat{v}_W+\frac{1}{\hat{\tau}_v}\hat{v}_{W_c} \tag{4.4.11}$$

$$\ddot{\hat{\psi}}_W=\frac{\bar{t}^2}{1}\ddot{\psi}_W=\frac{\bar{t}^2}{1}\left[-\left(\frac{1}{\bar{t}\hat{\tau}_{\psi a}}+\frac{1}{\bar{t}\hat{\tau}_{\psi b}}\right)\frac{1}{\bar{t}}\dot{\hat{\psi}}_W-\frac{1}{\bar{t}\hat{\tau}_{\psi a}\bar{t}\hat{\tau}_{\psi b}}\hat{\psi}_W+\frac{1}{\bar{t}\hat{\tau}_{\psi a}\bar{t}\hat{\tau}_{\psi b}}\hat{\psi}_{W_c}\right]=$$

$$-\left(\frac{1}{\hat{\tau}_{\psi a}}+\frac{1}{\hat{\tau}_{\psi b}}\right)\dot{\hat{\psi}}_W-\frac{1}{\hat{\tau}_{\psi a}\hat{\tau}_{\psi b}}\hat{\psi}_W+\frac{1}{\hat{\tau}_{\psi a}\hat{\tau}_{\psi b}}\hat{\psi}_{W_c} \tag{4.4.12}$$

$$\ddot{\hat{h}}_L=\frac{\bar{t}^2}{l}\ddot{h}_L=\frac{\bar{t}^2}{l}\left[-\left(\frac{1}{\bar{t}\hat{\tau}_{ha}}+\frac{1}{\bar{t}\hat{\tau}_{hb}}\right)\frac{\bar{t}}{l}\dot{\hat{h}}_L-\frac{1}{\bar{t}\hat{\tau}_{ha}\bar{t}\hat{\tau}_{hb}}l\hat{h}_L+\frac{1}{\bar{t}\hat{\tau}_{ha}\bar{t}\hat{\tau}_{hb}}l\hat{h}_{Lc}\right]=$$

$$-\left(\frac{1}{\hat{\tau}_{ha}}+\frac{1}{\hat{\tau}_{hb}}\right)\dot{\hat{h}}_L-\frac{1}{\hat{\tau}_{ha}\hat{\tau}_{hb}}\hat{h}_L+\frac{1}{\hat{\tau}_{ha}\hat{\tau}_{hb}}\hat{h}_{Lc} \tag{4.4.13}$$

类似的有

$$\ddot{\hat{h}}_W=-\left(\frac{1}{\hat{\tau}_{ha}}+\frac{1}{\hat{\tau}_{hb}}\right)\dot{\hat{h}}_W-\frac{1}{\hat{\tau}_{ha}\hat{\tau}_{hb}}\hat{h}_W+\frac{1}{\hat{\tau}_{ha}\hat{\tau}_{hb}}\hat{h}_{W_c}+\frac{\bar{q}S}{m}\Delta C_{Ly}\hat{y} \tag{4.4.14}$$

为了书写方便，不再用符号“ˆ”表示无量纲变量和参数。整理可得考虑气动耦合的无量纲化线性模型为

$$\left.\begin{aligned}
&\dot{x}=v_L-v_W+\dot{\psi}_W\sin\alpha\\
&\dot{v}_W=-\frac{1}{\tau_v}v_W+\frac{1}{\tau_v}v_{W_c}+\frac{\bar{q}S}{m}\Delta C_{Dy}y\\
&\dot{y}=\psi_L-\psi_W-\dot{\psi}_W\cos\alpha\\
&\ddot{\psi}_W=-\left(\frac{1}{\tau_{\psi a}}+\frac{1}{\tau_{\psi b}}\right)\dot{\psi}_W-\frac{1}{\tau_{\psi a}\tau_{\psi b}}\psi_W+\frac{1}{\tau_{\psi a}\tau_{\psi b}}\psi_{W_c}+\frac{\bar{q}S}{m}[\Delta C_{Y_y}y+\Delta C_{Y_z}z]\\
&\dot{z}=\zeta=\dot{h}_W-\dot{h}_L\\
&\dot{\zeta}=-\left(\frac{1}{\tau_{ha}}+\frac{1}{\tau_{hb}}\right)\zeta-\frac{1}{\tau_{ha}\tau_{hb}}z+\frac{1}{\tau_{ha}\tau_{hb}}h_{W_c}+\frac{\bar{q}S}{m}\Delta C_{Ly}y-\frac{1}{\tau_{ha}\tau_{hb}}h_{Lc}
\end{aligned}\right\} \tag{4.4.15}$$

当模型式(4.4.15)中的稳定气动导数为零时，可得到无人机编队不考虑气动影响的无量纲线性化模型

$$\left.\begin{aligned}
&\dot{x}=v_L-v_W+\dot{\psi}_W\sin\alpha\\
&\dot{v}_W=-\frac{1}{\tau_v}v_W+\frac{1}{\tau_v}v_{W_c}\\
&\dot{y}=\psi_L-\psi_W-\dot{\psi}_W\cos\alpha\\
&\ddot{\psi}_W=-\left(\frac{1}{\tau_{\psi a}}+\frac{1}{\tau_{\psi b}}\right)\dot{\psi}_W-\frac{1}{\tau_{\psi a}\tau_{\psi b}}\psi_W+\frac{1}{\tau_{\psi a}\tau_{\psi b}}\psi_{W_c}\\
&\dot{z}=\zeta\\
&\dot{\zeta}=-\left(\frac{1}{\tau_{ha}}+\frac{1}{\tau_{hb}}\right)\zeta-\frac{1}{\tau_{ha}\tau_{hb}}z+\frac{1}{\tau_{ha}\tau_{hb}}h_{W_c}-\frac{1}{\tau_{ha}\tau_{hb}}h_{L_c}
\end{aligned}\right\}\tag{4.4.16}$$

4.4.2.3 状态空间描述

在选取 x，v_W，y 和 ψ_W 为状态变量的基础上，增加 $\dot{\psi}_W$，z 和 ζ 为状态变量，僚机的 v_{W_c}，ψ_{W_c} 和 h_{W_c} 为自动驾驶仪的输入控制量，长机状态 v_L，ψ_L 以及长机的高度要求指令 h_{L_c} 为干扰输入，可得到无人机近距离编队飞行考虑气动耦合影响的三维无量纲数学模型，写成状态空间方程如下：

$$\begin{bmatrix}\dot{x}\\ \dot{v}_W\\ \dot{y}\\ \dot{\psi}_W\\ \ddot{\psi}_W\\ \dot{z}\\ \dot{\zeta}\end{bmatrix}=\boldsymbol{A}_{\text{Close}}\begin{bmatrix}x\\ v_W\\ y\\ \psi_W\\ \dot{\psi}_W\\ z\\ \zeta\end{bmatrix}+\boldsymbol{B}_{\text{Close}}\begin{bmatrix}v_{W_c}\\ \psi_{W_c}\\ h_{W_c}\end{bmatrix}+\boldsymbol{\Gamma}_{\text{Close}}\begin{bmatrix}v_L\\ \psi_L\\ h_{L_c}\end{bmatrix}\tag{4.4.17}$$

$$\boldsymbol{A}_{\text{Close}}=\begin{bmatrix}
0 & -1 & 0 & 0 & \sin\alpha & 0 & 0\\
0 & -\frac{1}{\tau_v} & \frac{\bar{q}S}{m}\Delta C_{D_y} & 0 & 0 & 0 & 0\\
0 & 0 & 0 & -1 & -\cos\alpha & 0 & 0\\
0 & 0 & 0 & 0 & 1 & 0 & 0\\
0 & 0 & \frac{\bar{q}S}{m}\Delta C_{Y_y} & -\frac{1}{\tau_{\psi a}\tau_{\psi b}} & -\left(\frac{1}{\tau_{\psi a}}+\frac{1}{\tau_{\psi b}}\right) & \frac{\bar{q}S}{m}\Delta C_{Y_z} & 0\\
0 & 0 & 0 & 0 & 0 & 0 & 1\\
0 & 0 & \frac{\bar{q}S}{m}\Delta C_{L_y} & 0 & 0 & -\frac{1}{\tau_{ha}\tau_{hb}} & -\left(\frac{1}{\tau_{ha}}+\frac{1}{\tau_{hb}}\right)
\end{bmatrix}$$

$$
\boldsymbol{B}_{\text{Close}}=\begin{bmatrix}0&0&0\\ \frac{1}{\tau_v}&0&0\\0&0&0\\0&0&0\\0&\frac{1}{\tau_{\psi a}\tau_{\psi b}}&0\\0&0&0\\0&0&\frac{1}{\tau_{ha}\tau_{hb}}\end{bmatrix},\quad \boldsymbol{\Gamma}_{\text{Close}}=\begin{bmatrix}1&0&0\\0&0&0\\0&1&0\\0&0&0\\0&0&0\\0&0&0\\0&0&-\frac{1}{\tau_{ha}\tau_{hb}}\end{bmatrix}
$$

同样，也可得到无人机松散编队飞行不考虑气动耦合影响的三维无量纲数学模型，写成状态空间方程为

$$
\begin{bmatrix}\dot{x}\\ \dot{v}_W\\ \dot{y}\\ \dot{\psi}_W\\ \ddot{\psi}_W\\ \dot{z}\\ \dot{\zeta}\end{bmatrix}=\boldsymbol{A}_{\text{Loose}}\begin{bmatrix}x\\ v_W\\ y\\ \psi_W\\ \dot{\psi}_W\\ z\\ \zeta\end{bmatrix}+\boldsymbol{B}_{\text{Loose}}\begin{bmatrix}v_{Wc}\\ \psi_{Wc}\\ h_{Wc}\end{bmatrix}+\boldsymbol{\Gamma}_{\text{Loose}}\begin{bmatrix}v_L\\ \psi_L\\ h_{Lc}\end{bmatrix} \tag{4.4.18}
$$

$$
\boldsymbol{A}_{\text{Loose}}=\begin{bmatrix}0&-1&0&0&\sin\alpha&0&0\\0&-\frac{1}{\tau_v}&0&0&0&0&0\\0&0&0&-1&-\cos\alpha&0&0\\0&0&0&0&1&0&0\\0&0&0&-\frac{1}{\tau_{\psi a}\tau_{\psi b}}&-\left(\frac{1}{\tau_{\psi a}}+\frac{1}{\tau_{\psi b}}\right)&0&0\\0&0&0&0&0&0&1\\0&0&0&0&0&-\frac{1}{\tau_{ha}\tau_{hb}}&-\left(\frac{1}{\tau_{ha}}+\frac{1}{\tau_{hb}}\right)\end{bmatrix}
$$

$$
\boldsymbol{B}_{\text{Loose}}=\begin{bmatrix}0&0&0\\ \frac{1}{\tau_v}&0&0\\0&0&0\\0&0&0\\0&\frac{1}{\tau_{\psi a}\tau_{\psi b}}&0\\0&0&0\\0&0&\frac{1}{\tau_{ha}\tau_{hb}}\end{bmatrix},\quad \boldsymbol{\Gamma}_{\text{Loose}}=\begin{bmatrix}1&0&0\\0&0&0\\0&1&0\\0&0&0\\0&0&0\\0&0&0\\0&0&-\frac{1}{\tau_{ha}\tau_{hb}}\end{bmatrix}
$$

4.4.2.4　具体数值计算

本节进行无人机编队飞行控制的相关数据如表 4－1 所示。

表 4－1　无人机编队飞行相关数据

物理意义	符号表示	具体数值
速度时间常数	τ_v	5(s)
航向时间常数	$\tau_{\psi a}$	0.919(s)
	$\tau_{\psi b}$	0.919(s)
高度时间常数	τ_{ha}	0.307 5(s)
	τ_{hb}	3.85(s)
额定飞行速度	v_0	150(m/s)
额定飞行高度	h_0	1 000 (m)
额定航向角	ψ_0	0°
松散编队额定间隔	x_0	100(m)
	y_0	30(m)
	z_0	0 (m)
紧密编队额定间隔	x_0	18.9(m)
	y_0	7.4(m)
	z_0	0(m)
翼展	b	9.45(m)
机翼面积	S	27.87(m^2)
总质量	m	16 057(kg)
动压	$\bar{q}$	22.4(kPa)
展弦比	A_R	3
尾翼面积	S_{vt}	54.75(m^2)
尾翼高度	h_z	3.3(m)
尾翼升力曲线斜率	a_{vt}	5.3(1/rad)
机翼升力曲线斜率	a_W	5.3(1/rad)

续 表

物理意义	符号表示	具体数值
长机升力系数	C_{L_L}	0.538 5
修正因子	μ^2	5.318
气动效率因子	η	0.95

1. 无人机松散编队

特征长度：

$$l=\sqrt{x_0^2+y_0^2}=\sqrt{100^2+30^2}=104.4\ \text{m}$$

特征时间：

$$\bar{t}=l/v_0=104.4/150=0.703\ \text{s}$$

编队角：

$$\alpha=\arctan(y_0/x_0)=\arctan(30/100)=0.333\ \text{rad}=18.43^\circ$$

因此，得到无量纲参数：

$$\hat{\tau}_v=\frac{\tau_v}{\bar{t}}=\frac{5}{0.703}=7.112,\quad \hat{\tau}_{\psi a}=\frac{\tau_{\psi a}}{\bar{t}}=1.307=\hat{\tau}_{\psi b}\hat{\tau}_{ha}=\frac{\tau_{ha}}{\bar{t}}=0.437$$

$$\hat{\tau}_{hb}=\frac{\tau_{hb}}{\bar{t}}=5.477,\quad \hat{x}_0=\frac{x_0}{l}=\cos\alpha=0.949,\quad \hat{y}_0=\frac{y_0}{l}=\sin\alpha=0.316$$

将数据代入无人机松散编队状态空间方程式(4.4.18)各矩阵中，得到

$$\boldsymbol{A}_{\text{Loose}}=\begin{bmatrix}0 & -1 & 0 & 0 & 0.316 & 0 & 0\\ 0 & -0.141 & 0 & 0 & 0 & 0 & 0\\ 0 & 0 & 0 & -1 & -0.949 & 0 & 0\\ 0 & 0 & 0 & 0 & 1 & 0 & 0\\ 0 & 0 & 0 & -0.585 & -1.530 & 0 & 0\\ 0 & 0 & 0 & 0 & 0 & 0 & 1\\ 0 & 0 & 0 & 0 & 0 & -0.418 & -2.471\end{bmatrix}$$

$$\boldsymbol{B}_{\text{Loose}}=\begin{bmatrix}0 & 0 & 0\\ 0.141 & 0 & 0\\ 0 & 0 & 0\\ 0 & 0 & 0\\ 0 & 0.585 & 0\\ 0 & 0 & 0\\ 0 & 0 & 0.418\end{bmatrix},\quad \boldsymbol{\Gamma}_{\text{Loose}}=\begin{bmatrix}1 & 0 & 0\\ 0 & 0 & 0\\ 0 & 1 & 0\\ 0 & 0 & 0\\ 0 & 0 & 0\\ 0 & 0 & 0\\ 0 & 0 & -0.418\end{bmatrix}$$

2. 无人机紧密编队

特征长度：

$$l=\sqrt{x_0^2+y_0^2}=\sqrt{18.9^2+7.4^2}=21.325\ \text{m}$$

额定速度为 150 m/s 时：

$$\bar{t}=l/v_0=23.325/150=0.143\ \text{s}$$

编队角：

$$\alpha=\arctan(y_0/x_0)=\arctan(7.4/18.9)=0.374\ \text{rad}=21.44°$$

同样，得到无量纲参数：

$$\hat{\tau}_v=\frac{\tau_v}{\bar{t}}=\frac{5}{0.143}=34.965,\quad \hat{\tau}_{\psi a}=\frac{\tau_{\psi a}}{\bar{t}}=6.427=\hat{\tau}_{\psi b},\quad \hat{\tau}_{ha}=\frac{\tau_{ha}}{\bar{t}}=2.150$$

$$\hat{\tau}_{hb}=\frac{\tau_{hb}}{\bar{t}}=26.923,\quad \hat{x}_0=\frac{x_0}{l}=\cos\alpha=0.931,\quad \hat{y}_0=\frac{y_0}{l}=\sin\alpha=0.365$$

在海拔 1 000 m 高度处的大气密度为

$$\rho=1\ 292\times(1-0.006\ 5\times3\ 000\times0.304\ 8/273)^{4.26}/(1\ 000\times16.02)=0.073\ 4\ \text{kg/m}^3$$

动压：　$\bar{q}=\frac{1}{2}\rho v^2=\frac{1}{2}\times0.073\ 4\times450^2=1\ 070.17\ \text{kPa}$

根据阻力、升力和侧力系数变量表达式，可得到稳定性导数分别为

$$\Delta C_{Dy}=-0.000\ 784,\quad \Delta C_{Ly}=0.007\ 7$$

$$\Delta C_{Y_y}=-0.000\ 144,\quad \Delta C_{Y_z}=-0.000\ 542$$

将数据代入无人机紧密编队状态空间方程式(4.4.17)各矩阵中，得到

$$\boldsymbol{A}_{\text{Close}}=\begin{bmatrix}0 & -1 & 0 & 0 & 0.365 & 0 & 0\\ 0 & -0.029 & -0.047\ 1 & 0 & 0 & 0 & 0\\ 0 & 0 & 0 & -1 & -0.931 & 0 & 0\\ 0 & 0 & 0 & 0 & 1 & 0 & 0\\ 0 & 0 & 0.198\ 7 & -0.024\ 2 & -0.311 & -0.066\ 2 & 0\\ 0 & 0 & 0 & 0 & 0 & 0 & 1\\ 0 & 0 & -0.463\ 5 & 0 & 0 & -0.017\ 3 & -0.502\end{bmatrix}$$

$$\boldsymbol{B}_{\text{Close}}=\begin{bmatrix}0 & 0 & 0\\ 0.029 & 0 & 0\\ 0 & 0 & 0\\ 0 & 0 & 0\\ 0 & 0.024\ 2 & 0\\ 0 & 0 & 0\\ 0 & 0 & 0.017\ 3\end{bmatrix},\quad \boldsymbol{\Gamma}_{\text{Close}}=\begin{bmatrix}1 & 0 & 0\\ 0 & 0 & 0\\ 0 & 1 & 0\\ 0 & 0 & 0\\ 0 & 0 & 0\\ 0 & 0 & 0\\ 0 & 0 & -0.017\ 3\end{bmatrix}$$

将编队飞行的相对非线性运动学方程和飞机自动驾驶仪模型在配平条件

附近线性化。为能对非线性方程进行线性化处理，我们研究的情况是扰动运动小偏离基准运动，即扰动运动与基准运动差别甚小，并选择基准运动为等速直线平飞。

重写编队飞行运动学方程：

$$\left.\begin{aligned}\dot{x}&=v_L\cos(\psi_L-\psi_W)+\dot{\psi}_W y-v_W\\ \dot{y}&=v_L\sin(\psi_L-\psi_W)-\dot{\psi}_W x\end{aligned}\right\}\tag{4.4.19}$$

由于 $\dot{z}=0$，所以在此不用考虑对其进行线性化。根据小扰动原理，扰动运动参数可用基准运动参数（下标加"0"表示）附加小扰动量（即小增量）来表示。用于线性化的配平条件有

$$x=x_0+\Delta x,\quad y=y_0+\Delta y,\quad v_L=v_{L0}+\Delta v_L,\quad v_W=v_{W0}+\Delta v_W$$

$$\psi_L=\psi_{L0}+\Delta\psi_L,\quad \psi_W=\psi_{W0}+\Delta\psi_W,\quad \psi_{L0}=\psi_{W0}=\psi_0,\quad v_{L0}=v_{W0}=v_0$$

对式中的正弦和余弦分别进行泰勒级数展开：

$$\sin x=\sum_{n=0}^{\infty}(-1)^n\frac{x^{2n+1}}{(2n+1)!}=x-\frac{x^3}{3!}+\frac{x^5}{5!}-\cdots$$

$$\cos x=\sum_{n=0}^{\infty}(-1)^n\frac{x^{2n}}{(2n)!}=1-\frac{x^2}{2!}+\frac{x^4}{4!}-\cdots$$

把以上配平条件代入等式(4.4.19)中，利用小扰动原理，所得式中只保留一阶项，略去高阶项，整理得到用于线性分析的运动学方程：

$$\left.\begin{aligned}\Delta\dot{x}&=\Delta v_L-\Delta v_W+\Delta\dot{\psi}_W y_0\\ \Delta\dot{y}&=v_0(\Delta\psi_L-\Delta\psi_W)-\Delta\dot{\psi}_W x_0\end{aligned}\right\}\tag{4.4.20}$$

同样，也可以用增量表示三个通道的自动驾驶仪模型：

$$\left.\begin{aligned}\Delta\dot{\psi}&=-\frac{1}{\tau_v}\Delta\psi+\frac{1}{\tau_v}\Delta\psi_c\\ \Delta\dot{v}&=-\frac{1}{\tau_v}\Delta v+\frac{1}{\tau_v}\Delta v_c\\ \Delta\ddot{h}&=-\left(\frac{1}{\tau_{ha}}+\frac{1}{\tau_{hb}}\right)\Delta\dot{h}-\frac{1}{\tau_{ha}\tau_{hb}}\Delta h+\frac{1}{\tau_{ha}\tau_{hb}}\Delta h_c\end{aligned}\right\}\tag{4.4.21}$$

可以看到，三个通道自动驾驶仪模型的增量表示方法和之前的表达式在形式上是完全一样的，只是式中的变量成了增量。为书写简便，接下来不再使用符号"Δ"表示增量。代入航向角微分的表达式到运动学方程中，有

$$\left.\begin{aligned}\dot{x}&=v_L-v_W+\dot{\psi}_W y_0=-\frac{y_0}{\tau_\psi}\psi_W-v_W+v_L+\frac{y_0}{\tau_\psi}\psi_{Wc}\\ \dot{y}&=v_0(\psi_L-\psi_W)-\dot{\psi}_W x_0=\left(\frac{x_0}{\tau_\psi}-v_0\right)\psi_W+v_0\psi_L-\frac{x_0}{\tau_\psi}\psi_{Wc}\end{aligned}\right\}\tag{4.4.22}$$

4.5　编队的气动耦合模型

紧密编队飞行中，各无人机之间的气动干扰将直接影响并改变在队形中不同位置上的无人机所受到的力和力矩，因此需要对僚机的飞行控制系统进行修正。上洗流在 ox 和 oz 轴所引起的气动力体现在升力和阻力的变化上。侧洗在 oy 方向上产生气动力，从而引起垂直尾翼上升力的变化。僚机的飞行控制系统需要能够消除长机气动效应所引起的相对距离的偏移，从而保持编队队形。上洗和侧洗也会引起僚机上力矩的变化。但本节将僚机看作一个质点，故不考虑力矩的影响[120-121]。注意，只考虑长机涡流对僚机的影响，而不考虑僚机涡流对长机影响。

长机涡流对僚机产生上洗力，引起了僚机迎角的变化，导致了升力和阻力向量的旋转，使得僚机所受到的阻力 D、升力 L 和侧力 Y 发生了变化：

$$\left.\begin{aligned}\Delta D_W &= \bar{q}S\Delta C_D\\ \Delta L_W &= \bar{q}S\Delta C_L\\ \Delta Y_W &= \bar{q}S\Delta C_Y\end{aligned}\right\}\tag{4.5.1}$$

式中，$\bar{q}=\frac{1}{2}\rho v^2$ 为动压；S 为机翼面积；ΔC_D，ΔC_L 和 ΔC_Y 分别表示僚机的阻力系数增量、升力系数增量和侧力系数增量。

在 ox，oy，oz 三轴方向上的位置变化引起僚机阻力变化，所导致的不稳定性可以由僚机自动驾驶仪模型的马赫数保持通道消除，升力变化所导致的不稳定性可由高度保持通道消除，侧力变化所导致的不稳定性可由航向保持通道消除，故对僚机自动驾驶仪模型进行修正：

$$\left.\begin{aligned}\dot{v}_W &= -\frac{1}{\tau_v}v_W+\frac{1}{\tau_v}v_{Wc}+\frac{\bar{q}S}{m}[\Delta C_{Dx}x+\Delta C_{Dy}y+\Delta C_{Dz}z]\\ \ddot{\psi}_W &= -\left(\frac{1}{\tau_{\psi a}}+\frac{1}{\tau_{\psi b}}\right)\dot{\psi}_W-\frac{1}{\tau_{\psi a}\tau_{\psi b}}\psi_W+\frac{1}{\tau_{\psi a}\tau_{\psi b}}\psi_{Wc}+\frac{\bar{q}S}{m}[\Delta C_{Yx}x+\Delta C_{Yy}y+\Delta C_{Yz}z]\\ \ddot{h}_W &= -\left(\frac{1}{\tau_{ha}}+\frac{1}{\tau_{hb}}\right)\dot{h}_W-\frac{1}{\tau_{ha}\tau_{hb}}h_W+\frac{1}{\tau_{ha}\tau_{hb}}h_{Wc}+\frac{\bar{q}S}{m}[\Delta C_{Lx}x+\Delta C_{Ly}y+\Delta C_{Lz}z]\end{aligned}\right\}\tag{4.5.2}$$

式中，x，y 和 z 是编队间隔相对额定间隔 x_0，y_0 和 z_0 的扰动量。ΔC_{Dm}，ΔC_{Lm} 和 ΔC_{Ym}（$m=x,y,z$）分别为阻力，升力和侧力在 ox，oy，oz 三轴方向上的稳定性导数。在式 $\dot{v}_W$ 中，稳定性导数都乘了 $\frac{\bar{q}S}{m}$，这是因为乘以 $\bar{q}S$ 可以得到力，再除以质量 m 就得到了加速度，符合方程要求。

定义诱导阻力变化的无量纲表达式为

$$\sigma_{UW}(y',z')=\frac{2}{\pi^2}\left[\ln\frac{y'^2+z'^2+\mu^2}{\left(y'-\frac{\pi}{4}\right)^2+z'^2+\mu^2}-\ln\frac{\left(y'+\frac{\pi}{4}\right)^2+z'^2+\mu^2}{y'^2+z'^2+\mu^2}\right] \tag{4.5.3}$$

侧洗力的无量纲表达式为

$$\sigma_{SW}(y',z')=\frac{2}{\pi}\left[\ln\frac{\left(y'-\frac{\pi}{8}\right)^2+z'^2+\mu^2}{\left(y'-\frac{\pi}{8}\right)^2+\left(z'+\frac{h_z}{b}\right)^2+\mu^2}-\ln\frac{\left(y'+\frac{\pi}{8}\right)^2+z'^2+\mu^2}{\left(y'+\frac{\pi}{8}\right)^2+\left(z'+\frac{h_z}{b}\right)^2+\mu^2}\right] \tag{4.5.4}$$

根据以上定义，升力，阻力和侧力的变化可以表示为

$$\left.\begin{aligned}\Delta C_D&=-\frac{1}{\pi A_R}C_{L_L}C_{L_W}\sigma_{UW}(y',z')\\ \Delta C_L&=\frac{1}{\pi A_R}a_W C_{L_W}\sigma_{UW}(y',z')\\ \Delta C_Y&=\frac{1}{\pi A_R}\frac{\eta S_{vt}a_{vt}b}{4Sh_z}C_{L_L}\sigma_{SW}(y',z')\end{aligned}\right\} \tag{4.5.6}$$

可以看到，阻力、升力和侧力在 ox 方向上的稳定性导数均为零，即

$$\Delta C_{Dx}=\Delta C_{Lx}=\Delta C_{Yx}=0$$

对应的，僚机与长机在 z 方向的间距为 $z=h_W-h_L$，选择 $\dot z=\zeta$，有

$$\dot\zeta=\ddot z=\ddot h_W-\ddot h_L=-\left(\frac{1}{\tau_{ha}}+\frac{1}{\tau_{hb}}\right)\zeta-\frac{1}{\tau_{ha}\tau_{hb}}z+\frac{1}{\tau_{ha}\tau_{hb}}h_{Wc}+\frac{\bar qS}{m}\Delta C_{Ly}y-\frac{1}{\tau_{ha}\tau_{hb}}h_{Lc}$$

因此，可以得到无人机紧密编队的完整的非线性方程，表示如下：

$$\left.\begin{aligned}\dot v_L&=-\frac{1}{\tau_v}v_L+\frac{1}{\tau_v}v_{Lc}\\ \ddot\psi_L&=-\left(\frac{1}{\tau_{\psi a}}+\frac{1}{\tau_{\psi b}}\right)\dot\psi_L-\frac{1}{\tau_{\psi a}\tau_{\psi b}}\psi_L+\frac{1}{\tau_{\psi a}\tau_{\psi b}}\psi_{Lc}\\ \ddot h_L&=-\left(\frac{1}{\tau_{ha}}+\frac{1}{\tau_{hb}}\right)\dot h_L-\frac{1}{\tau_{ha}\tau_{hb}}h_L+\frac{1}{\tau_{ha}\tau_{hb}}h_{Lc}\end{aligned}\right\} \tag{4.5.7}$$

$$\left.\begin{aligned}
\dot{v}_W &= -\frac{1}{\tau_v}v_W + \frac{1}{\tau_v}v_{Wc} + \frac{\bar{q}S}{m}[\Delta C_{Dy}y + \Delta C_{Dz}z] \\
\ddot{\psi}_W &= -\left(\frac{1}{\tau_{\psi a}} + \frac{1}{\tau_{\psi b}}\right)\dot{\psi}_W - \frac{1}{\tau_{\psi a}\tau_{\psi b}}\psi_W + \frac{1}{\tau_{\psi a}\tau_{\psi b}}\psi_{Wc} + \frac{\bar{q}S}{m}[\Delta C_{Yy}y + \Delta C_{Yz}z] \\
\ddot{h}_W &= -\left(\frac{1}{\tau_{ha}} + \frac{1}{\tau_{hb}}\right)\dot{h}_W - \frac{1}{\tau_{ha}\tau_{hb}}h_W + \frac{1}{\tau_{ha}\tau_{hb}}h_{Wc} + \frac{\bar{q}S}{m}[\Delta C_{Ly}y + \Delta C_{Lz}z]
\end{aligned}\right\} \tag{4.5.8}$$

$$\left.\begin{aligned}
\dot{x} &= v_L\cos(\psi_L - \psi_W) + \dot{\psi}_W y - v_W \\
\dot{y} &= v_L\sin(\psi_L - \psi_W) - \dot{\psi}_W x \\
\dot{z} &= \zeta = \dot{h}_W - \dot{h}_L \\
\dot{\zeta} &= -\left(\frac{1}{\tau_{ha}} + \frac{1}{\tau_{hb}}\right)\zeta - \frac{1}{\tau_{ha}\tau_{hb}}z + \frac{1}{\tau_{ha}\tau_{hb}}h_{Wc} + \frac{\bar{q}S}{m}\Delta C_{Ly}y - \frac{1}{\tau_{ha}\tau_{hb}}h_{Lc}
\end{aligned}\right\} \tag{4.5.9}$$

由上述内容可知，考虑气动耦合影响的无人机紧密编队非线性方程依然包括三部分：长机、僚机的自动驾驶仪模型，以及编队相对运动学关系。但是，由于涡流影响导致僚机受到的气动力发生了变化，故僚机采用了修正后的自动驾驶仪模型，同时，编队相对运动学关系也跟着发生了变化。进一步发现，当考虑气动耦合影响的非线性模型中的稳定性气动导数为零时，即得到不考虑气动耦合影响模型。

第 5 章　无人机编队协同航迹规划

无人机编队协同航迹规划是根据战场环境信息，以任务为导向，综合考虑无人机导航精度和机动能力等限制，为无人机设计出既满足团队协同的要求，又使整体生存概率最大的多条飞行轨迹。多架无人机组成的团队进行联合作战的时候，除了要能自动规避威胁和障碍物外，还要避开团队其他无人机以免发生碰撞，满足团队的其他要求。本章主要针对编队保持和编队集合两种具体的战术需求对无人机编队航迹规划算法进行了研究，同时考虑突发威胁，给出了一种可行的实时重规划算法。

5.1　航迹规划的定义

航迹规划是指在特定约束条件下，寻找一条从初始点到目标点满足某种性能指标最优的运动轨迹。而航迹规划技术就是在给定数字地图、飞行器特性参数、飞行任务的情况下，按照某种性能指标，要求航迹规划系统能够在数字地图上方的某个离地高度上规划出一条性能最优的三维航迹。

无人机编队协同航迹规划是多架无人机协同作战任务规划系统中的关键技术。它是根据战场环境信息，综合考虑无人机导航精度和机动能力的限制，为无人机设计出既满足团队协同的要求，又使整体生存概率最大的飞行轨迹。多架无人机组成的团队进行联合作战的时候，每架无人机自己进行战术决策，并作为编队的一分子与编队成员协同达到高水平任务指标。除了要能自动规避威胁和障碍物外，还要避开团队其他无人机以免发生碰撞，满足团队的其他要求。整个团队的航迹规划目标是在团队代价最小的前提下，满足每架无人机威胁规避、不可飞区、燃料限制、团队要求（例如时间）、力学约束等条件，安全地飞到目标。此时的航迹规划就更复杂了，不仅要考虑单架无人机的航迹规划，更重要的是考虑整个团队的航迹规划和目标要求。

多无人机协同规划的总体结构包括任务规划层、协同规划层、航迹规划层和航迹平滑层。其中，航迹规划层和航迹平滑层都将由各个无人机单独完成。具体实现过程：根据无人机编队协同作战任务的不同需求确定无人机编队航迹规划任务，如编队巡航、协同作战等；协同规划层确定无人机的协同指标、建立协同函数；航迹规划层根据已知和突发威胁，使用合理的航迹规划算法为各无人机规划出一条满足各种约束条件的最优或次优航迹；航迹平滑层对确定的航迹进行裁减和平滑，以满足无人机的机动约束，得到可飞航迹，编队协同航迹规划结构框图如图5－1所示。

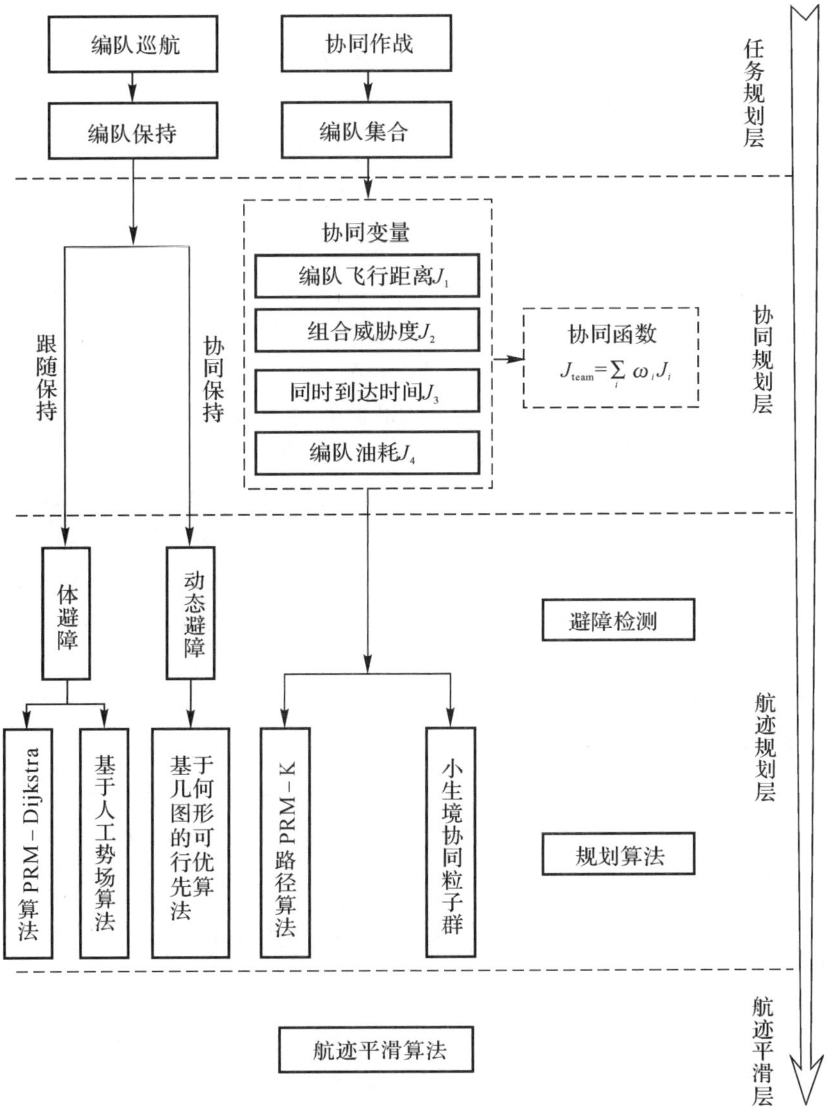

图 5－1　编队协同航迹规划结构框图

1. 任务规划层

任务规划层确定无人机编队所执行的任务。本节考虑如下两种任务需求下的多机编队飞行：①编队巡航；②协同作战。在编队巡航任务要求下，编队飞行在编队控制的作用下是强耦合的，完全可以看作是一架无人机飞行；在协同作战任务要求下，任务规划层按照任务需求对敌方目标进行分配，多架无人机选择合适的航迹，并要求同时到达目标，对目标实施打击。

2. 协同规划层

协同规划层确定无人机编队协同代价函数为

$$J_{\text{team}} = f(L(W)) = \sum_i \omega_i J_i \tag{5.1.1}$$

将航迹规划层为每架无人机 $i, i=(1,2,\cdots,N)$ 规划得到的 K 条独立的航迹 $\{L_i(W_1), L_i(W_2), \cdots, L_i(W_K)\}$ 送入协同规划层，计算得到 $\min J_{\text{team}}$ 的无人机编队航迹集合 Ω。

3. 航迹规划层

航迹规划层的目的是根据任务要求、威胁分布、无人机机动特性、燃料限制，选择 K 条能使无人机回避敌方威胁，安全完成预定任务的飞行路径，规划结果用一系列航路点表示。各个无人机根据航迹规划结果，求出航路点序列对应的路径长度，送到协同规划层确定编队飞行时间，以及各个无人机为完成任务需要的飞行速度和路径。在这一层中，关键的问题是如何针对编队保持和编队集合两种战术需求，选择合理的规划算法并对算法进行改进，使之满足工程实际。我们针对编队保持提出 PRM－Dijkstra 和改进人工势场的规划算法；针对编队集合提出 PRM－K 和小生境粒子群规划算法；针对突发威胁这种无人机编队协同保持提出基于几何图形的可行优先实时重规划算法，如图 5－1 所示。

4. 航迹平滑层

航迹平滑层的任务就是对协同规划层选出的航线进行平滑处理，对确定的路径进行裁减和平滑，形成可飞航迹，满足无人机的最大机动约束。

5.2 航迹规划约束

无人机编队航迹规划需要同时规划多条航迹，因此不仅需要考虑无人机本身的航迹约束，还需要考虑编队飞行任务要求。

5.2.1 物理约束

1. 最大转弯角

最大转弯角限制了生成的航迹只能在小于或者等于预先确定的最大转弯

角范围内转弯，该约束条件取决于无人机的性能和飞行任务。

设 $A(x_{i-1},y_{i-1},z_{i-1})$ 为上一个航路点，$B(x_i,y_i,z_i)$ 为当前航路点，$C(x_{i+1},y_{i+1},z_{i+1})$ 为下一个航路点。记 $\boldsymbol{a}_i=[x_i-x_{i-1}\quad y_i-y_{i-1}]^{\mathrm{T}}$，设最大允许转弯角为 $\varphi_{\max}$，要求局部航迹段的转弯角 φ 必须满足 $\varphi\leqslant\varphi_{\max}$，则最大转弯角约束可表示为

$$\cos(\varphi)=\frac{\boldsymbol{a}_i^{\mathrm{T}}\boldsymbol{a}_{i+1}}{|\boldsymbol{a}_i|\,|\boldsymbol{a}_{i+1}|}\geqslant\cos(\varphi_{\max})\quad(i=2,\cdots,n)\tag{5.2.1}$$

其中，$|\boldsymbol{a}_i|$ 为矢量 $\boldsymbol{a}_i$ 的长度。

2. 最大爬升角 / 俯冲角

最大爬升 / 俯冲角由无人机自身的机动性能决定，它限制了最终航迹在高度方向(z)上爬升和俯冲的最大角度。假定最大允许爬升 / 俯冲角为 θ，该约束可表示为

$$\frac{|\boldsymbol{z}_i-\boldsymbol{z}_{i-1}|}{|\boldsymbol{a}_i|}\leqslant\tan(\theta)\quad(i=2,\cdots,n)\tag{5.2.2}$$

3. 最小转弯半径

在无人机飞行过程当中，最小转弯半径或者是最大转弯角约束会限制航路的选择，图 5-2 所示为转弯半径限制示意图。如图所示，当两段航路 $V_{j-1}V_j$ 及 V_jV_{j+1} 的夹角过小时，会使无人机在以最小转弯半径转弯的过程中无法对 V_j 目标点进行监测。

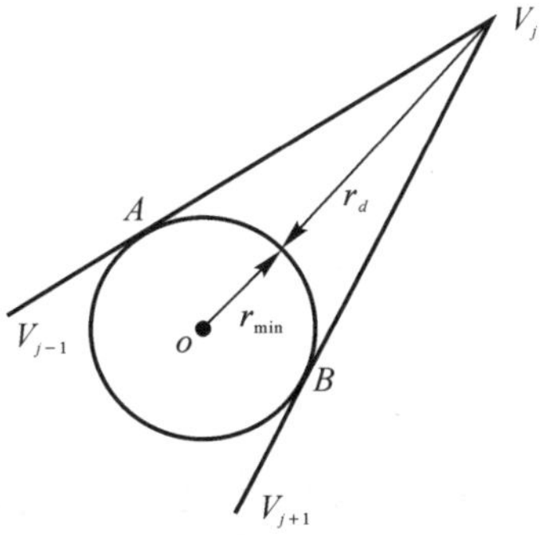

图 5-2　转弯半径限制示意图

本节在优化过程中对于航路的选择给予最小转弯半径的限制，保证两航路的夹角不小于某一给定值，此值可由下式计算得到[136]：

$$\varphi\geqslant 2\arcsin\left(\frac{r_{\min}}{r_d+r_{\min}}\right)\tag{5.2.3}$$

式中，$r_{\min}$ 为无人机的最小转弯半径。

4. 最小、最大飞行速度

在飞行过程中，分段的飞行轨迹上无人机的飞行速度需要保持在某个有限区间内，它取决于无人机的动力系统、所处的特定环境、空间位置和执行任务。记无人机的飞行速度为 v，最大飞行速度为 $v_{\max}$，最小飞行速度为 $v_{\min}$，则该约束可以表示为

$$v_{\min} \leqslant v \leqslant v_{\max} \tag{5.2.4}$$

5. 飞行高度限制

无人机在通过敌方防御区时，需要在尽可能低的高度上飞行，因此要在保持离地高度大于或者等于某一预先给定的高度下，使飞行高度尽量地低。

假设第 i 段航迹的最低离地高度为 H_i，最低飞行高度限制为 $H_{\min}$，该约束表示为

$$H_i \geqslant H_{\min} \quad (i=1,\cdots,n) \tag{5.2.5}$$

6. 最大惯性约束

惯性作用是无人机必须满足的一个首要约束条件。图 5-3 显示了在惯性约束下的无人机任意时刻转变半径与姿态角变化关系。

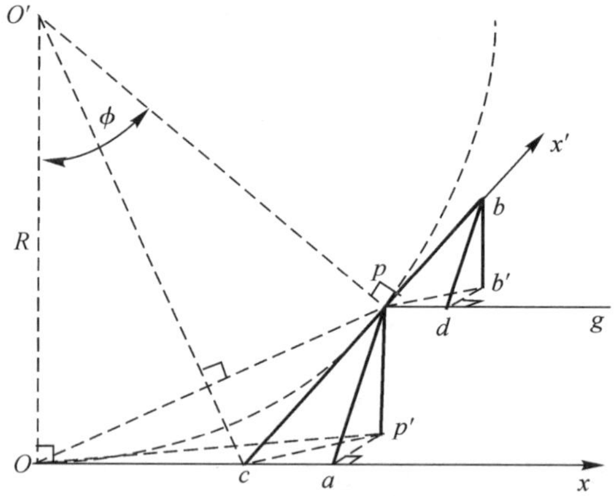

图 5-3　无人机转弯半径与姿态角变化关系

假设无人机当前位置在 O 点，障碍物或威胁源的位置为 p，设飞行航迹为空间曲线，任意时刻曲率半径为 R，无人机飞行速度为 v，角速度 $\omega=v/R$。t 时刻无人机在位置 O 点，方向沿 $\overrightarrow{Ox}$；$t+\Delta t$ 时刻，无人机位置在 p 点，方向沿 $\overrightarrow{cp}$。过 p 点作平行于 $\overrightarrow{Ox}$ 的直线 pg，在 $\overrightarrow{cp}$ 上选任意一点 b，过 b 作垂线 bb' 交过 p 点的水平面于 b'。过 b' 作垂直于 pg 的直线，交 pg 于 d 点。

则在 Δt 时间内，航迹倾角的变化量为 $\angle bpb'$，用 $\Delta\mu$ 表示；航迹偏角的变化量为 $\angle b'pd$，用 $\Delta\varphi$ 表示，对应圆心角

$$\phi = \omega \times \Delta t \tag{5.2.6}$$

过 p 作垂线交过 $\overrightarrow{Ox}$ 的水平面于点 p'，过 p' 作垂线交 $\overrightarrow{Ox}$ 于 a，则平面 app' 垂直于过 $\overrightarrow{Ox}$ 的水平面，且 $pa \perp Oa$。从图中可以看出，$\angle bpb' = \angle pcp'$，$\angle dpb' = \angle acp'$。由图中的几何关系可得

$$cp' = cp \times \cos\angle pcp' \tag{5.2.7}$$

$$ca = cp \times \cos\angle pca = cp' \times \cos\angle p'ca \tag{5.2.8}$$

将式(5.2.7) 带入式(5.2.8) 可得

$$\cos\angle pca = \cos\angle pcp' \times \cos\angle p'ca \tag{5.2.9}$$

注意到 $\angle pca = \phi$，式(5.2.9) 经三角变化后为

$$\sin^2\phi = \sin^2\angle p'ca + \sin^2\angle pcp - \sin^2\angle p'ca \times \sin^2\angle pcp \tag{5.2.10}$$

当 $\Delta t \to 0$ 时，$\angle p'ca = \angle b'pd = \Delta\phi \to 0$，$\angle p'cp = \angle b'pb = \Delta\mu \to 0$，$\angle p'ca = \varphi \to 0$。把上面的关系带入式(5.2.10)，并略去高次项可得

$$\sin^2\phi = \sin^2(\Delta\varphi) + \sin^2(\Delta\mu) \tag{5.2.11}$$

式(5.2.11) 可以进一步近似为

$$\phi^2 = (\Delta\varphi)^2 + (\Delta\mu)^2 \tag{5.2.12}$$

设时间间隔为 Δt，无人机飞行航迹对应的最大圆心角为 $\phi_{\max}$，则无人机的姿态角变化满足：

$$(\Delta\varphi)^2 + (\Delta\mu)^2 \leqslant \phi_{\max} \tag{5.2.13}$$

无人机最大圆心角 $\phi_{\max}$ 为

$$\phi_{\max} = \omega_{\max}\Delta t = \frac{v\Delta t}{R_{\min}} \tag{5.2.14}$$

式中，$\omega_{\max}$ 为无人机最大角速度；$R_{\min}$ 为无人机最小转弯半径。由此可得

$$(\Delta\varphi)^2 + (\Delta\mu)^2 \leqslant \left(\frac{v\Delta t}{R_{\min}}\right)^2 \tag{5.2.15}$$

在推导式(5.2.15) 时没有考虑无人机重力对无人机性能的影响，当考虑无人机重力影响时，式(5.2.15) 可修正为

$$(\Delta\varphi)^2 + \sigma(\Delta\mu)^2 \leqslant \left(\frac{v\Delta t}{R_{\min}}\right)^2 \tag{5.2.16}$$

式中，σ 为无人机重力修正系数。式(5.2.16) 表示了无人机姿态角的变化受惯性作用的约束条件。当速度一定时，无人机姿态角变化的二次方和与转弯半径成反比。无人机机动性越好，最小转弯半径越小，姿态角的改变就越大，反之，无人机机动性越差，最小转弯半径就越大，姿态角的改变就越小。当无人机前方有障碍物时，无人机及时调整姿态角，对障碍物进行回避，但是，姿态角的调整受式(5.2.16) 的约束[137]。

7. 过载影响

无人机的过载是衡量无人机机动性的一个重要指标，不同类型的无人机，

将对应不同的过载，过载的不同将影响到无人机运动模型的递推方程。

首先，令

$$r_H = \frac{1}{\rho_H} = \frac{v^2}{g\tan\varphi} \tag{5.2.17}$$

为切向过载所确定的无人机转弯半径。令

$$r_V = \frac{1}{\rho_V} = \frac{v^2}{n_z - g} \tag{5.2.18}$$

为法向过载所确定的无人机转弯半径。

当法向过载 $n_z \neq 0$ 且 $n_y \neq 0$ 时，有

$$\left.\begin{aligned} x_{k+1} &= x_k + r_H[\cos\varphi_k \sin\Delta\varphi_k - (1-\cos\Delta\varphi_k)\sin\varphi_k] \\ y_{k+1} &= y_k + r_V[(1-\cos\Delta\mu_k)\cos\mu_k + \sin\mu_k \sin\Delta\mu_k] \\ z_{k+1} &= z_k + r_H[(1-\cos\Delta\varphi_k)\cos\varphi_k + \sin\varphi_k \sin\Delta\varphi_k] \\ \varphi_{k+1} &= \varphi_k + \Delta\varphi_k \\ \mu_{k+1} &= \mu_k + \Delta\mu_k \end{aligned}\right\} \tag{5.2.19}$$

当 $n_z \neq 0$ 且 $n_y = 0$ 时，有

$$\left.\begin{aligned} x_{k+1} &= x_k + r_H[\cos\varphi_k \sin\Delta\varphi_k - (1-\cos\Delta\varphi_k)\sin\varphi_k] \\ y_{k+1} &= y_k + v\Delta t\sin\mu_k \\ z_{k+1} &= z_k + r_H[(1-\cos\Delta\varphi_k)\cos\varphi_k + \sin\varphi_k \sin\Delta\varphi_k] \\ \varphi_{k+1} &= \varphi_k + \Delta\varphi_k \\ \mu_{k+1} &= \mu_k \end{aligned}\right\} \tag{5.2.20}$$

当 $n_z = 0$ 且 $n_y \neq 0$ 时，有

$$\left.\begin{aligned} x_{k+1} &= x_k + v\Delta t\cos\varphi_k \cos\mu_k \\ y_{k+1} &= y_k + r_V[(1-\cos\Delta\mu_k)\cos\mu_k + \sin\mu_k \sin\Delta\mu_k] \\ z_{k+1} &= z_k - v\Delta t\sin\varphi_k \cos\mu_k \\ \varphi_{k+1} &= \varphi_k \\ \mu_{k+1} &= \mu_k + \Delta\mu_k \end{aligned}\right\} \tag{5.2.21}$$

当 $n_z = 0$ 且 $n_y = 0$ 时，有[138]

$$\left.\begin{aligned} x_{k+1} &= x_k + v\Delta t\cos\varphi_k \cos\mu_k \\ y_{k+1} &= y_k + v\Delta t\sin\mu_k \\ z_{k+1} &= z_k - v\Delta t\sin\varphi_k \cos\mu_k \\ \varphi_{k+1} &= \varphi_k \\ \mu_{k+1} &= \mu_k \end{aligned}\right\} \tag{5.2.22}$$

5.2.2　战略战术约束

(1) 多航迹间的冲突：有时需要为多个无人机规划多条航迹。它们可能在同一时刻飞过同一地区，攻击同一目标，导致飞行航线可能交叉。规划时必须防止它们发生碰撞。

(2) 固定的进入方向：确保无人机从特定的角度接近目标，从而对目标的最薄弱部位进行有效攻击。

(3) 禁飞区：根据国家政策或政治宗教因素，禁止飞过某些特定区域(如中立区、人口稠密区、宗教圣地等)。

5.3　威胁模型

无人机编队飞行过程中面临各种威胁，正因为各种威胁的存在，使得飞行器在完成飞行任务过程中有发生事故的风险。航迹规划的目的就是在给定各种导致飞行器出现飞行风险因素的前提下，寻找一条风险最小的参考航迹作为飞行器飞行过程中的引导航线，以使飞行安全系数最大，成功率最高。为此，根据威胁的来源和威胁特点进行分类和建模。

5.3.1　地形威胁

基于数字地图的最优航迹规划可以看作是一个以地形为驱动函数，以实现航迹规划为控制目标的闭环系统。在无人机实际飞行过程中，地形的起伏由雷达高度表引入到无人机高度控制系统，进而影响飞行性能。一般来说，无人机的间隙高度是基于一定撞地概率置信度分析而给定的，无人机的撞地概率总是与地形因素密切相关的，另外，地形对无人机的遮蔽程度也随着地形特征的不同而各异。为便于研究，可以把地形看作空间的非平稳随机场；把地形看作低频地形和高频地形相叠加而成，这里的地形频率是指地形起伏在某个方向上周期地随纵向参考距离变化的频率。

地形对无人机的威胁主要是山地和高地，假设地形区域中心位置坐标为 (x_m, y_m)，高度为 H，最大延伸半径为 R_t，地形的坡度(仰角)为 θ($\theta = \arcsin(H/\sqrt{R_t + H^2})$)，将地形威胁表示为三维环境模型，如图 5-4 所示。

若无人机飞行在高度为 h，$h < H$，距离地形轴心距离为 d_t，此时无人机的撞地概率可表示为

$$P_t=\begin{cases}0, & d_t>R_m+5\\ (1/5)^{\frac{h}{5\,000}}+(1/3)^{\frac{d_t}{6\,000}}, & R_m+2<d_t<R_m+5\\ (1/8)^{\frac{h}{H+h}}+(1/3)^{\frac{d_t}{6\,000}}, & d_t<R_m+2\end{cases}\tag{5.3.1}$$

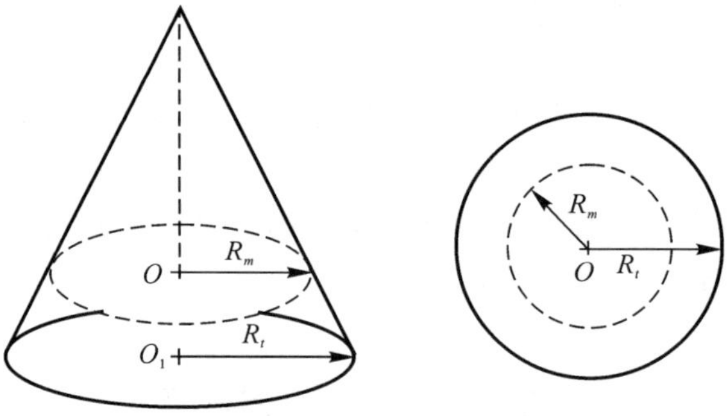

图 5-4　地形威胁模型

地形威胁作为一种不可穿越威胁，在无人机飞行的任意航路点(x,y,h)，将无人机的撞地概率简化为威胁概率，得

$$P_t=\begin{cases}0, & d_t>R_m\\ 1, & d_t\leqslant R_m\end{cases}\tag{5.3.2}$$

其中，$R_m=\left(1-\dfrac{h}{H}\right)R_t$；$d_t=((x-x_m)^2+(y-y_m)^2)^{1/2}$。

5.3.2　雷达探测威胁

雷达是军事上的主要探测设备，其探测特性随周围环境影响较大。考虑各种因素，精确描述雷达的探测特性非常复杂，一般用雷达的观测空域来考察其战术性能指标，包括雷达的最大和最小作用距离、方位角观测范围、仰角观测范围、雷达跟踪距离、制导距离等。

雷达探测模型图如图 5-5 所示。雷达在探测空域的过程中，雷达天线的高度为 h_a，随着距离 R 由大逐渐变小，雷达波入射线的仰角 θ_a 也不断变化[139]。另一方面，雷达的最大作用距离同目标的雷达散射截面(Radar Cross Section，RCS)σ 存在如下的关系：

$$R_{\max}=\left[\frac{P_t\tau G^2\sigma\lambda^2}{(4\pi)^3kT_s\,(S/N)_{\min}C_bL_sL_a}\right]^{\frac{1}{4}}F\tag{5.3.3}$$

式中，$R_{\max}$ 为雷达最大作用距离；σ 为目标的雷达散射截面；P_t 为雷达发射机输出功率；τ 为脉冲宽度；G 为天线增益；λ 为工作波长；T_s 为系统噪声温度；k

为玻尔兹曼常数；C_b 为滤波器与信号波形匹配程度的系数，在匹配情况下，$C_b=1$，不匹配时，$C_b>1$；$(S/N)_{\min}$ 为最低可检测度因子；L_s 为系统损耗因子；L_a 为大气损耗因子；F 为方向图传播因子。

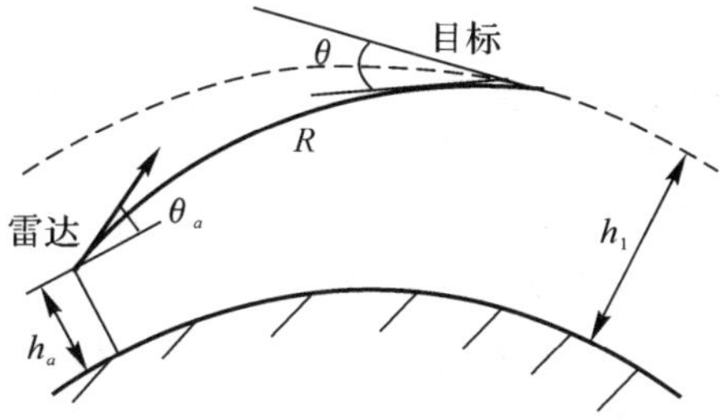

图 5－5　雷达探测模型图

雷达的电磁波沿直线传播，容易受到障碍物和地球曲率的影响，利用超低空飞行并借助地形掩护，是躲避雷达探测的有效手段之一。雷达探测区域边界的相对高度可由 $h_\beta=K_R l^2$ 表示；K_R 表征雷达特征系数；l 表征无人机距离雷达的水平径向距离。可见距离雷达愈远，飞行愈低，愈不易被雷达探测到。根据电磁波的传播特性，如果电磁波从雷达到目标的传播方向被地形遮蔽，那么到达目标的电磁波能量是很小的，雷达能够接收到的目标反射的回波能量几乎为零，即发现概率近似为零。因此，雷达发现目标的概率可表示为

$$P_D=\exp\left(\frac{-K_R L_0^2}{h_0}-\frac{r_0^4}{R_0^4}\right) \tag{5.3.4}$$

其中，K_R 为表征雷达特性的系数；L_0 为雷达探测的水平距离；h_0 为无人机飞行高度；r_0 为无人机距雷达的径向距离；R_0 为最大作用距离。

对于地面雷达威胁环境的处理通常采用简化的方法，即将威胁的影响区域用其包络线来表示。威胁区域的包络线大致有三种形状：球形、圆柱形和根据地面威胁的性质导出威胁的作用半径和作用空间形状。本章采用球形包络线，对于不同类型雷达定义作用半径 R_i 来表示其威胁。若航路点 (x,y,h) 距雷达威胁中心的距离为 d_i，则雷达威胁概率可简化为

$$P_D=\begin{cases}\exp\left(-\alpha\dfrac{d_i}{R_i}\right), & d_i\leqslant R_i\\ 0, & d_i\geqslant R_i\end{cases} \tag{5.3.5}$$

其中，α 为衰减系数(取值为 3.4)。

5.3.3　火力威胁

对无人机而言，火力威胁主要包括防空火炮和地空导弹两种。

（1）密集的防空火炮一般部署在重要目标附近，它对低空突防的飞行器的拦截往往很有效。防空火炮的杀伤概率为[140]

$$P_{AK}=P_L P_R\left[\left(1-R\sqrt{\frac{N}{2}}\Big/\sigma\right)^M\right]^2 \tag{5.3.6}$$

其中，P_{AK} 为杀伤概率；P_L 为发射可靠概率；P_R 为火炮雷达正常工作概率；R 为炮弹杀伤半径；σ 为射击偏差；M 为射击次数；N 为弹罩中的弹数。

在上述除了杀伤半径外，各个参数都确定的情况下，火炮杀伤概率随着飞行器与火炮发射源径向距离的减小而增加。

（2）地对空导弹是地面主要的防空拦截武器，根据导弹的杀伤区特点，可知其杀伤区基本是以雷达天线或地空导弹发射阵地为中心的空间半球体或具有中心对称的空间回转体。地空导弹威胁的杀伤概率为

$$P_{AK}=P_{\text{line}}P_{K/\text{line}} \tag{5.3.7}$$

式中，P_{line} 为清晰视线杀伤概率，有

$$P_{\text{line}}=K_0\frac{\Delta h}{R} \tag{5.3.8}$$

其中，K_0 为系数；Δh 为无人机相对地空导弹阵地高度；R 为无人机距离导弹发射源的径向距离；$P_{K/\text{line}}$ 为清晰视线条件下的条件概率，一般可以视为常数。通过上述内容可见，当 Δh 愈小时，R 愈大，则无人机遭到杀伤的概率愈小。

对于火力威胁，仍采用球形包络线，通过定义不同的衰减系数 α 来表示火力威胁，如式(5.3.5)所示。

5.4　协同航迹规划指标

5.4.1　编队飞行距离

无人机飞行时要求航迹的总长度必须小于或者等于一个预先设置的最大距离。它取决于无人机所携带的燃料以及到达目标所允许的飞行时间。对于多机航迹规划，应要求各条航迹最大距离均小于各机携带燃料以及最大飞行时间所允许飞过的距离，并且航迹距离总和小于某一个定值。

设已知起始点位置坐标为(x_{qj},y_{qj},z_{qj})，目标点位置坐标为(x_{gj},y_{gj},z_{gj})，飞行最短距离为 $R_j=\sqrt{(x_{qj}-x_{gj})^2+(y_{qj}-y_{gj})^2+(z_{qj}-z_{gj})^2}$。

令 $L_{\max j}=1.8R_j$，则对任意无人机飞行距离应满足

$$L_j=\sum_{i=1}^{n} l_{ji} \leqslant L_{\max j} \tag{5.4.1}$$

无人机编队飞行距离应满足

$$\sum_{j=1}^{N}\sum_{i=1}^{n} l_{ji} \leqslant 1.5\times\sum_{j=1}^{N} R_j \tag{5.4.2}$$

其中，n 为航迹段数量；N 为无人机编队架数。

5.4.2　编队燃油消耗

航迹规划必须考虑无人机的燃油限制。飞机的实际耗油量可由以下公式得到：

飞机实际耗油量(千克)＝千克推力×耗油率×飞行小时

飞机的耗油率主要取决于飞机气动外形的设计、发动机的性能等多个方面因素，飞行速度和高度也有很大影响。对于某一种飞机来说，都有一个最省油的飞行速度和高度，但不存在一个适用于所有飞机的计算公式。

由以上分析可以看出，无人机的耗油量与无人机的飞行距离、飞行模式、飞行速度、是否转弯飞行、飞行高度等因素有关。因此在对无人机进行航迹规划的时候，应考虑燃油限制问题，也就是说无人机使用所供给的燃油量能够完成一次从起始点到终点的飞行。在此基础上，在综合考虑其他约束指标的情况下，尽量选择燃油消耗小的航迹作为最优航迹。

为了简化，认为无人机在到达目的地之前，以一个基本不变的巡航速度和巡航高度在飞行，因此在对无人机的燃油消耗进行计算时，只考虑航程对其的影响，第 i 架无人机的燃油消耗计算公式如下：

$$F_i=g(L_i)=KL_i \tag{5.4.3}$$

其中，$L_i=\sum_{j=1}^{n} l_{ij}$ 为第 i 架无人机的航程；K 为千米油耗。

则无人机编队的总燃油消耗为

$$\sum_{i=1}^{N} F_i=\sum_{i=1}^{N} KL_i=K\sum_{i=1}^{N}\sum_{j=1}^{n} l_{ij} \tag{5.4.4}$$

5.4.3　组合威胁

由于无人机在飞行过程中要考虑威胁源空间位置、半径和类型等多重限制。航迹规划层得到 N 架无人机航迹集合 $\{L_1(W),L_2(W),\cdots,L_N(W)\}$，定

义组合威胁度为

$$P=\sum_{i}^{N}P_i \tag{5.4.5}$$

其中，P_i 为每架无人机不同威胁源下的威胁度，有

$$P_i=\omega_1 P_i^t+\omega_2 P_i^D+\omega_3 P_i^{AK} \tag{5.4.6}$$

航迹 $L_i(W)$ 由航迹段$\{l_{i1},l_{i2},\cdots,l_{in}\}$组成，给出其威胁概率计算步骤，如图 5－6 所示。

(1) 根据式(5.3.2)、式(5.3.5)和式(5.3.7)分别计算不同威胁源下每个航迹点的威胁概率 $P_{ijq}^t,P_{ijq}^D,P_{ijq}^{AK}$。

(2) 根据下式计算航路段 l_{ij} 不同威胁下的威胁概率。

$$P_{ij}=1-\prod_{q=0}^{w}(1-P_{ijq}) \tag{5.4.7}$$

其中，$w=\lfloor \frac{l_{ij}}{vT} \rfloor$为探测次数，$\lfloor\ \rfloor$表示取整。

(3) 根据下式计算航迹 $L_i(W)$ 不同威胁下的威胁概率：

$$P_i=1-\prod_{i=0}^{n}(1-P_{ij}) \tag{5.4.8}$$

组合威胁计算模型示意图如图 5－6 所示。

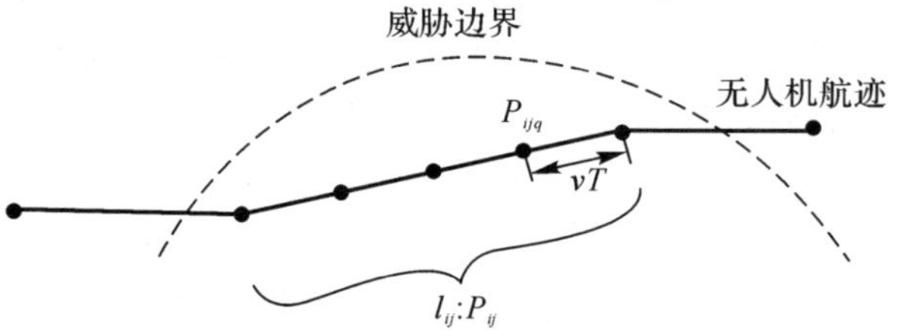

图 5－6　组合威胁计算模型示意图

5.4.4　同时到达时间

当多机协同执行任务时，有时候要求多架无人机同时到达目标区域。因此引入协同变量和协同函数，为整个无人机团队确定最短同时到达时间。

假设无人机的速度有一定的变化范围：$v\in[v_{\min},v_{\max}]$，因此无人机沿每条路径飞行时的到达时间的变化范围为 $t\in[L/v_{\max},L/v_{\min}]$。每架无人机都有一个飞行到达目标的时间集合 t_i，对于无人机编队，则有一个时间交集 $t=t_1\cap t_2\cap\cdots\cap t_n$。假设第 i 架无人机的到达目标时间变化范围为$[t_{\min}^i,t_{\max}^i]$，由于在有威胁的战争环境下，飞行时间越短越好，所以，整个编队

的到达时间(即协同时间 ETA)定义为

$$\mathrm{ETA}=\min\left(\bigcap_{i=1}^{N}\left(\left[t_{\min}^{i},t_{\max}^{i}\right]\right)\right) \tag{5.4.9}$$

这里的一个关键问题是协同函数的计算,每架无人机的每条航迹的代价为

$$J_i=kJ_{\mathrm{Threat},i}+(1-k)J_{\mathrm{fuel},i}\quad(0\leqslant k\leqslant 1) \tag{5.4.10}$$

其中,$J_{\mathrm{Threat},i}$ 为威胁代价,视具体威胁而定;$J_{\mathrm{fuel},i}=L_i/v_i$ 为燃油代价,L_i 是该条航迹的长度,$v_{\min}\leqslant v_i\leqslant v_{\max}$。

定义 $P_i(T_i)=\{p(t):0\leqslant t\leqslant T_i\}$ 表示第 i 架无人机的飞行路径,飞行时间为 T_i,则代价为

$$J(P_i(T_i))=kJ_{T,i}+(1-k)T_i \tag{5.4.11}$$

这样每一条路径的代价 J_i 都是到达时间 T_i 的函数。对团队的代价函数重新定义为

$$J=\min\sum_{i=1}^{N}J(P_i(T_i)) \tag{5.4.12}$$

每架无人机的协同函数确定下来,选择合适的 ETA,使无人机的协同函数之和最小,还要保证选择的 ETA 满足每架无人机的威胁和燃料约束。最简单的方式是将速度视为独立变量。飞机可以在一定的范围内改变它们的速度,判断所有飞机到达目标的时间范围是否有交集。如果有,选择最短时间,通常作为团队预计到达时间(ETA)。这样产生最可能的情况:每架飞机沿着它的最小代价的航迹飞行,当然也存在某架飞机沿着它的非最优航迹飞行。

5.5　多无人机编队协同航迹规划算法

5.5.1　基于 PRM-Dijkstra 算法的无人机编队协同航迹规划

5.5.1.1　PRM-Dijkstra 算法

概率地图法(Probabilistic Roadmap Method,PRM)作为一种常用的基于随机采样的路径规划方法,在无人机航迹规划中已得到了广泛的应用[141]。PRM 一般用于环境已知的航迹规划,分为离线预处理和在线查询两步进行,其中预处理过程包含建立路标和强化路标两个阶段[142-145]。首先通过随机地

在规划空间中产生一定数量的节点，并连接起来建立路标图。然后在某启发性条件的引导下，更多的节点被局限在一个相对狭小的空间里，路标图由此被强化，生成的 Roadmap 可以看成是一幅地图，通过地图可以查询出需要的航迹。

Dijkstra 算法作为一种最小航迹选择算法，能够在短时间内对节点遍历搜索，在可行解中寻求到最优解，使无人机的飞行航迹最短。因此，将 Dijkstra 算法嵌入 PRM 中，通过计算 PRM 提供的节点图来计算可达的航迹图，并且通过搜索找到最短航迹，最终航迹是在二次重采样基础上完成的局部航迹调整问题。

本小节针对编队保持下的多无人机航迹规划问题，考虑编队威胁规避提出了基于区域联通的模拟概率地图算法。算法采用改进的 Dijkstra 搜索到一条长机最短的可飞航迹，通过编队控制完成无人机编队航迹规划。同时，为了满足航迹规划实时性要求，提出一种基于图形学的可行优先算法。此算法可以根据分割点的密度平衡算法时间和航迹精度，通过几何图形分割控制采样范围，减小搜索区域，提高算法效率，适用于在线重规划。

1. PRM-Dijkstra 算法

在航迹规划空间中，对无障碍区域以某种概率随机采样，并按照某种规则连接这些点，形成概率地图，把空间中的航迹规划问题转化为概率地图上的搜索问题，即用一个随机网络来表示无人机系统运行的整个自由规划空间[146]，然后在这个网络中搜索一条可行航迹，而这个随机网络就是概率地图。

这种算法基本属于精确算法的范畴，其理论基础是概率完备性：在航迹规划空间中以某种概率随机采样，随着点数的不断增加，问题得到求解（找到解或无解）的可能概率不断趋向于 1。该方法使用空间中的一个概率地图，而不是整个空间，作为在线处理阶段的搜索空间，因此整个搜索空间显著减小。

PRM 与传统方法的不同之处在于，地图在规划空间中不是以确定的方式来构造，而是使用某种概率的技术来构造的。概率地图[147]是一个无向循环图，用 $G=(G_n, G_e)$ 表示。其中节点集 G_n 中的元素是自由规划空间中的位姿点，边集 G_e 中的元素则表示在这些位姿点中的局部航迹，且概率地图中的边集为无向边集。根据威胁的分布，按照一定的概率分布在自由规划空间中随机采样，形成点集，然后以某种局部航迹规划器为判断标准，对采样点进行连接，形成边集。

图 5-7 所示是一个概率地图方法的图解，图中表示了规划空间的一部分，其中黑色区域代表位姿障碍区域或威胁区域，空白部分表示自由规划空间，概率地图由自由采样点组成，在相邻的自由采样点中利用局部航迹将它们连起来，作为概率地图的边。在规划阶段，首先将起始位姿点和目标位姿点连进概率地图中，然后在概率地图中进行航迹搜索，找出一条连接起始位姿点和目标

位姿点的无碰撞航迹。

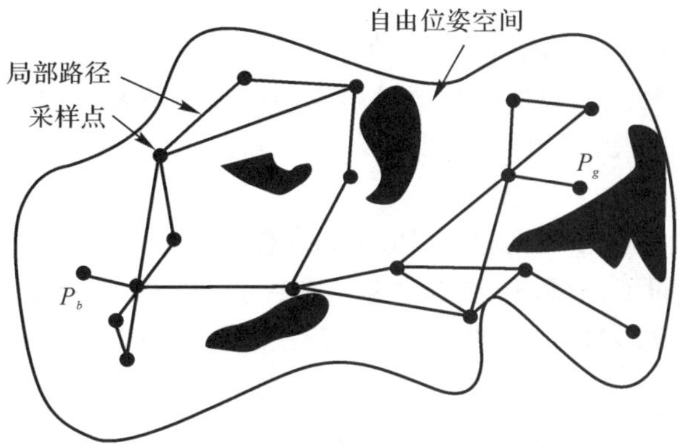

图 5-7　概率地图方法图解

2. PRM 算法的实现

PRM 分为两个阶段[148]：一是学习阶段，二是查询阶段，如图 5-8 所示。

(1)学习阶段也称为离线阶段。在学习阶段，对整个 C 空间进行采样，建立尽可能完整的 Roadmap，这一步花费的时间比较多。

(2)查询阶段也称为在线阶段。运动规划器只要输入起始位姿和目标位姿，算法根据在学习阶段建立的 Roadmap 信息，可以在很短的时间内搜索一条从起始位姿到目标位姿的无碰撞航迹。

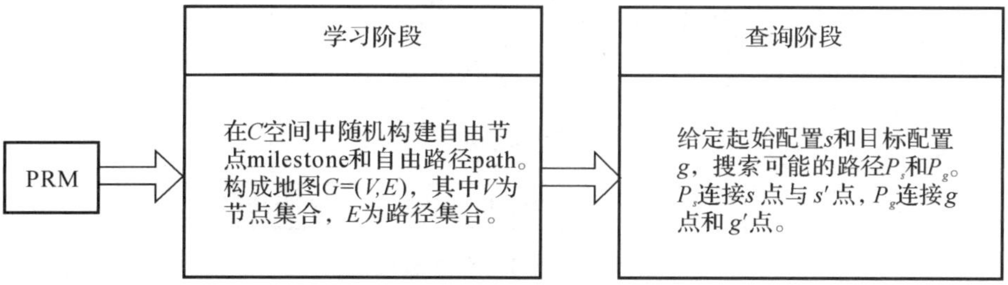

图 5-8　PRM 寻优过程阶段图

(a)学习阶段。学习阶段又可以分为两步，第一步为构建阶段(construct phase)，第二步为扩展阶段(expansion phase)。

第一步在整个自由 C 空间进行采样，保证有足够的采样点分布在整个自由 C 空间中。在自由空间中的采样点被称为路标(milestone)，路标之间建立连接关系。第二步所做扩展的目的是为了提高整个 Roadmap 的连通性。算法通过一些启发式方法从第一步得到的 milestone 中选出一些点(一般来说选取的这些点分布在 C 空间中的一些困难区域内)，然后在这些点附近产生一些新的点，并试图将它们连接到附近采样点上，以提高整个 Roadmap 的连通性。

在学习阶段，PRM 试图建立一张无向图，图中所有顶点是自由空间中的位姿点，两个位姿点之间采用某个局部规划器进行规划，如果成功，则称这两个位姿点连通，并在两个点之间加入一条无向边表示，这样建立起的图即 Roadmap。

(b)查询阶段。在查询阶段，Roadmap 构建完成之后，每次查询就不必再探索整个 C 空间了，只需将起始位姿点和终止位姿点连接到 Roadmap 上的任意 Milestone 即可以找出解。在查询阶段若搜索成功，在 G 中寻找路径 P_g 连接 s' 点和 g' 点，P_s 连接 s 点和 g 点间的可行路径。这里使用 query_mappping 函数寻找 s' 点和 g' 点。

query_mapping$(a,b)=(a',b')$，a',b' 为相连的，且

$$D(a,a')+D(b,b')=MIN_{(x,y)\in W}:D(a,x)+D(y,b) \tag{5.5.1}$$

其中，$W=\{(x,y)\in V\times V \mid \text{connected }(x,y)\}$。

综合以上两个阶段，PRM 的具体实现过程如图 5-9 所示。

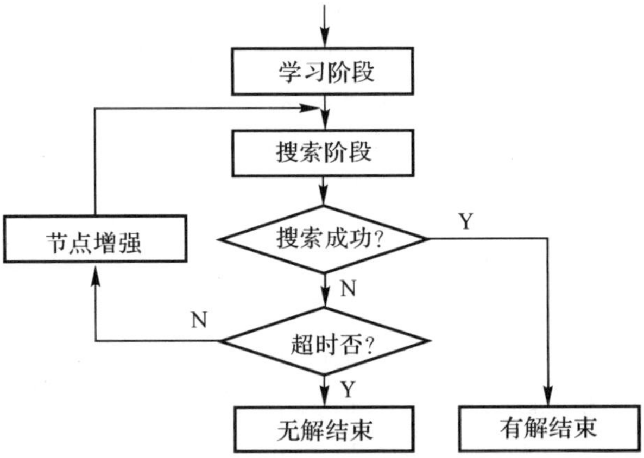

图 5-9　PRM 算法流程图

由以上分析可以看出 PRM 具有以下优、缺点：

(1)PRM 基于路线图，采用一种随机性的规划空间采样方式，以较少的采样点和航迹段数目完成了规划空间的描述，同时又在很大程度上保证了不丢失最优解。

(2)PRM 的复杂度主要依赖于寻找航迹的难度，跟整个规划环境的复杂度和规划空间的维数基本无关，适合工程应用。

(3)PRM 可以在规划时间和航迹质量之间进行权衡。一般来说，构造概率地图的时间越长，得到最优航迹的可能性就越大。

(4)PRM 有良好的工程特性,能够比较好地解决人机交互功能,能够在短时间内产生多条可行航迹供指挥员选择,同时算法产生的航迹能够满足无人机的性能指标函数。

但 PRM 以一个概率地图作为航迹搜索空间,在减小整个搜索空间的同时,也使所生成的航迹局限在这个概率地图的有限节点中,从而导致生成的航迹不够“精细”,一般来说也不是最优航迹,即出现因自身节点的随机选择导致航迹绕弯而为非最优的情况,这就需要对规划出来的航迹进行优化。并且,传统的PRM在学习阶段可能出现节点分布不均,节点特性不满足要求而发生的航迹绕行现象。

3. Dijkstra 最短航迹搜索算法

引理 5.1[149]　最短航迹中的子航迹是最短航迹。

给定权函数为 $w:E\rightarrow R$ 的加权有向图 $G=(V,E)$,设 $p=<v_0,v_1,\cdots,v_k>$ 是从顶点 v_1 到顶点 v_k 的最短航迹,对于任意满足 $1\leqslant i\leqslant j\leqslant k$ 的顶点 i 和 j,设 $p_{ij}=<v_i,v_{i+1},\cdots,v_j>$ 为 p 的从顶点 v_i 到顶点 v_j 的子航迹,那么,p_{ij} 是从顶点 v_i 到顶点 v_j 的最短航迹。

证明　将航迹 p 分为:$v_1\xrightarrow{p_{1i}}v_i\xrightarrow{p_{ij}}v_j\xrightarrow{p_{jk}}v_k$,则有 $w(p)=w(p_{1i})+w(p_{ij})+w(p_{jk})$。现在,假设存在从顶点 v_i 到 v_j 且满足 $w(p'_{ij})<w(p_{ij})$ 的航迹 p'_{ij},则 $v_1\xrightarrow{p_{1i}}v_i\xrightarrow{p_{ij}}v_j\xrightarrow{p_{jk}}v_k$ 是一条权值为 $w(p')=w(p_{1i})+w(p_{ij})+w(p_{jk})$ 的从顶点 v_1 到顶点 v_k 的更短航迹,即 $w(p')<w(p)$,这与假设 p 是从顶点 v_1 到顶点 v_k 的最短航迹相矛盾,则结论成立。

证毕。

在进行航迹寻优时,不仅需要计算最短航迹的权值,同时还要计算最短航迹上的顶点。给定图 $G=(V,E)$,用 $\pi[v]$ 表示顶点 $v\in V$ 的前驱,它或者是一个顶点,或者为 NIL。在最短航迹算法的执行过程中,无须通过 π 值表明最短航迹,我们关注的是 $\{s\}\pi$ 值所导出的前驱子图 $G_\pi=(V_\pi,E_\pi)$。定义顶点集合 V_π 如下:

$$V_\pi=\{v\in V:\pi[v]\neq \mathrm{NIL}\}\cup\{s\} \tag{5.5.2}$$

有向边集 E_π 定义为 V_π 中顶点的 π 值所导出的边集,即

$$E_\pi=\{(\pi[v],v)\in E:v\in V_\pi-\{s\}\} \tag{5.5.3}$$

算法所产生的 π 值具有如下性质:当算法终止时,G_π 就是最短航迹树。这棵树以源点 s 为根,包含了由 s 可达的每一个顶点的一条最短航迹。因此,以 s 为根的最短航迹树是有向子图 $G'=(V',E')$,其中 $V'\subseteq V,E'\subseteq E$。满足:

(1)V' 是 G 中由 s 可达的顶点集合。

(2)G' 形成以 s 为根的有根树。

(3) 对于所有 $v \in V'$，G' 中从 s 到 v 的最短航迹就是 G 中从 s 到 v 的最短航迹。

Dijkstra 算法所基于的是重复应用的松弛操作。对于每个顶点 $v \in V$，都设置一个属性 $d[v]$，用来描述从源点 s 到 v 的最短航迹上权值的上界，称为最短航迹估计(shortest-route estimate)。我们用下面的 $\Theta(V)$ 时间的过程来对最短航迹估计和前趋进行初始化。

```
INITIALIZE - SINGLE - SOURCE(G,s)
for each vertex v ∈ V[G]
do d[v] ← ∞
        π[v] ← NIL
   d[s] ← 0
```

经过初始化以后，对所有 $v \in V$，$\pi[v]=\text{NIL}$，对 $v \in V-\{s\}$，有 $d[s]=0$ 以及 $d[v]=\infty$。

在松弛一条边 (u,v) 的过程中，要测试是否可以通过 u，对迄今找到的 v 的最短航迹进行改进；如果可以改进的话，则更新 $d[v]$ 和 $\pi[v]$。一次松弛操作可以减小最短航迹估计的值 $d[v]$，并更新 v 的前趋域 $\pi[v]$。下面的伪代码对边 (u,v) 进行了一步松弛操作。

```
RELAX(u,v,w)
   if  (d[v] > d[u] + w(u,v))
       then d[v] ← d[u] + w(u,v)
           π[v] ← u
```

Dijkstra 算法[149] 的输入包含了一个有权重的有向图 G，以及 G 中的一个来源顶点 S。以 V 表示 G 中所有顶点的集合，每一个图中的边，都是两个顶点所形成的有序元素对。(u,v) 表示从顶点 u 到 v 有航迹相连。用 E 表示所有边的集合，而边的权重则由权重函数 $w:E \to [0,\infty]$ 定义。因此，$w(u,v)$ 就是从顶点 u 到顶点 v 的非负代价值(cost)，边的代价可以为两个顶点之间的距离。任意两点间航迹的代价值，就是该航迹上所有边的代价值总和。已知有 V 中顶点 s 及 t，Dijkstra 算法可以找到 s 到 t 的最低代价航迹(最短航迹)。这个算法也可以在一个图中找到从一个顶点 s 到任何其他顶点的最短航迹。

用数学语言对最短航迹问题进行描述：给定加权有向图 $G=(V,E)$，定义权函数 w 为边到其上实值的映射 $w:E \to R$。航迹 $p=\langle v_0,v_1,\cdots,v_k \rangle$ 上的权定义为这条航迹边上权值之和，即

$$w(p)=\sum_{k=1}^{k} w(v_{i-1},v_i) \tag{5.5.4}$$

定义从 u 到 v 的最短航迹权值为

$$\delta(u,v)=\begin{cases}\min\{w(p):u\xrightarrow{p}v\}, & \text{从 } u \text{ 到 } v \text{ 存在航迹}\\ \infty, & \text{否则}\end{cases} \tag{5.5.5}$$

因此，从 u 到 v 的最短航迹定义为 u 到 v 且满足 $w(p)=\delta(u,v)$ 的航迹 p。Dijkstra 算法就是找出从某一给定起点 $s\in V$ 到终点 $t\in V$ 的最短路径。

假设有两个集合或者两个表，表 A 和表 B，表 A 代表生成航迹，表 B 代表最后确定的航迹：

(1) 从原点出发，遍历检查所有与之相连的节点，将原点和这些节点存放到表 A 中，并记录下两节点之间的代价。

(2) 代价最小的代价值和这两节点移动到表 B 中(其中一个是原点)。

(3) 这个节点所连接的子节点找出，放入到表 A 中，算出子节点到原点的代价。

(4) 重复(2)～(3)直到表 A 为空，然后根据表 B 中的数据算出最优树。

设 S,$V-S$ 是图的两个顶点集合；S 是已求出的最短航迹的终点集合；$V-S$ 是尚未求出最短航迹的终点集合。

(1) 初始化；

$S=\{s\}$；

distance $(s)=0$；

distance $(u_i)=w(s,u_i)$ 或 ∞，$(u_i\in V-S)$

(s,u_i 不属于图 G 的边时，distance $(u_i)=\infty$)

(2) 选择 distance $(u_k)=\min\{$ distance $(u_i)\mid u_i\in V-S\}$，u_k 为下一条最短航迹的终点；

(3)$S=S\cup\{u_k\}$；

(4) 以 u_k 为“中转”，修正 $V-S$ 中各个顶点 distance；

修正方法如下：

$$\text{distance}\,(u_k)=\min\{\text{distance}\,(u_i),\ \text{distance}\,(u_k)+w(u_k,u_i)\mid\}(u_i\in V-S) \tag{5.5.6}$$

因为，在顶点 u_k 加入到集合 S 中后，源点 s 到 $V-S$ 中剩余的其他顶点 u_i 就又增加了经过顶点 u_k 到达 u_i 的航迹，这条航迹可能要比源点 s 到 u_i 原来的最短的航迹还要短。

举例说，如果原来 u_i 与 s 不直接相连，则 distance $(u_i)=\infty$，但其与 u_k 相连，那么，经过这一步的修正之后，u_i 到源点 s 的距离便由 ∞ 变为了 distance $(u_k)+w(u_k,u_i)$。

(5) 重复(2)～(4) $|V|-1$ 次($|V|$ 为图 G 中顶点的个数)。

经过以上步骤之后，计算出了起点到网络中每个点的最短航迹。然后再从终点经过回溯，得到最短航迹，算法流程如图 5－10 所示。

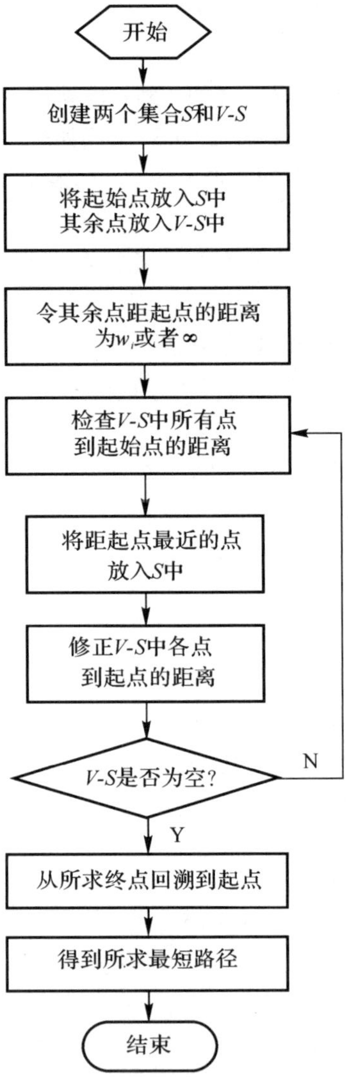

图 5-10　Dijkstra 算法流程图

定理 5.1　用 Dijkstra 算法求解两点之间的最短航迹是正确的。

设 $G=(V,E)$ 为一有向加权图，其加权函数 w 的值为非负，源节点为 s，则在 Dijkstra 算法终止时，对所有 $u\in V$，有 $d[u]=\delta(s,u)$。

证明　将证明对每一节点 $u\in V$，当 u 被插入集合 S 时有 $d[u]=\delta(s,u)$ 成立，且此后该等式一直保持成立。

用反证法。设 u 为插入集合 S 中的第一个满足 $d[u]\neq\delta(s,u)$ 的节点。因为 s 是插入集合 S 的第一个节点，且 $d[s]=\delta(s,s)=0$，所以 $u\neq s$，在 u 被插

入集合 S 前 $S \neq \varnothing$。从 s 到 u 必存在至少一条通路，否则 $d[u]=\delta(s,u) \to \infty$，与假设 $d[u] \neq \delta(s,u)$ 相矛盾。因此从 s 到 u 存在最短路径 p。路径 p 连接集合 S 中的节点 s 和 $V-S$ 中的节点 u。考虑沿航迹 p 的第一个属于 $V-S$ 的节点 y，设 $x \in V$ 是 y 的祖先。因此，航迹 p 可以分解为

$$s \xrightarrow{p_1} x \to y \xrightarrow{p_2} u \text{（}p_1 \text{ 和 } p_2 \text{ 可能为空）} \tag{5.5.7}$$

当 u 被插入 S 时，可以断言 $d[y]=\delta(s,y)$。事实上，由于 $x \in S$，且因为 u 是插入集合 S 且使得 $d[u] \neq \delta(s,u)$ 的第一个节点，所以当 x 被插入集合 S 时，有 $d[x]=\delta(s,x)$。边 (x,y) 在此刻被松弛，因此由收敛性可知上述断言成立。

因为从 s 到 u 的最短路径上 y 出现在 u 之前，且所有边的权均为非负，所以有 $\delta(s,y) \leqslant \delta(s,u)$，因而

$$d[y]=\delta(s,y) \leqslant \delta(s,u) \leqslant d[u] \text{（由上界特性）} \tag{5.5.8}$$

但因为在算法的第(2)步中选择 u 时节点 u 和 y 都属于 $V-S$，所以有 $d[u] \leqslant d[y]$，这样式(5.5.8)中的两个不等式实际上均为等式，于是

$$d[y]=\delta(s,y)=\delta(s,u)=d[u] \tag{5.5.9}$$

最后得到结论 $d[u]=\delta(s,u)$，这与对 u 的假设矛盾。命题得证。

证毕。

4. PRM-Dijkstra 航迹规划算法实现

根据前面的研究分析，可知通常情况下，PRM 在学习阶段和查询阶段结束后得到的航迹为可行航迹。从数学角度讲，仅能作为 UAV 航迹的可行解。这个可行解可能存在不符合无人机最小转弯半径、最大转弯角等约束条件的要求，且一般说来，可行解并不是最优解。而 Dijkstra 算法作为一种最小航迹选择算法，能够在短时间内对节点遍历搜索，在可行解中寻求到最优解，使 UAV 的飞行航迹最短。因此，本小节将 Dijkstra 算法嵌入到概率地图算法中，用于对可行航迹的寻优。

但是，通过 Dijkstra 算法进行航迹寻优时，如果把所有节点均考虑进去，将会使算法的运行时间变得很漫长。因此，为了提高算法效率，本小节从仿真软件程序设计入手，对 Dijkstra 算法求解的初始条件进行改进，在调用 Dijkstra 算法搜索航迹之前，先判断航迹的约束条件，经由约束函数综合判定后，剔除不满足条件的图节点。这样，在航迹搜索前，保证了所有节点均符合各约束条件，节点个数大大减少，从而使 Dijkstra 算法的搜索效率大大提高。

5.5.1.2 无人机编队协同航迹生成

1. 概率地图的生成

给定威胁区域和禁飞区，在有威胁区域和禁飞区的自由规划空间中采样，根据威胁区域和禁飞区的分布，采样点按照一定的概率分布。然后按照一定的近邻原则将邻近的采样点相连，构成一个概率地图。算法描述如下：

步骤 1 $G_n \leftarrow \varphi$;

步骤 2 $G_e \leftarrow \varphi$;

步骤 3 loop:

(a) 按照某种概率随机选择自由点 q，使得 $G_n = G_n \cup \{q\}$。

(b) 设 N_q 为 q 点附近的集合，并且 $N_q \subset F$(自由规划空间)。

for all $q' \in N_q, q' \neq q$

if q 和 q' 不属于同一个连接网(即不在同一个连通图中)且 q 和 q' 之间符合局部路径规划器的判断标准

then $G_e \leftarrow G_e \cup \{(q, q')\}$

(c) 更新地图。在自由规划空间中随机采样点对于空间的每一个坐标轴来说是均匀分布的，为了保证是自由空间点，新采样的规划点都要进行安全检测(该点是否在威胁区域和禁飞区内，或者该点是否与自身相交)。

在步骤 3(b) 中的相邻节点只需要考虑节点集 G_n 中到规划点 q 的距离小于某个给定阈值 $d_{\max}$ 的自由规划点，假设距离函数为 D，则可表示为

$$N_q = \{q' \in G_n \mid D(q, q') \leqslant d_{\max}\} \tag{5.5.10}$$

其中，阈值 $d_{\max}$ 定义为无人机保持同一姿态飞行的最大距离，距离函数 $D(q, q')$ 为两点之间的高斯距离，反映出两个节点间进行局部规划连接的成功率，有

$$D(q, q') = \| \boldsymbol{x}(q) - \boldsymbol{x}(q') \| \tag{5.5.11}$$

其中，$\boldsymbol{x}(q)$ 为 q 点的矢量坐标。

在步骤 3(b) 中，q 的邻域集以到 q 的距离升序排列。然后利用一个局部规划器来确定是否存在局部路径。对于局部规划器来说，最好是这两种情况之一：它是确定性的，或者速度很快。如果局部规划器是确定性的，那么就不用再额外保存局部路径。如果局部规划器速度非常快，则进行调用的代价很小，不过需要密度更高的采样地图，因为如果概率地图比较稀疏的话，局部规划器可能会经常失败。构造概率地图过程如图 5-11 ～ 图 5-13 所示。

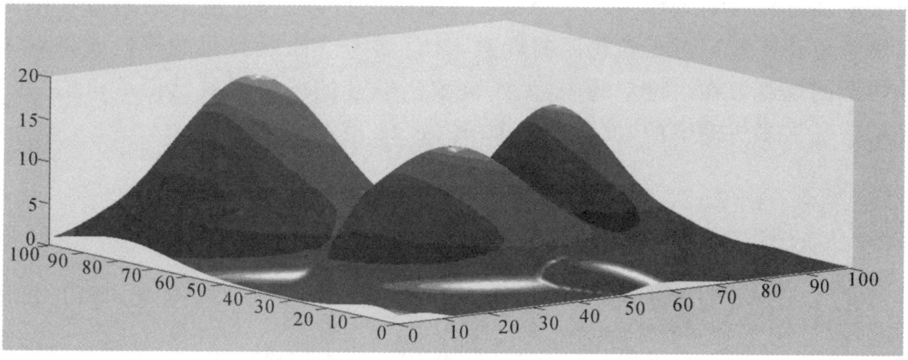

图 5-11　三维自由构建 *C* 空间

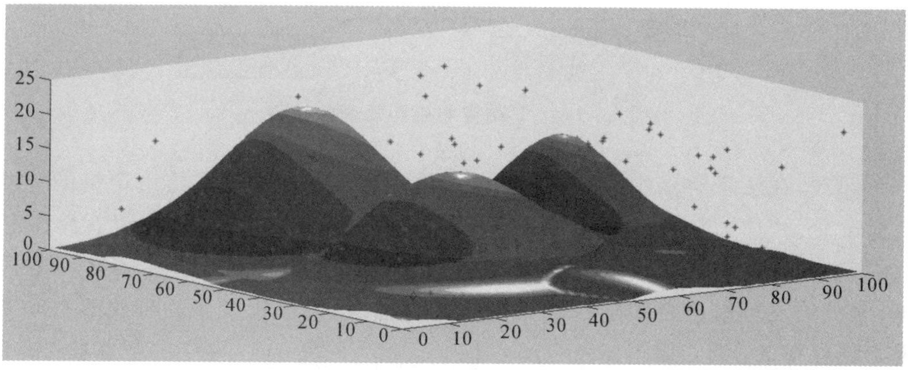

图 5-12　随机采样点的分布

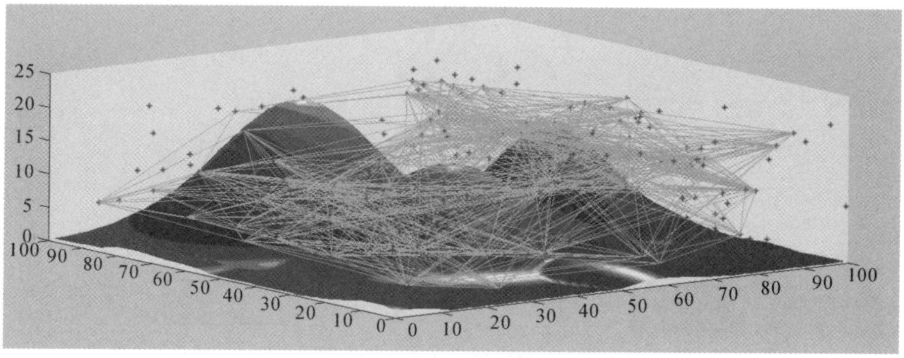

图 5-13　概率地图的生成

2. 无人机编队威胁源规避

(1) 已知威胁源规避。无人机编队飞行时，对于威胁源的规避相比单机要求更加苛刻。当采用“长机-僚机”的编队飞行方式时，航迹规划过程中不但要考虑长机航迹对于威胁源的规避，并且要考虑跟随长机的僚机航迹对于威胁源的规避。在二维空间中，无人机编队航迹的威胁规避已由单机的“线”规避改变为多机编队的“面”规避，如图 5－14 所示。

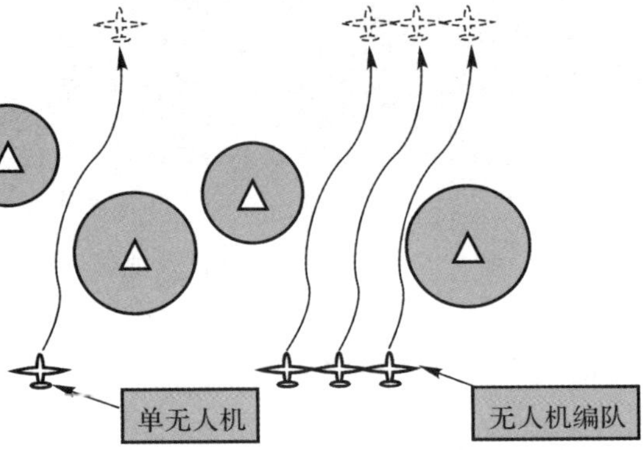

图 5－14　二维空间威胁规避的比较

同理，在三维空间中，无人机编队协同航迹规划威胁规避将由单机的“线”规避改变为“体”规避。以“长机-僚机”的编队飞行方式为例，僚机在跟随长机的航迹时，在编队距离恒定的情况下，此时必须考虑无人机编队之间的距离，僚机的飞行航迹会跟随在以长机航迹为轴线，以僚机航迹为母线的空间不规则圆柱体表面上，如图 5－15 所示。

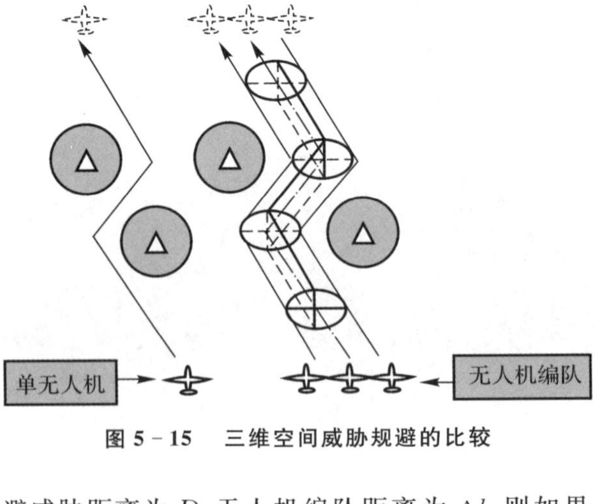

图 5－15　三维空间威胁规避的比较

设长机规避威胁距离为 D，无人机编队距离为 Δl，则如果长机单机飞行时，只考虑自身航迹规避威胁距离 D，若僚机跟随长机编队飞行时，还必须考虑编队距离 Δl。

因此，实际的僚机规避威胁距离为

$$d = D \mp \Delta l \quad (\Delta l_{\min} \leqslant \Delta l \leqslant \Delta l_{\max}) \tag{5.5.12}$$

(2) 突发威胁源规避。无人机编队避障问题是多架无人机协同作战中的关键技术之一，它是在无人机单机航迹规划的基础上，根据战场环境信息，综合考虑无人机导航精度和机动能力的限制，为无人机设计出既满足团队协同的要求，又使整体生存概率最大的飞行轨迹。如图 5-16 所示为由两架无人机组成的编队执行飞行任务的情形，两无人机沿预定航线以预定编队队形飞行，当遇到障碍物时，此时要求打乱队形，并对每个无人机的航迹进行重新规划。在通过障碍区后再重新进行编队飞行。

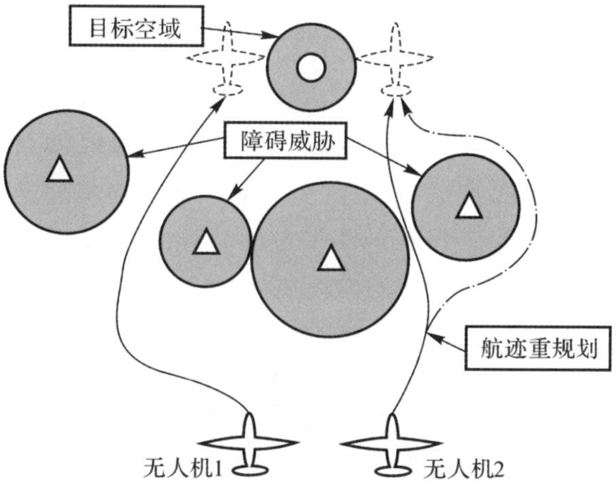

图 5-16　两架无人机绕过障碍物协同到达目标区示意图

3. 基于区域连通的模拟概率地图生成

(1) 威胁源的连通性。在编队保持的多无人机飞行过程中，可行航迹的搜索不仅仅要考虑单机的可行航迹，而且要考虑整个编队的可行航迹。当出现密集型威胁源空间区域时，根据无人机编队规避威胁源的特点，考虑多威胁源之间的连通性，在构建 PRM 概率地图时，将某些威胁源直接进行连通，确保编队飞行的安全性。

如图 5-17 所示，如果无人机编队距离为 Δl，而 A，B 两个威胁源距离 $L < \Delta l$ 时，将 A，B 威胁源进行连通，融合成新的威胁区域 D。此时，无人机编队只考虑威胁源 C 和新构成的威胁源 D，这样在构建 PRM 时，可以提高构建可行航迹路径的效率。

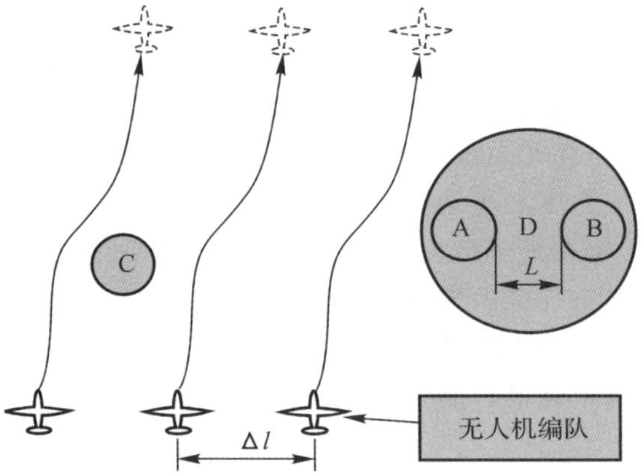

图 5-17　威胁源连通示意图

仿真实例：如图 5-18(a) 所示，初始威胁源参数如下：

- 山峰 A 参数：高度 =20 km，水平坐标(52,60) km，坡度为 10°；
- 山峰 B 参数：高度 =22 km，水平坐标(60,60) km，坡度为 10°；
- 山峰 C 参数：高度 =18 km，水平坐标(30,40) km，坡度为 10°；

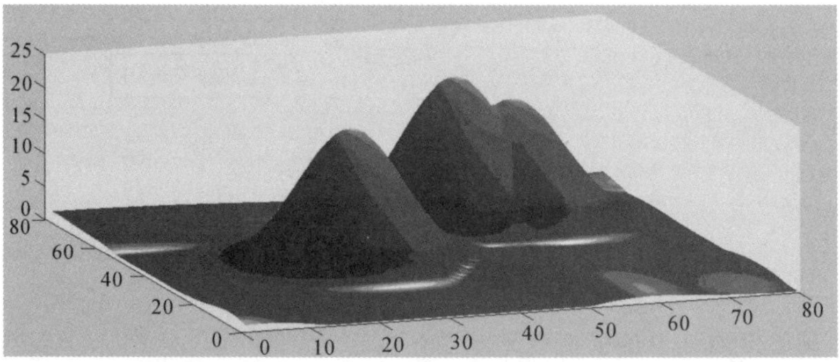

(a)

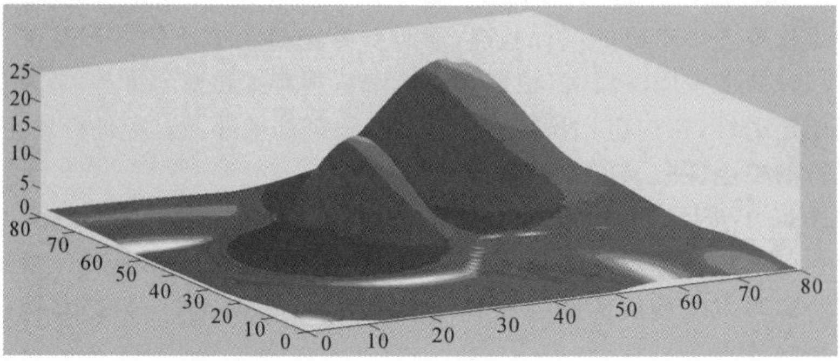

(b)

图 5-18　威胁源的连通过程

(a) 初始威胁源示意图；(b) 连通后的威胁源示意图

· 假设给定无人机编队距离小于威胁源 A,B 之间距离,则 A,B 威胁源连通为新的威胁 D,如图 5-18(b) 所示。威胁源 D 的参数如下:

· 山峰 D 参数:高度 =25 km,水平坐标(56,60) km,坡度为 15°;

(2) 模拟概率地图的生成。将威胁源连通处理后,则可以构成模拟概率地图。给定随机采样点个数为 100,如图 5-19(a) 所示。对于起始点和目标点空间连线区域内,进行地图增强,增强点个数为 100,由三角形表示,如图 5-19(b) 所示。通过对采样点的点检测,给出可行路标节点个数为 103,通过线段检测给出的可行航迹段个数为 1 856,最终构造的模拟 PRM 地图如图 5-19(c) 所示,构图的总耗时为 1.918 7 s。

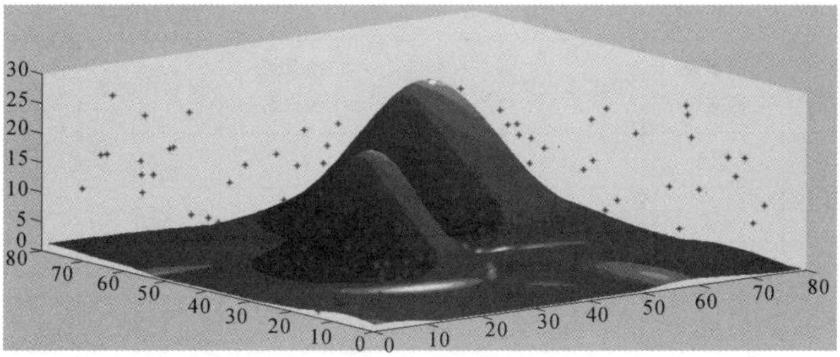

(a)

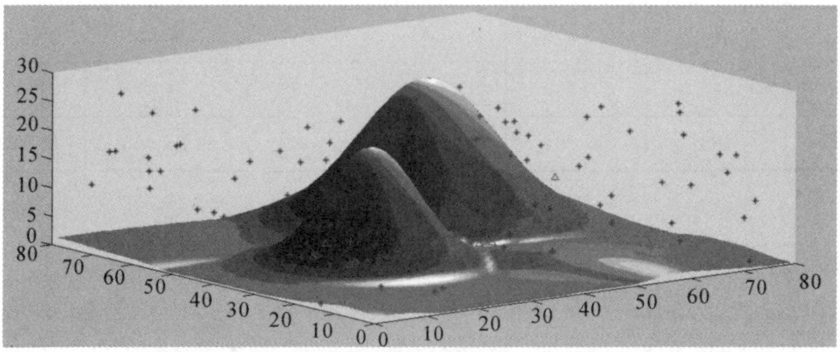

(b)

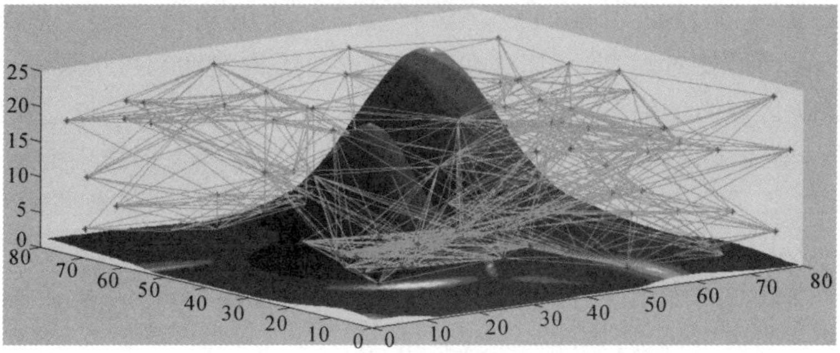

图 5-19　模拟概率地图的生成过程

(a) 初始采样撒点;　(b) 进行地图增强;　(c) 构成模拟概率地图

(3) 模拟PRM与原始PRM的比较。由表5-1可以看出:① 对于PRM算法,随着采样点个数的增加,航迹精度将随之提高,但同时将增大算法的计算负担。② 在采样点数相同的情况下,威胁源经过连通后,在C自由空间中构成模拟PRM,需要搜索的无向图路标点、无向边的个数均小于原始PRM所需个数,因此就免去了不必要的点检测和线段检测,减少了消耗时间,提高了构建PRM概率地图的效率。③ 随着采样点的增多,模拟PRM概率地图构建所需的时间相对于原始PRM所需时间更短,充分体现了模拟PRM概率地图构建时的优越性。

表5-1　模拟PRM与原始PRM构建比较

采样点数	原始PRM			模拟PRM		
	搜索路标点数	搜索线段数	消耗时间/s	搜索路标点数	搜索线段数	消耗时间/s
200	116	2 466	2.998 3	103	1 856	1.918 7
300	154	4 600	5.504 6	130	3 560	4.465 7
400	169	6 022	7.232 4	151	4 584	6.003 9
500	207	9 756	12.420 8	180	7 798	9.234 6
600	229	12 038	15.076 9	203	9 168	10.932 9
800	286	21 006	24.883 2	254	16 556	19.581 6
1 000	345	30 790	37.077 9	293	24 412	29.115 2
1 500	483	65 294	76.801 5	430	57 080	67.342 2

4. 基于Dijkstra算法的路径搜索

在多无人机协同编队飞行的环境模型给定以后,在自由C空间基础上,可以构建无人机协同编队飞行的三维空间概率地图。本章建立的概率地图,主要考虑的是基于地形因素的威胁源模型,当采用随机采样点构成路标(Milestone)时,要考虑PRM算法在学习阶段的可构建性和可扩展性,即将采样在威胁源区域内的路标点舍去,保留在自由C空间中的采样点。在路径的搜索阶段,要注意无向图的连通性,包含两个方面:第一,无向边不能穿越威胁区域;第二,在无向图的构建过程中,要考虑局部规划器的约束条件。

采用Dijkstra最短路径搜索算法,作为多无人机在PRM概率地图中搜索最优路径的算法。如图5-20所示,在概率地图中采用Dijkstra算法搜索到一条最短路径的可飞航迹,用红色实线表示。

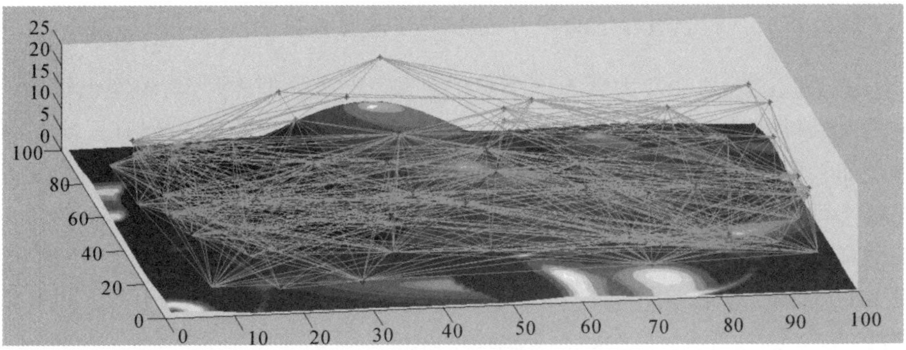

图 5－20　飞行路径的搜索

5. 编队协同航迹规划

对于“长机-僚机”的编队飞行方式，其控制策略主要采用“长机-僚机”方式的编队控制策略[15]。这种控制策略的特点是基于预设的编队结构，通过对长机的航向速度、航向角和高度跟踪，来调整僚机，达到保持编队队形的目的。由于这种控制结构会受到很大的干扰影响，因此针对其特点，很多科研人员采用了鲁棒控制方法、极值搜索控制方法、涡旋调整技术、自适应控制方法和变结构控制方法等多种技术，较好地实现了这种控制策略。

本小节采用“长机-僚机”的编队飞行方式，在一架长机的两侧各跟随一架友机，如图 5－21 所示。图中，红色实线为长机飞行航迹，蓝色点画线为两架僚机飞行航迹。在三维飞行环境模型下，构建飞行域中的概率地图，通过调用 PRM-Dijkstra 算法得到长机的飞行航迹。然后，根据空间编队设计，实时地规划出两条僚机飞行航迹。在整个编队飞行过程中，采用“长机-僚机”方式的编队控制，让僚机实时跟踪长机的飞行速度、保持高度、协同时间等编队飞行参数。

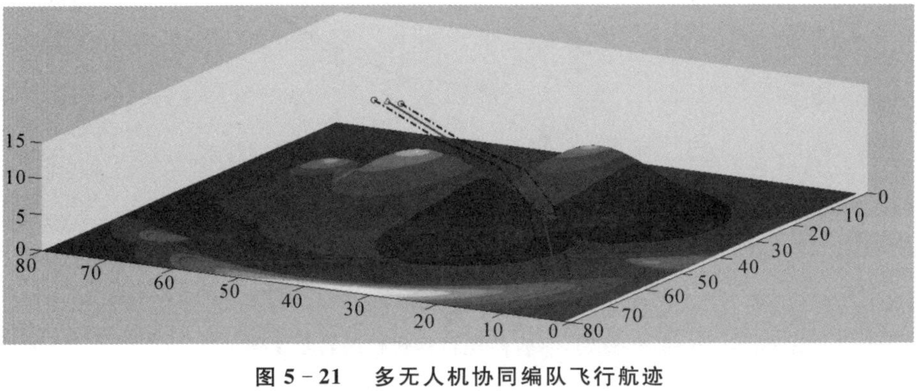

图 5－21　多无人机协同编队飞行航迹

5.5.1.3 基于图形学的可行优先实时重规划算法

由于航迹规划涉及大量不同信息的处理，计算量非常大，其难度也很大。而无人机机载计算机在计算和存储能力以及计算时间等方面都有一定的限制。如果要求突防无人机在飞行的过程中，利用机载设备，根据地形信息实时规划飞行航迹，就不得不考虑这些限制问题，寻求减小计算量和数据存储量的规划算法，当遇到较复杂的问题时，没有充足的时间进行处理，就会影响航迹规划的效果。为此，提出了一种基于图形学的可行优先算法，用于无人机在线重规划。

该算法首先建立目标代价函数，然后通过航迹点产生算法生成$(n\times m)$个航迹点，即将重规划起始点和结束点在x方向上做$n+1$等分，在n条等分线上分别随机产生m个航迹点，最后遍历每个等分线上的m个航迹点得到使得代价函数最小的确定航迹点，进而规划由一系列的坐标点(x_s,y_s)，…，(x_{ij},y_{ij})，…，(x_g,y_g)构成的一条航迹。

1. 目标代价函数

构造良好的评价函数对进化算法非常重要。根据路径规划的实际需求，最优准则应综合考虑航迹的安全性、最短性和易行性。

即重规划航路起始点p_s到航迹目标点p_g之间的可行航迹，需满足以下两点要求，如图 5-22 所示。

(1) 航迹要尽量短，即航迹段$l_{i,i+1}$总长度应该越小越好，满足$\min\left(l_{s,1}+\sum_{i=1}^{n-1}l_{i,i+1}+l_{n,g}\right)$。

(2) 任意航路点p_i应与障碍物不相交且保持一定的安全距离，满足$R_{p_i}>R_T$。

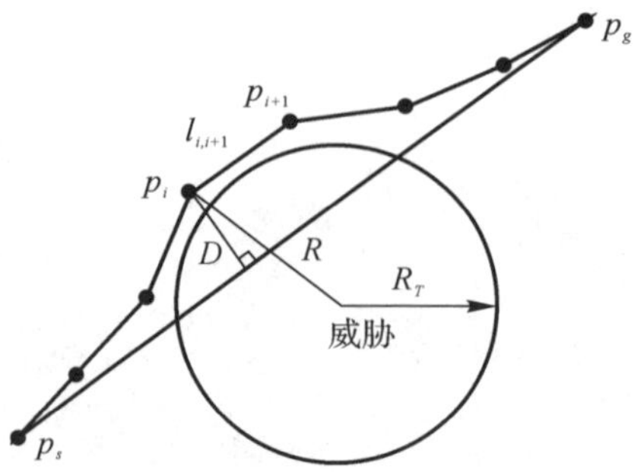

图 5-22 可行航迹目标代价函数示意图

上述两点要求是分别针对航迹段和航迹点，在条件1中，航迹段 $l_{i,i+1}=\int_{t_i}^{t_{i+1}}((x(t))^2+(y(t))^2)^{1/2}\mathrm{d}t$，为构造目标函数，针对航迹最短问题，将航迹段积分求解问题转化为点到线段距离的简单数值求解，针对每一航迹点构造统一的目标优化函数。

在不考虑障碍的条件下，航迹起始点 p_s 和目标点 p_g 的连线为航迹最短路径，若 D 为当前航路点 p_i 到线段 $l_{s,g}$ 的垂直距离，则寻找当前航路点 p_i 对应的 $\min D$ 等价于 $\min\left(l_{s,1}+\sum_{i=1}^{n-1}l_{i,i+1}+l_{n,g}\right)$。

根据当前航路点到威胁中心的距离 R 和到线段 $l_{s,g}$ 的垂直距离，使用简化距离建立代价函数为

$$f=\omega_1 D+\omega_2\frac{1}{R} \tag{5.5.13}$$

求解使 f 最小的航路点 p_i，形成航迹 $\text{track}\{p_s,p_1,\cdots,p_n,p_g\}$。

假设突发威胁源中心 O 的平面坐标为 $(x_t,y_t)^{\mathrm{T}}$，航路起始点坐标为 $(x_s,y_s)^{\mathrm{T}}$，航路目标点坐标为 $(x_g,y_g)^{\mathrm{T}}$，则航路点 p_i：$(x_i,y_i)^{\mathrm{T}}$ 对应的 R，D 如下：

$$R=((x_i-x_t)^2+(y_i-x_t)^2)^{1/2} \tag{5.5.14}$$

$$D=\frac{|Ax_i+By_i+C|}{\sqrt{(A^2+B^2+C^2)}} \tag{5.5.15}$$

其中，

$$A=y_g-y_s,\quad B=-(x_g-x_s),\quad C=(y_s+y_g)x_s-(x_s+x_g)y_s$$

2. 航迹点产生

假设突发威胁圆心为 $O(x_t,y_t)$，威胁半径为 R_T，将重规划起点 $p_s(x_s,y_s)$ 和终点 $p_g(x_g,y_g)$ 在 x 方向上做 $n+1$ 等分，在 n 条等分线上分别随机产生 m 个航迹点，如图5-23所示，产生方式可由下式计算得到：

$$p_{ij}=(x_{ij},y_{ij})\qquad i=1,2,\cdots,n;j=1,2,\cdots,m$$

For　$i=1:n$

　　For　$j=1:m$

$$x_{ij}=x_s+\frac{x_g-x_s}{n+1}i$$

$$y_{ij}=\left(\frac{x_{ij}-x_s}{x_g-x_s}(y_g-y_s)+y_s\right)\pm(y_g-y_s)\,|\mathrm{rand}(\ )|$$

$$R_{ij}=((x_{ij}-x_t)^2+(y_{ij}-x_t)^2)^{1/2}$$

　　If　$R_{ij}<R_T$

　　　$j=j-1$;

End

End

其中,rand( )为[0,1]上的随机数。

使用上述产生方法可以生成($n\times m$)个有效的航迹点,如图5-23所示。

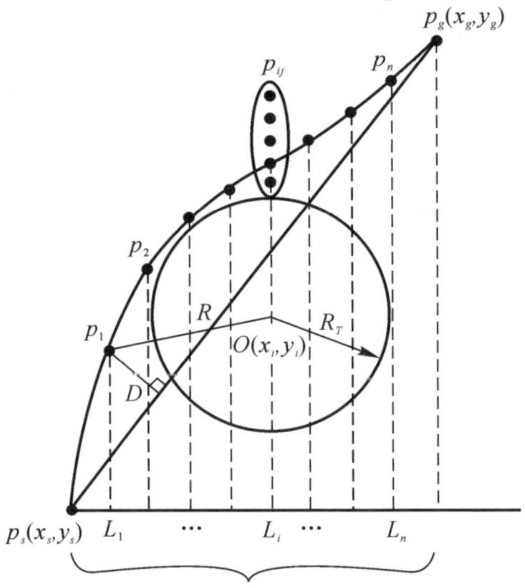

图5-23　航迹点产生示意图

使用判断语句剔除所有威胁范围内的航迹点,产生无碰撞点,遍历每个等分线上的m个航迹点得到使得代价函数最小的确定航迹点,进而规划由一系列的坐标点(x_s,y_s),(x_{1j},y_{1j}),…,(x_{ij},y_{ij}),…,(x_g,y_g)构成的一条航迹。

3.算法流程

Step 1:建立起点$A(x_a,y_a)$和目标点$B(x_b,y_b)$连线的直线方程$\dfrac{y-y_a}{y_b-y_a}=\dfrac{x-x_a}{x_b-x_a}$;

Step 2:判断威胁圆心O在线段AB的哪一侧,即$y_t=\dfrac{x_t-x_a}{x_b-x_a}(y_b-y_a)+y_a$,若$y_t<y$则在下方;反之,在上方;

Step 3:起点A和目标点B在x方向上做$n+1$等分,在n条等分线上分别随机产生m个航迹点,产生方式:

If　$y_t<y$

$$P_{ij}=(x_{ij},y_{ij})\quad i=1,2,\cdots,n,\quad j=1,2,\cdots,m$$

$$x_{ij}=x_a+\frac{x_b-x_a}{n+1}j$$

$$y_{ij}=\left(\frac{x_{ij}-x_a}{x_b-x_a}(y_b-y_a)+y_a\right)+(y_b-y_a)\,|\mathrm{rand}(\ )|$$

Else

$$P_{ij}=(x_{ij},y_{ij})\quad i=1,2,\cdots,n,\quad j=1,2,\cdots,m$$

$$x_{ij}=x_a+\frac{x_b-x_a}{n+1}j$$

$$y_{ij}=\left(\frac{x_{ij}-x_a}{x_b-x_a}(y_b-y_a)+y_a\right)-(y_b-y_a)\,|\mathrm{rand}(\ )|$$

同时满足

$$((x_{ij}-x_t)^2+(x_{ij}-x_t)^2)^{1/2}>R_T$$

Step 4:计算每条等分线上使代价函数 f 最小的航迹点 $P_i(x_i,y_i)$;

Step 5:形成满足最小代价函数的一条航迹。

4. 仿真实验

二维平面上,对单一突发威胁使用快速重规划算法进行仿真,威胁圆心坐标为(15,13) km,半径为 4 km;重规划起始点为(1,1) km,结束点为(24,24) km;$N=20$,$M=100$。

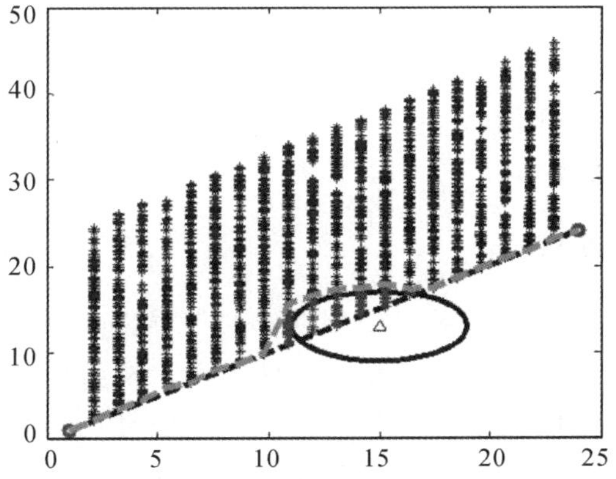

图 5-24　二维平面单威胁实时重规划示意图

由图5-24可以看出,使用基于可行优先的实时重规划算法在当前仿真条件下,经过 0.132 0 s 在突发威胁下为无人飞行器规划出一条可行航迹,通过调整采样等分线数(N)和采样点数(M)可以控制航迹的精细度。从仿真时长可以看出此算法完全使用于在线航迹规划。

将算法推广到二维平面多威胁重规划问题上，假设在重规划起始点和目标点有5个突发威胁，圆心坐标分别为[(5,8)；(11,5)；(12,20)；(15,13)；(21,18)] km，威胁半径为[4；2；2；3.5；3] km，为了提高算法速度，降低采样点数，选取 $N=10, M=50$。

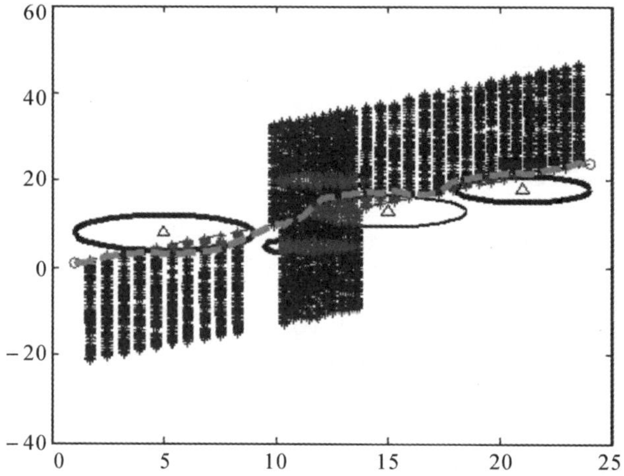

图 5－25　二维平面多威胁实时重规划示意图

多突发威胁下使用该算法仿真时长仅为0.563 8 s，由实时重规划得到的航迹可使无人飞行器有效地躲避突发多威胁源，如图5-25所示。由以上分析可以看出，基于图像学的可行优先算法可以根据分割点的密度平衡算法时间和航迹精度，通过几何图形分割控制采样范围，减小搜索区域，从而提高算法效率，适用于在线重规划。

5.5.1.4　航迹的平滑

根据无人机自身物理限制，引入约束条件到航迹规划过程中，可以对原始航迹进行优化，进而得到比较光滑并且易于无人机实际飞行的航迹。如图5－26(a)所示，在平滑前，整个编队的规划航迹波动比较大，特别是爬升角/俯冲角都很大，而在实际无人机飞行中，受自身物理约束条件的影响，难以按此航迹飞行。因此，引入转弯角、爬升角/俯冲角、最小转弯半径、最小航路段长度、航路长度等约束条件后，对其进行平滑，平滑结果如图5－26(b)所示。

仿真实例：

- 仿真飞行区域：$80\times80(km^2)$；
- 山峰A参数：高度＝10 km，水平坐标(25,30) km，坡度为12°；
- 山峰B参数：高度＝12 km，水平坐标(40,50) km，坡度为15°；

- 山峰 C 参数：高度 =8 km，水平坐标(55,46) km，坡度为 12°；
- 长机 q_{init} 坐标：(10,5,5) km；
- 长机 q_{goal} 坐标：(60,70,6) km；
- 最低飞行高度：h_c =2 km；
- 最大转弯角：60°；
- 爬升角 / 俯冲角：30°。

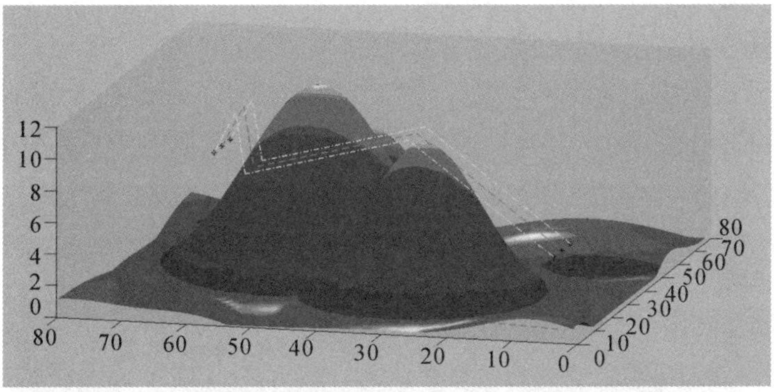

(a)

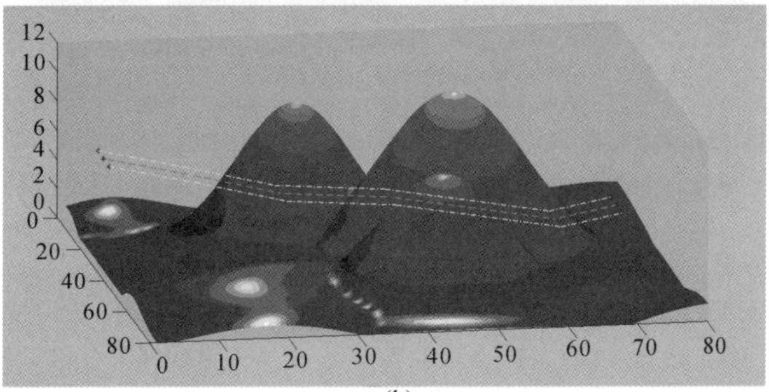

(b)

图 5－26　多无人机协同编队飞行航迹平滑

(a) 平滑前的编队飞行航迹；(b) 平滑后的编队飞行航迹

5.5.1.5　仿真实验

1. 编队离线协同规划仿真

在使用 GUI 做多无人机协同编队飞行三维航迹规划时，需要考虑飞行器飞行约束的限制条件，本章协同编队飞行航迹规划仿真实验环境参数为：

- 硬件环境：P4 3.0G CPU，1G 内存。
- 软件环境：Matlab－GUI。

- 仿真飞行区域：80 × 80(km^2)；
- 最大爬升角：30°；
- 山峰 A 参数：高度 =10 km，水平坐标(25,30) km，坡度为 12°；
- 山峰 B 参数：高度 =12 km，水平坐标(40,50) km，坡度为 15°；
- 山峰 C 参数：高度 =8 km，水平坐标(55,46) km，坡度为 12°；
- 长机 q_{init} 坐标：(10,5,3) km；
- 长机 q_{goal} 坐标：(75,70,8) km；
- 最低飞行高度：h_c =2 km；
- 地形最大坡度角：α =30°。

采用 PRM-Dijkstra 算法规划出的协同编队航迹如图 5-27 所示。

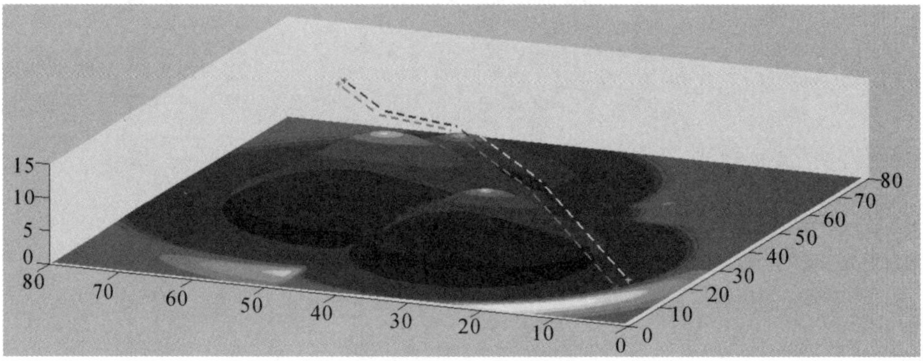

图 5-27　多无人机离线协同编队飞行航迹

输出结果：

UAV1 航迹位姿点坐标值：(10.000 0,5.000 0,3.000 0)，(29.513 3，25.264 9，10.448 8)，(48.591 1,43.716 0,11.485 2)，(65.598 5,60.649 0，7.091 7)，(75.000 0,70.000 0，8.000 0)(km)。

UAV2 航迹位姿点坐标值：(8.000 0,5.000 0,3.000 0)，(27.513 3，25.264 9，10.448 8)，(46.591 1，43.716 0，11.485 2)，(63.598 5，60.649 0，7.091 7)，(73.000 0，70.000 0，8.000 0) (km)。

UAV3 航迹位姿点坐标值：(12.000 0,5.000 0,3.000 0)，(31.513 3，25.264 9，10.448 8)，(50.591 1，43.716 0，11.485 2)，(67.598 5，60.649 0，7.091 7)，(77.000 0，70.000 0，8.000 0) (km)。

航迹代价为：93.352 3 km。

由图 5-27 可以看出在离线情况下，长机在此次概率地图构建后，搜索 PRM 算法能够规划出最优的三维航迹。同时，其他两架僚机跟随长机航迹，不但能避开环境威胁源，而且在整个协同编队飞行的过程中，保持了队形的一致性。从而验证了 PRM-Dijkstra 算法在多 UAV 三维离线协同编队飞行航迹规划中的有效性。

2. 编队实时协同规划仿真

在离线规划航迹上，若受到新的实时突现威胁，则无人机编队必须进行实时规划，实时规划的参数与 3D 离线的仿真分析类似。飞行区域选取 $80\times 80(km^2)$，最大拐弯角和最大爬升 / 俯冲角分别为60° 和30°，最小步长为 12 km，最大邻域距离为 30 km，最大航迹距离为 172.58 km，无人机的最小离地高度为 3 km。地形威胁源模型与离线航迹规划环境模型一致。

UAV1 起始点坐标为(5,5,3) km；目标点坐标为(70,60,8) km；UAV2 起始点坐标为(3,5,3) km；目标点坐标为(68,60,8) km；UAV3 起始点坐标为(7,5,3) km；目标点坐标为(72,60,8) km。

实时威胁参数坐标为(40.606 7, 30.214 5, 10.889 0) km，半径为1.8 km。

在离线规划基础上，当遇到新的实时威胁源时，运行实时航迹规划算法，其航迹仿真结果如图 5－28 所示。

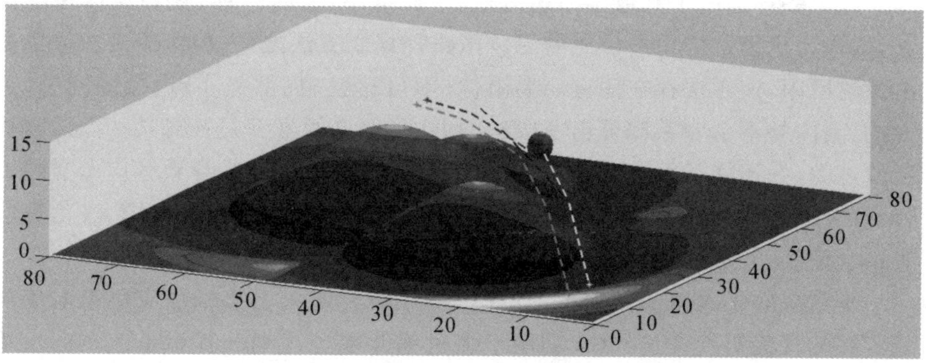

图 5－28　多无人机实时协同编队飞行航迹

输出结果：

· 实时航迹位姿点坐标：(31.310 9, 19.810 1, 7.428 6)，(42.104 2, 31.717 1, 10.008 9)，(58.000 0, 46.000 0, 11.000 0)(km)。

· 实时航迹代价值为：37.669 7 km。

· 离线航迹总代价值为：86.544 2 km。

· 实时航迹总代价值为：86.376 6 km。

由图5－28 可以看出在环境威胁源模型已知的情况下，三架无人机进行离线协同编队航迹规划。在编队飞行过程中，当僚机 UAV3 的离线航迹上出现实时威胁(如敌机火力威胁) 时，则进行威胁源的规避成为 UAV3 的首要任务，这时可以暂时不考虑队形的保持，搜索实时航迹规划算法，对实时威胁进行避障检测。在绕过突现威胁以后，UAV3要考虑长机的协同时间，在适当的航迹节点回归到队伍中。在这个过程当中，如果距离的协同难以完成，则UAV3必须实时改变自身的飞行速度，以达到最终编队飞行的协同时间。在UAV3飞入离线航迹节点之后，则三架飞机按照原有离线编队航迹，协同飞入目标区域。

5.5.2　基于改进人工势场法的无人机编队协同航迹规划

编队巡航要求各无人机保持其在队列中的相对位置不变。一般的保持策略是在编队中的每架无人机保持与队列中约定点的相对位置不变，而当这个约定点是长机的时候，这个保持策略就称为跟随保持。在无人机编队巡航任务约束下，航迹规划的目的就是为长机规划出最优或次优的飞行航迹，通过编队控制策略完成僚机与长机的编队保持。在此航迹规划过程中，需要重点考虑编队避撞和编队控制问题。

人工势场法由于其数学描述清晰，计算量小，实时性强，规划速度快等优点，迄今为止仍是应用最广泛的无碰撞路径规划方法之一，但由于人工势场法本身的原因，该方法存在固有的局限性（不可达性、局部极小点、振荡问题）。为此，国内外不少专家都提出了改进的办法，但是通常都是针对某一点局限提出改进的，并不能从根本上解决人工势场法所有的局限性，导致其应用受限。就目前研究现状，飞行器航迹规划中人工势场法一般与Voronoi图、进化算法等结合使用，完成航迹规划的后期处理，其优势并没有得到很好的发挥。

本章在多无人机编队保持的情况下，针对传统人工势场法应用于航迹规划存在的缺陷进行改进，并成功用于多机编队航迹规划。提出了改进的人工势场模型：使用改进斥力势场函数，考虑无人机与目标的相对距离，确保目标点为整个势场的全局最小点，解决了威胁与目标点过近导致的目标不可达问题；使用随机波动法，解决了无人机陷入局部最小点而导致的规划失败问题；考虑传统势场法的振荡问题，提出障碍物联通法。同时，使用人工势场法进行编队控制，保持编队保持下的无人机编队距离。仿真结果表明，利用这种方法很好地实现了无人机编队的航迹规划。

5.5.2.1　人工势场

1. 人工势场基本原理

人工势场法（Artificial Potential Fields method，APF）是路径规划的重

要方法之一，最初由 Khatib[150] 于 1985 年提出，并成功应用于机器人操作臂的避障运动规划上，实现了机械臂的实时避障。后来这种方法被大量应用于移动机器人的路径规划，它将物理学中场的概念引入到规划环境的表达当中，其基本思想是将机器人在周围环境中的运动，设计成一种抽象的人造引力场中的运动，目标点对移动机器人产生“引力”，障碍物对移动机器人产生“斥力”，最后通过求合力来控制移动机器人的运动。

人工势场法不需要利用图形的形式表示规划空间，而是将物体的运动看成是两种力作用的结果：一种是吸引力，它将运动物体拉向目标点；一种是排斥力，它使物体远离障碍物和威胁源。这样物体总是沿着合力的方向运动。人工势场法最初是为机器人的在线导航而提出的，后来也被用于离线航迹规划中。该方法的一个显著特点是规划速度快，但是可能找不到航迹，从而导致规划失败。

人工势场法可以采用不同的势场函数表达形式，这和路径规划效果是有区别的，但它们的基本原理都是一致的。不存在局部最小值的势场函数应具有下述性质，在势场的选取时应适当注意：

(1) 在远离障碍物的表面处，等势面呈球对称，以避免与吸引势场函数叠加后构成局部最值；

(2) 在障碍物表面附近，等势面应与障碍物表面形状近似，以尽量减小有效工作空间的损失；

(3) 障碍物势函数应当有一个有限的范围；

(4) 势函数与势函数梯度应当连续。

常用的势场法是梯度势场法。势场的负梯度作为作用在物体上的虚拟力，障碍物对物体产生斥力，目标点产生引力，引力和斥力的合力作为物体的加速力，该力“推动”物体向着目标做无碰撞运动。

势场函数分为斥力势函数和引力势函数，势场函数应该满足连续和可导等一般势场所具有的性质，同时需满足飞行器避障的要求。飞行器 V、障碍物 O、目标点 G 相对位置如图 5-29 所示，在势场中，由目标点 G 产生的势场对飞行器 V 产生吸引作用，且距离 ρ_G 越远，引力作用越大，即飞行器 V 与目标点 G 越远，说明 V 具有的势能越大，反之越小；由障碍物 O 产生的势场对飞行器 V 产生排斥作用，且距离 ρ 越近，排斥作用越大，即飞行器 V 与障碍物 O 越近，说明 V 具有的势能越大，反之就越小，这种势场和电势场的引力场极其类似，与距离成反比。

传统势场法中势场的构造是应用引力与斥力共同对飞行器产生作用(在势场构造中，下标 o 表示障碍物，g 表示目标点)，表示为

$$U = U_o + U_g \tag{5.5.17}$$

式中，U 为总势场；U_o 为斥力场；U_g 为引力场。飞行器的受力示意图如图 5－29 所示。

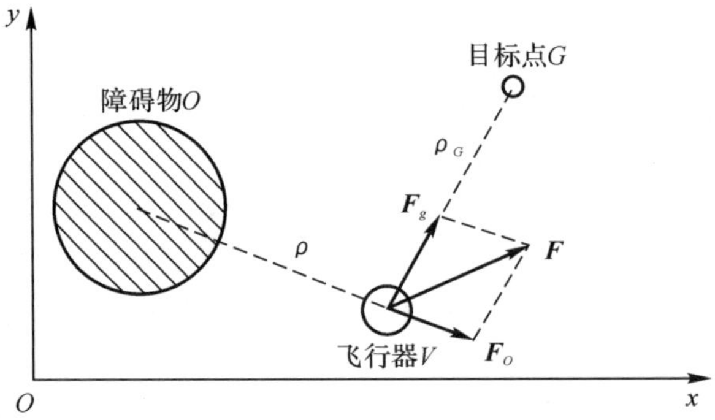

图 5－29　势场中飞行器的受力图

飞行器的合力表示如下：

$$\boldsymbol{F}=\boldsymbol{F}_o+\boldsymbol{F}_g \tag{5.5.18}$$

式中，$\boldsymbol{F}_o$ 为斥力；$\boldsymbol{F}_g$ 为引力；$\boldsymbol{F}$ 为合力，决定了飞行器的运动。其中，

$$\boldsymbol{F}_o=-\mathbf{grad}(\boldsymbol{U}_o)=-\left(\frac{\partial U_o}{\partial x}\boldsymbol{i}+\frac{\partial U_o}{\partial y}\boldsymbol{j}+\frac{\partial U_o}{\partial z}\boldsymbol{k}\right) \tag{5.5.19}$$

$$\boldsymbol{F}_g=-\mathbf{grad}(U_g)=-\left(\frac{\partial U_g}{\partial x}\boldsymbol{i}+\frac{\partial U_g}{\partial y}\boldsymbol{j}+\frac{\partial U_g}{\partial z}\boldsymbol{k}\right) \tag{5.5.20}$$

设 q 为处于二维搜索空间中的一点，则该点的引力势函数和斥力势函数分别定义为

$$U_{\text{att}}(q)=\frac{1}{2}k\rho_G^2(q) \tag{5.5.21}$$

$$U_{\text{rep}}(q)=\begin{cases}\dfrac{1}{2}m\left[\dfrac{1}{\rho(q)}-\dfrac{1}{\rho_0}\right]^2, & \rho(q)\leqslant\rho_0\\ 0, & \rho(q)>\rho_0\end{cases} \tag{5.5.22}$$

式中，k 和 m 是引力增益和斥力增益；$\rho_G(q)$ 和 $\rho(q)$ 分别为 q 到目标点和障碍物的距离；ρ_0 是障碍物最大影响距离。

此时，q 点受到目标点的吸引力和威胁点的斥力分别为该点引力势函数和斥力势函数的负梯度

$$F_{\text{att}}(q)=-\mathbf{grad}(U_{\text{att}}(q))=k\rho_G(q) \tag{5.5.23}$$

$$F_{\text{rep}}(q)=-\mathbf{grad}(U_{\text{rep}}(q))=\begin{cases}m\left[\dfrac{1}{\rho(q)}-\dfrac{1}{\rho_0}\right]\dfrac{1}{\rho^2(q)}, & \rho(q)\leqslant\rho_0\\ 0, & \rho(q)>\rho_0\end{cases} \tag{5.5.24}$$

对于多个障碍物可以采用势场的叠加性得到多个障碍物的斥力势场。此

时，总的势场U可表示为

$$U = U_{\text{att}} + \sum_{i=1}^{n} U_{\text{rep}i} \tag{5.5.25}$$

引力和斥力的合力为

$$F = F_{\text{att}} + \sum_{i=1}^{n} F_{\text{rep}i} \tag{5.5.26}$$

式中，n为障碍物个数。

2. 传统人工势场法存在的缺点

人工势场法是路径规划传统算法中比较成熟且高效的规划方法，应用人工势场法时，障碍物的分布情况及其位置等信息反映在环境中的势场值中，即势场反映了环境的拓扑结构。人工势场法与全局规划相比具有计算量小、实时性等优点，同时，系统的路径生成与控制直接与环境实现了闭环，从而大大加强了系统的适应性与避障性能，路径光滑，便于飞行器飞行。

在20多年的研究发展中，人工势场法已从传统的静态势场研究变为动态势场研究，且被从单个机器人移植到多机器人系统中，用于研究多机器人的运动问题，不仅如此，还被用在了诸如飞行器、航天器等的航迹规划问题上。

但是，人工势场法存在如下几点问题：

(1) 不可达性：当目标附近有障碍物时，飞行器将永远也到达不了目的地。在以前的许多研究中，目标和障碍物都离得很远，当飞行器逼近目标时，障碍物的斥力变得很小，甚至可以忽略，飞行器将只受到吸引力的作用而直达目标。但在许多实际环境中，往往至少有一个障碍物与目标点离得很近，在这种情况下，在飞行器逼近目标的同时，它也将向障碍物靠近，如果利用以前对引力场函数和斥力场函数的定义，斥力将比引力大得多，这样目标点将不是整个势场的全局最小点，也就是局部最优点问题。因此飞行器将不可能到达目标。这样就存在局部最优解的问题，因此如何设计"引力场"问题就成为该方法的关键。

(2) 局部极小点：另一个缺点就是存在一个局部极小点的问题，因为斥力与引力共同对无人飞行器作用，当目标点对飞行器的引力等于障碍物对其产生的斥力时，算法会产生局部极小点，需要引入其他量对飞行器进行控制。

(3) 振荡问题：如果飞行器的航迹上存在狭窄区域，在引力和斥力的作用下，容易发生振荡现象，导致飞行器左右来回运动，不能继续前进，造成了规划的不稳定。

目前，对人工势场法进行改进的方法可分为三大类：

(1) 寻找更好的势场函数，使势场中出现极小值的概率减小。文献[151]通过改变斥力方向来保证斥力与引力的夹角不大于90°，从而避免了局部极小点问题的出现。

(2) 将人工势场法和别的方法融合来克服人工势场的缺点。文献[152]提出的基于稀疏矩阵 $\mathbf{A}^*$ 和改进的人工势场的路径规划，文献[153]提出的粒子群与改进人工势场法相融合的方法。

(3) 基于行为的人工势场方法。文献[154]引入沿墙走行为，解决振荡问题。

就第一种方法而言，随着势函数的改进算法会越来越复杂，很难找到一种能够完全达到要求的势函数，只能使出现极小值的概率减小，而第二种方法，虽然能够解决人工势场的一些缺点，但是其通常只是作为后期处理工作，加之一些算法过于复杂，可靠性不佳，导致其实用性受限；对于第三种方法，由于机器人的机动灵活性等特点，比较适合机器人路径规划，并不适合飞行器的航迹规划。本章在实际应用的背景下对算法进行了改进：针对目标不可达的问题，采用改进斥力势场函数，将无人机与目标的相对距离考虑在内，确保了目标点为整个势场的全局最小点；针对局部极小点问题，采用随机波动法，通过添加附加控制力，使其跳出局部最小点；针对振荡问题，采用障碍物联通法，通过对障碍物的统筹规划，大大降低了无人机陷入振荡区域的概率。

5.5.2.2 改进的人工势场法

1. 改进斥力势场函数

传统人工势场法中，局部最小问题产生的根本原因是当飞行器靠近目标时，引力场急剧衰减而斥力场不断增强，使得飞行器不能到达目标。

针对人工势场法目标不可达问题，王会丽等人[155]对势场函数作了改进。新的斥力势场函数加入机器人与目标之间的相对距离 $\rho_G(q)$，将原有斥力场函数乘以一个因子 $(\rho_G(q))^n$，使得目标位置处斥力为 0，从而确保目标点为整个势场的全局最小点，使得移动机器人能够顺利到达目标。

改进的斥力场函数为

$$U_{\mathrm{rep}}(q)=\begin{cases}\dfrac{1}{2}m\left[\dfrac{1}{\rho(q)}-\dfrac{1}{\rho_0}\right]^2(\rho_G(q))^n, & \rho(q)\leqslant\rho_0\\ 0, & \rho(q)>\rho_0\end{cases} \tag{5.5.27}$$

式中，n 为一个大于零的任意实数。与公式(5.5.22)相比，引入了飞行器与目标点之间的相对距离 $\rho_G(q)$，保证了整个势场仅在目标点全局最小。

此时的斥力为

$$F_{\mathrm{rep}}(q)=-\mathbf{grad}(U_{\mathrm{rep}}(q))=\begin{cases}\boldsymbol{F}_{\mathrm{rep1}}(q)+\boldsymbol{F}_{\mathrm{rep2}}(q), & \rho(q)\leqslant\rho_0\\ \mathbf{0}, & \rho(q)>\rho_0\end{cases} \tag{5.5.28}$$

其中，

$$\boldsymbol{F}_{\text{rep1}}(q)=m\left(\frac{1}{\rho(q)}-\frac{1}{\rho_0}\right)\frac{1}{\rho^2(q)}(\rho_G(q))^n\frac{\partial\rho}{\partial X} \tag{5.5.29}$$

$$\|\boldsymbol{F}_{\text{rep1}}(q)\|=m\left(\frac{1}{\rho(q)}-\frac{1}{\rho_0}\right)\frac{1}{\rho^2(q)}(\rho_G(q))^n \tag{5.5.30}$$

$$\boldsymbol{F}_{\text{rep2}}(q)=-\frac{n}{2}m\left(\frac{1}{\rho(q)}-\frac{1}{\rho_0}\right)^2(\rho_G(q))^{n-1}\frac{\partial\rho_G(q)}{\partial X} \tag{5.5.31}$$

$$\|\boldsymbol{F}_{\text{rep2}}(q)\|=\frac{n}{2}m\left(\frac{1}{\rho(q)}-\frac{1}{\rho_0}\right)^2(\rho_G(q))^{n-1} \tag{5.5.32}$$

式中，$\boldsymbol{F}_{\text{rep1}}(q)$ 和 $\boldsymbol{F}_{\text{rep2}}(q)$ 为 $\boldsymbol{F}_{\text{rep}}(q)$ 的两个分力：$\boldsymbol{F}_{\text{rep1}}(q)$ 指向飞行器；$\boldsymbol{F}_{\text{rep2}}(q)$ 指向目标点；$\|\boldsymbol{F}_{\text{rep1}}(q)\|$ 和 $\|\boldsymbol{F}_{\text{rep2}}(q)\|$ 分别为各自矢量的模。

飞行器在势场中受力如图 5－30 所示。

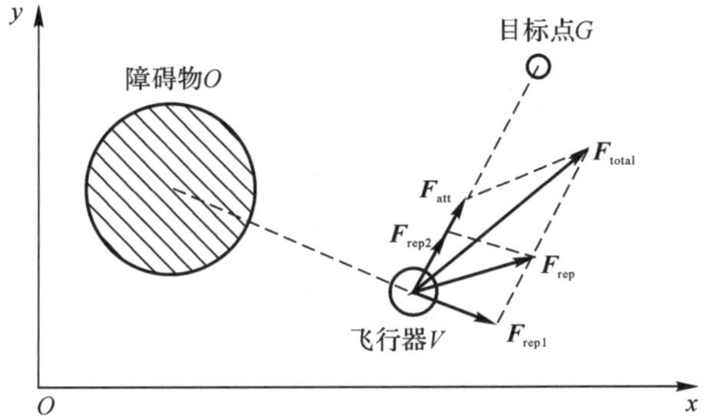

图 5－30　飞行器所受障碍物斥力和目标点吸引力示意图

2. 随机波动法

当引力和斥力相互角度为 180°，且斥力和引力大小达到某个平衡或者接近平衡的时候，局部极小情况就会出现，如图 5－31 所示。

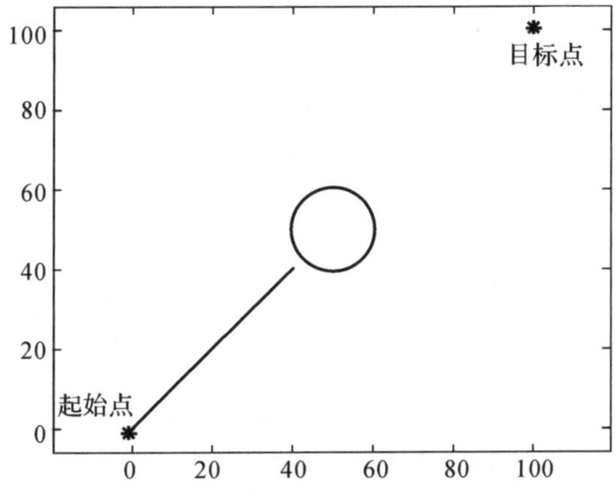

图 5－31　飞行器陷入局部极小点示意图

为了保留人工势场法计算简洁、实时性强的优点，针对人工势场的局部极小点问题，采用随机波动法进行改进。其基本思想是在原有的引力函数和斥力函数的基础上进一步引入"随机波动函数"$\boldsymbol{F}_{\text{help}}$帮助，使飞行器迅速脱离局部极小点位置，其大小为$w\|\boldsymbol{F}_{\text{att}}(q)\|$，$w$为正比例系数；方向垂直于飞行器当前位置与目标点的连线，且满足右手法则。飞行器先在引力函数和斥力函数的共同作用下飞行，当出现局部极小点时，马上引入局部波动函数帮助飞行器脱离该位置，然后继续在引力函数和斥力函数的作用下飞向目标点，算法流程如图5-32所示。当合力为0，飞行器暂停前进时，判断是否到达终点，如果是，则结束，如果否，则再添加一个附加控制力。

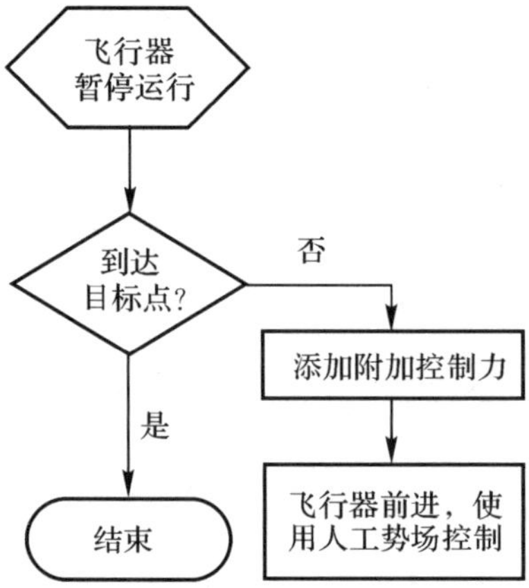

图5-32　随机波动法流程图

利用随机波动法后的飞行器仿真轨迹如图5-33所示，由图可明显看出，使用随机波动法可使飞行器摆脱图5-31中出现的局部极小点，顺利到达目标点。

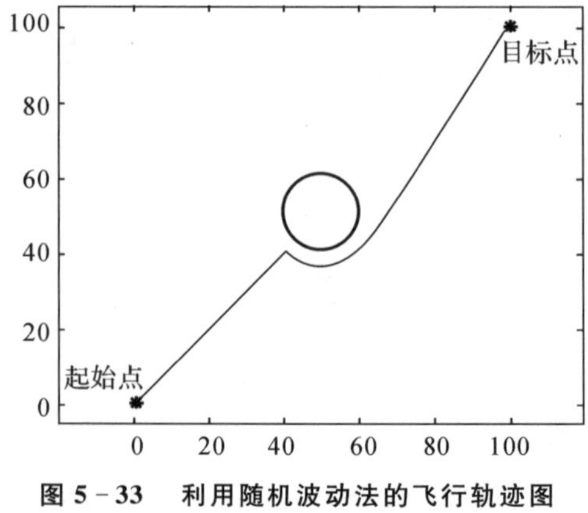

图5-33　利用随机波动法的飞行轨迹图

3. 障碍联通法

利用人工势场法进行航迹规划时，当障碍物分布比较密集时，飞行器可能在某一区域振荡，导致航迹规划失败，严重限制了人工势场法的应用，如图 5－34 所示。

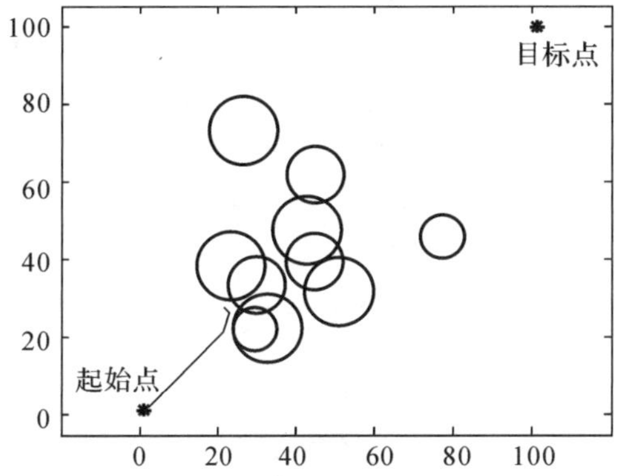

图 5－34　飞行器陷入振荡示意图

通常，利用人工势场法进行机器人路径规划时，由于机器人的智能性，陷入振荡的时候，可以通过停止、转弯，甚至掉头，来跳出局部最小点。但是由于飞行器的机动特性（飞行速度快，无法立刻转弯、停止、掉头），不能等到飞行器已经陷入困境中时，再寻求解决办法，所以通常的用于解决机器人路径规划的逃逸法[156-157]并不适用于飞行器的航迹规划。文献[158]提到一种简单的障碍物连接法，将产生局部最小点的区域内的障碍物进行连接，从而避免机器人在重新进行路径规划时再度陷入局部最小状态，该方法是在机器人已经陷入局部最小状态后再进行补救，显然飞行器的航迹规划不能做到如此，我们需在陷入局部最小之前就对其做出改进；文献[159]针对传统的人工势场法进行机器人路径规划时存在的局部极小点问题以及路径复杂问题，提出了一种优化方法，在对所有障碍物进行势场运算前，先运用“连锁”网络的方法对障碍物进行适当统筹规划，达到优化避障路径的目的，该方法虽然解决了部分问题，但是考虑的情况并不全面。本节在此基础上提出一种障碍包络法，其基本思想是对相邻威胁进行联通：即当障碍物比较密集的时候，将障碍物区域联通成一片障碍物，仿真实验表明该方法能够很好地解决飞行器航迹规划中的振荡问题。

首先，进行航迹预规划，确定航迹的大概趋势图显示了飞行器的大概趋势，可见在障碍密集处出现振荡；然后在出现振荡的地方对障碍进行统筹规划；最后，在新的障碍环境下，规划出可行航迹。算法步骤如下：

(1) 在不对障碍物进行处理的情况下，进行航迹预规划；

(2) 对航迹发生振荡处的障碍物进行统筹规划；

(3) 设定能够进行联通的两障碍物之间的最大距离为 d；

(4) 开始联通并包络，进行如下几种情况的讨论，如图 5 - 35(a) ～(c) 所示。

情形一：当出现图 5 - 35(a) 所示情况时，障碍物需进行联通，作两圆的外公切线，连接如图所示，外轮廓构成的区域成为新的障碍物。

情形二：当出现图 5 - 35(b) 所示情况时，将图所示的 3 个圆形障碍物的中心相连，分别做两两圆的外公切线，连接如图所示，外轮廓构成的区域成为新的障碍物。

情形三：当出现图 5 - 35(c) 所示情况时，只需取最外面的包络。

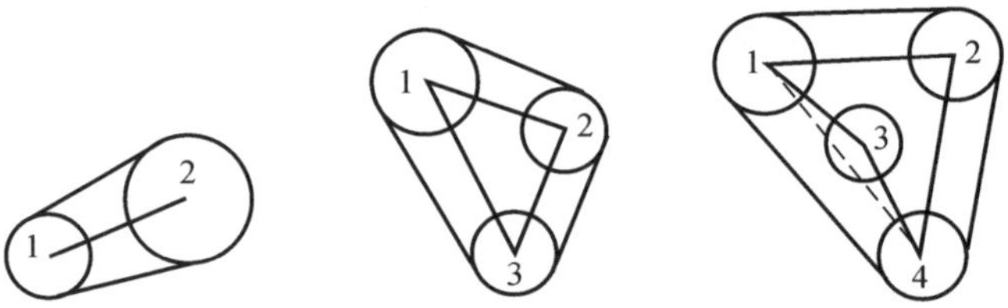

(a)　(b)　(c)

图 5 - 35　障碍物联通包络示意图

(5) 经过处理后的障碍物模型可归结为三类：凸多边形障碍物、凹多边形障碍物、圆弧形障碍物。这三种障碍物形状包含了绝大多数情况，具有很强的代表性和实用性。其中对于凹多边形，将采用 5.3 节障碍物膨胀化中提到的将凹进去的障碍物进行填充的方法，如情形三中的情况，将障碍物 1，4 连通。

(6) 将障碍物进行如步骤(4) 的处理后，进行第二次航迹规划，若还出现振荡情况，则对出现的振荡处的障碍物进行处理，重复步骤(4) 直到飞行器到达目标点。

5.5.2.3　基于人工势场法的多无人机编队航迹规划

人工势场法由于物理含义明确，实施简单，被广泛应用于机器人避障等领域。我们借鉴这种思路，将其引入多无人机的编队航迹规划中，以期达到障碍物的规避、多无人机之间碰撞的避免，以及多无人机队形的保持。

首先进行以下假设：

(1) 无人机为巡航阶段定高、恒速飞行；

(2) 威胁分布已知，在威胁分布未知的情况下，无人机需装载传感器，可在某个距离阈值内探测到障碍物，此时该方法也可用于突发威胁的情况。

(3) 威胁为敌方雷达。

在此基础上,可将问题简化为二维模型下的多机编队航迹规划。

基于人工势场法的多无人机编队航迹规划主要包含三个重要组成步骤,各部分之间的联系如图 5－36 所示。

(1) 建立长机的势场模型,规划航迹;

(2) 基于人工势场的长机－僚机编队控制跟随;

(3) 基于人工势场的多机编队避障。

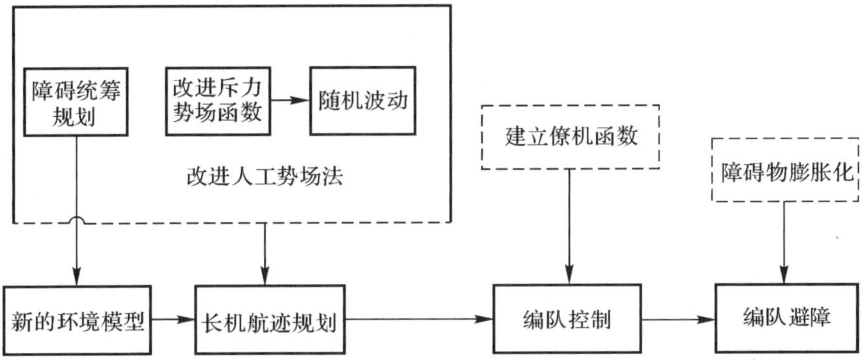

图 5－36　基于改进人工势场法的多无人机编队航迹规划系统框图

首先对障碍物进行统筹规划,建立新的环境模型,在新的环境模型下,利用改进人工势场法进行长机航迹规划,然后对僚机进行跟随控制,以达到编队队形保持的要求,最后利用障碍物膨胀法实现编队避障。

5.5.2.4　基于改进人工势场的长机航迹规划

1. 长机航迹规划算法

Step 1:进行航迹预规划,在航迹振荡处,利用障碍联通法对障碍物进行统筹规划,建立新的环境模型;

Step 2:建立势场模型。确定引力场和斥力场的正比例位置增益系数 k 和 m,斥力的影响距离 ρ_0,以及移动的步长,假设飞行器是匀速运动的,确定飞行器的起始位置 X,按照具体的环境信息建立势场模型:

设长机处于二维搜索空间中的 q 点时,该点的引力势函数和斥力势函数分别定义为

$$U_{\mathrm{att}}(q)=\frac{1}{2}k\rho_G^2(q) \tag{5.5.33}$$

$$U_{\mathrm{rep}}(q)=\begin{cases}\dfrac{1}{2}m\left[\dfrac{1}{\rho(q)}-\dfrac{1}{\rho_0}\right]^2(\rho_G(q))^n, & \rho(q)\leqslant\rho_0\\ 0, & \rho(q)>\rho_0\end{cases}\tag{5.5.34}$$

此时，q 点受到目标点的吸引力和威胁点的斥力分别为该点引力势函数和斥力势函数的负梯度，有

$$\boldsymbol{F}_{\mathrm{att}}(q)=-\mathbf{grad}(U_{\mathrm{att}}(q))=k\rho_G(q)\tag{5.5.35}$$

$$\boldsymbol{F}_{\mathrm{rep}}(q)=-\mathbf{grad}(U_{\mathrm{rep}}(q))=\begin{cases}\boldsymbol{F}_{\mathrm{rep1}}(q)+\boldsymbol{F}_{\mathrm{rep2}}(q), & \rho(q)\leqslant\rho_0\\ 0, & \rho(q)>\rho_0\end{cases}\tag{5.5.36}$$

其中，$\boldsymbol{F}_{\mathrm{rep1}}(q)$，$\boldsymbol{F}_{\mathrm{rep2}}(q)$ 方向如图 5 - 30 所示，大小见式(5.5.30) 和式(5.5.32)，取 $n=2$。

此时，总势场 U_{total} 为

$$U_{\mathrm{total}}=U_{\mathrm{att}}+\sum_{i=1}^{n}U_{\mathrm{rep}}^{i}\tag{5.5.37}$$

引力和斥力的合力为

$$\boldsymbol{F}_{\mathrm{total}}=\boldsymbol{F}_{\mathrm{att}}+\sum_{i=1}^{n}\boldsymbol{F}_{\mathrm{rep}}^{i}\tag{5.5.38}$$

式中，n 为障碍物个数。

Step 3：根据建立的势场模型计算飞行器的受力，利用公式(5.5.38) 计算飞行器的合力；

Step 4：判断合力是否为 0。如果不为 0，则进行 Step 5；如果为 0，进一步判断飞行器是否到达目标点，如果到达目标点则结束，如果未到达目标点则按照随机波动法进行添加附加控制力，根据 5.5.2.2 节的原理重新算得合力为 $\boldsymbol{F}_{\mathrm{total}}=\boldsymbol{F}_{\mathrm{help}}=w\|\boldsymbol{F}_{\mathrm{att}}\|$，方向垂直于飞行器当前位置与目标点的连线，且满足右手法则，转到 Step 5；

Step 5：飞行器按合力的方向运动到下一点 X_j；

Step 6：判断飞行器是否满足最大转弯角约束条件，如果不满足，按照公式(5.5.39) 重新规划 X_j 点；

假设上一步飞行器规划位置为 X_i，当前位置为 X_j，下一步规划位置为 X_k，且设 $a=X_j-X_i$，$b=X_k-X_j$，$c=ab$。

则当 $\arccos\dfrac{c}{|a|\cdot|b|}>\theta_0$ 时，飞行器不满足其最大转弯角 θ_0 约束条件，需要重新规划 X_j 点，此时调用公式(5.5.39) 重新规划。

$$X_j=X_i+l\boldsymbol{e}\tag{5.5.39}$$

其中，$\boldsymbol{e}=\dfrac{X_j+X_k-2X_i}{|X_j+X_k-2X_i|}$，为 X_i，X_j，X_k 所构成三角形重心的单位向量。

Step 7:判断飞行器是否到达目标,如果到达,则规划结束;如果没有到达则转 Step 2 继续执行。

算法流程如图 5－37 所示。

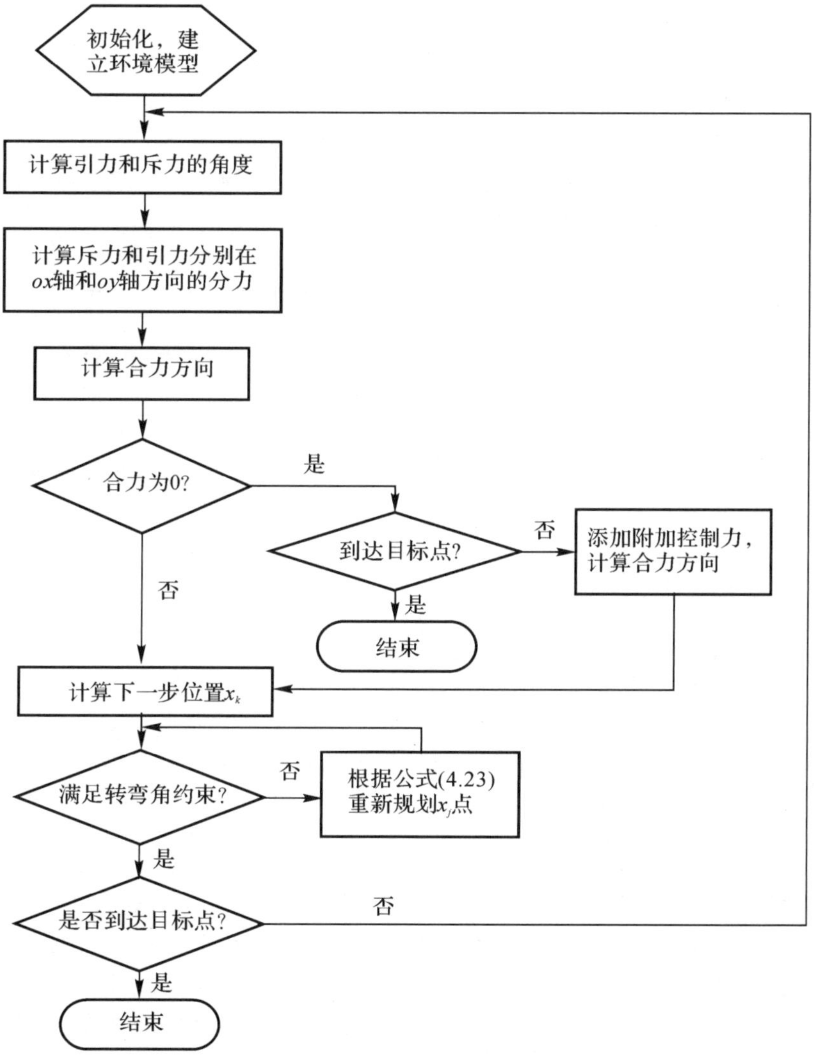

图 5－37　长机航迹规划算法流程图

2. 长机的仿真轨迹

使用本节所提航迹规划算法在计算机上进行了仿真实验,运行环境为 Windows XP,编程环境为 Matlab 7.1。实验使用了 100 km×100 km 二维地

形环境图和模拟生成的威胁数据。在实验中,所采用的相关参数值为:

- 引力系数 $k=1$;
- 斥力系数 $m=1$;
- 威胁最大影响距离 ρ_0 为障碍物半径的一半;
- 附加控制力的系数 $w=1$;
- 最大转弯角为 $\theta=45°$;
- 最小航迹段长度为 length=0.1 km ;
- 能够进行联通的两障碍物之间的最大距离 $d=3$ km;

在使用该算法进行航迹规划时考虑的静态障碍物,在 100×100 km^2 的范围内 8 个障碍物坐标、半径如表 5-2 所示。

表 5-2 障碍物参数表

编号	中心坐标 /km	半径 /km	备注
1	(25,25)	7	如果不进行算法改进,在此障碍物的影响下将会导致飞行器停止在障碍物前
2	(48,22)	5	
3	(50,29)	10	
4	(45,52)	8	
5	(57,53)	6	
6	(80,65)	4	两者之间的距离为 2.183 < 3
7	(70,70)	5	
8	(93,97)	5	目标点处于该障碍物的影响范围内

在以上的仿真条件下得到如图 5-38 和图 5-39 所示的仿真结果,其中,航迹两端的星形点分别为起始点和目标点;圆圈表示雷达威胁覆盖区域。

图 5-38(a) 所示为考虑转弯角约束时,飞行器在障碍物 1 影响下的航迹规划,由于规划范围较大,无法看到细节情况,现对 A 点放大进行转弯角约束处理,得到图 5-38(b)。图 5-38(b) 中,绿色航迹为不考虑转弯角约束的规划曲线,其中,第 1 段和第 2 段航迹转弯角为 49°,大于最大转弯角 45°,航迹段 3,4,5 也是曲折的;红色航迹为考虑了转弯角约束的航迹段,第 1 段和第 2 段航迹转弯角为 41°,航迹段 3,4,5 则越来越平滑,改进效果很好。由此可见,利用 5.2.2.1 节 Step 6 所提出的在转弯角约束条件下对航迹点进行重规划得到的航迹满足了飞行器的转弯角约束,从而使得该航迹物理可实现。

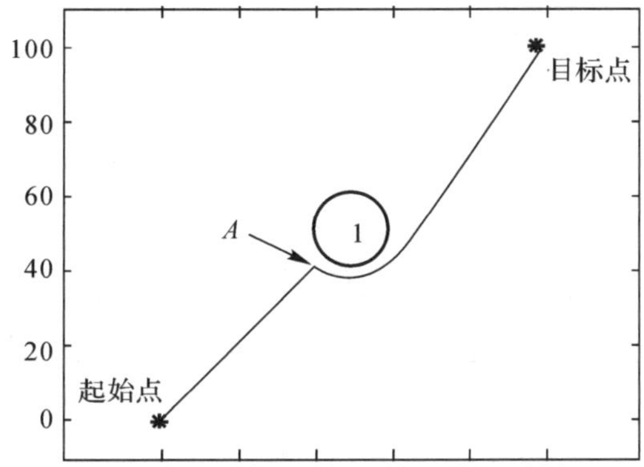

(a)

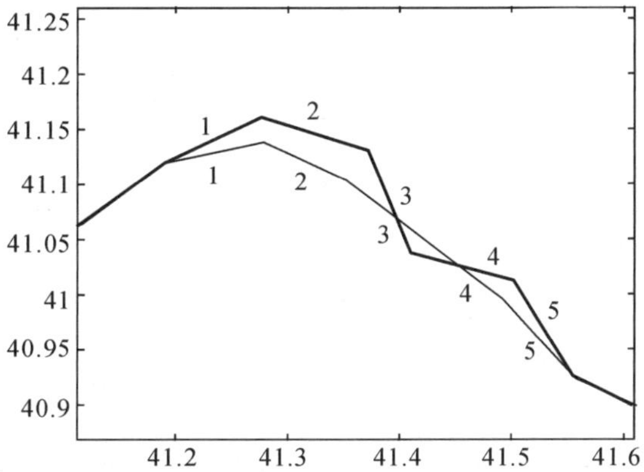

(b)

图 5-38　考虑转弯角约束下的航迹规划

图 5-39(a) 所示是利用了改进斥力势场函数并且采用了随机波动法进行的航迹规划，在障碍物 6，7 之间的狭窄区域内，飞行器航迹发生振荡，无法跳出振荡区域。图 5.39(b) 是在图 5.39(a) 的基础上，按照 5.5.2.2 节提出的障碍物联通法对障碍物 6，7 进行统筹规划后，再进行航迹规划的结果，结果表明，飞行器顺利避开障碍物 6，7，并顺利到达目标点。对于障碍物 8 而言，目标点在障碍物 8 的影响范围内，如果利用传统的斥力势场函数，飞行器将无法到达目标点，在改进的斥力势场函数下，可见，飞行器顺利绕过障碍物 8 到达目标点。

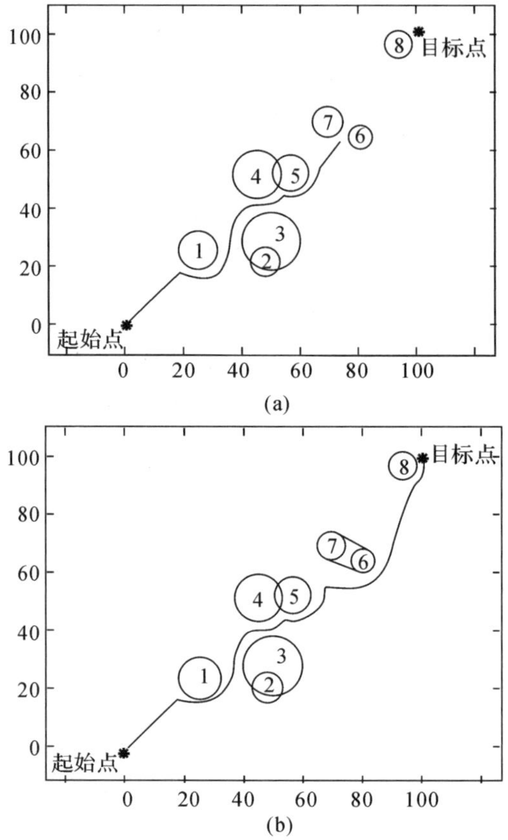

图 5-39　基于人工势场法的长机航迹规划结果图

(a) 长机航迹预规划；（b) 进行障碍物统筹规划后的航迹规划

5.5.3　基于 PRM-K 路径算法的无人机编队协同航迹规划

由第 3 章的分析可知，Dijkstra 算法可以有效解决无人机路径规划的最短路径问题。但使用此算法仅能解决狭义最短路径问题，即仅能找出两点间最短路径，并不包括次短、再次短路径等。协同作战要求使用多架无人机从相同或不同的预定地点出发对目标同时实施攻击，因此，无人机编队航迹规划的目的就是在满足时间协同的基础上为编队各飞机规划出若干条航迹，以减少被拦截的概率。为此，有必要将最短路径问题予以扩充，成为 K 条最短路径问题，即广义最短路径问题。

K 路径算法不仅可以找到最优路径，还可以找到次优路径等多条路径，实际上是找到了从起始点到目标点的 K 条长度依次递增的路径。本章针对无人机编队广义最短路径问题提出基于PRM-K路径算法的无人机编队协同航迹规划算法，该算法在 Dijkstra 搜索算法的基础上采用 K 路径算法实现了无人机的多航迹规划，然后采用速度控制和 K 路径算法相结合的办法完成了各无人机之间的时间协同，对整个协同航迹采用层次分解策略的分散式求解方法，把高维优化问题分解成低维、计算量小、通信数据少的问题。

5.5.3.1　PRM - K 路径算法

1. K 路径算法

所谓 K 最短路径问题是指：设有图 $G(V,E)$ 及其给定的两个顶点 i 和 j，用 $d(e_k)=d_{ij}$ 表示边 e_k 的权值(实数)，$d(p)=\sum_{(i,j)\in p} d_{ij}$ 表示网络图 G 中的一个节点对之间的路径 p 的长度。用 p_{ij} 表示网络 (V,E) 中从节点 i 到节点 j 的路径的集合。

若按照路径长度大小将其排列得 $p_1,p_2,\cdots,p_M$，即 $d(p_1)\leqslant d(p_2)\leqslant\cdots\leqslant d(p_M)$，则称 p_1 为 G 上节点 i 到节点 j 间的第 1 最短路径，d_1 为其长度；称 p_2 为 G 上节点 i 到节点 j 间的第 2 最短路径，d_2 为其长度；称 p_M 为 G 上节点 i 到节点 j 间的第 M 最短路径，d_M 为其长度。求取 G 上节点 i 到节点 j 间前 K 条最短路径的问题称为 K 最短路径问题。

基于 K 路径算法的航迹规划的基本思路：如果所规划出的最短路径不满足时间和空间的需求，可以找到一条次优的航迹来取代原来的最短航迹，如果新规划的航迹仍然不能满足要求，则找到第三条优越的路径，以此类推，直到找到满足条件的路径为止。

关于 K 最短路径问题的研究很多，也提出了许多相关算法。Eppstein 提出的 K 路径算法就是基于 Voronoi 图，在图中对给定的两点之间寻找 K 条最短路径，实际上是找到了从起始点到某一目标点的 K 条长度依次递增的路径[160]。文献[161] 应用改进的 Floyed 算法来求解前 K 条最短路径，但对 Floyed 算法的优化在图较稀疏时时间复杂度较低，在图较复杂时时间复杂度相对较高。文献[162] 提出的 K 条最优路径问题的遗传算法，通过路径块连接的交叉方法和路径块变异方法，可以使染色体的编码形式与节点自然路径的表示相一致，实现了问题空间与遗传搜索空间的统一，该算法虽然收敛速度快，但是编程比较复杂。经典的 Dijkstra 算法是求解最短路径问题的常用方法，文献[163 - 165] 都是以 Dijkstra 算法为基础或者应用改进的 Dijkstra 算法来求解 K 最短路径，文献[163] 设计了一个递归调用 Dijkstra 算法的新算法，求得第 1 最短路径之后，派生出若干子图，这样可以求取第 2 最短路径，如此递归进行，直至求取第 N 条最短路径。文献[164] 提出了一种基于双向搜索

策略的 K 则最优路径算法,以改进的Dijkstra最优路径算法为基础,从起点和终点同时搜索,分别构造正序和逆序最优路径树,计算网络中两点之间的多条参考 K 则最优路径。文献[165]使用Dijkstra算法计算出最短路径,接着求出最短路径的邻近点,计算经过邻近点的路径距离,把所得路径距离值进行排序,求出次短路径;对上述方法进行循环,接着求出前 K 条最短路径。

Dijkstra算法被认为是图论中解决最短路径的优秀算法,不仅编程简单,实现起来比较容易,而且时间复杂度和空间复杂度都相对较小,因此本章以文献[165]为基础,基于Dijkstra算法来求解前 K 条最短路径。

2. K 路径算法的优、缺点

以Dijkstra算法为基础来求解前 K 条最短路径,其算法存在如下优、缺点。

优点:

(1) 当最短路径不满足时间和空间要求时,可以用次短路径或者渐次短路径来代替最短路径,总之一定能找到一条路径满足要求;而用最短路径算法只求出最短路径,当最短路径不满足时间和空间要求时,我们就无能为力了。

(2) 以Dijkstra算法为基础的 K 最短路径算法实现起来比较容易,编程较简单,时间复杂度和空间复杂度均较小,适合工程应用。

缺点:

因为 K 路径算法需要求出前 K 条最短路径,因此较之最短路径算法编程较复杂,运行时间较长,对存储空间要求较高,这就需要对 K 路径算法进行改进,使其时间复杂度和空间复杂度相对较小,适合工程应用。

3. PRM - K 路径算法

概率地图法(PRM)是由Overmars在1992年提出的,是通过在规划空间随机进行采样生成路标图(Roadmap),在该路标图中搜索航迹。它是一种随机的航迹搜索方法,一般用于环境已知时的航迹规划,分为离线预处理和在线查询两步进行,其中预处理过程包含建立路标和强化路标两个阶段。通过随机地在运动空间中产生一定数量的节点,并连接起来建立路标图。然后在某种启发性知识的引导下,更多的节点被局限在一个相对狭小的空间里,路标图由此被强化,生成的Roadmap可以看成是一幅地图,通过地图可以容易地查询出需要的航迹。PRM跟以前地图方法的不同之处在于,地图在规划空间中不是以确定的方式来构造,而是使用某种概率的方法来构造的。

利用PRM - K路径算法给无人机规划出 K 条备选航迹的步骤如下:

(1) 构造概率地图。给定威胁区域和禁飞区,在有威胁区域和禁飞区的自由规划空间中采样,根据威胁区域和禁飞区的分布,采样点按照一定的概率分布，然后按照一定的近邻原则将邻近的采样点相连，构成一个概率地图。

(2) 地图增强。在自由规划空间中进行采样构造概率地图时，如果是均匀采样，则在覆盖整个规划空间的同时由于概率性有可能在局部的某些区域产生的规划点数较少，而如果这些区域恰好需要较多的规划点，则此时需要对概率地图进行增强。

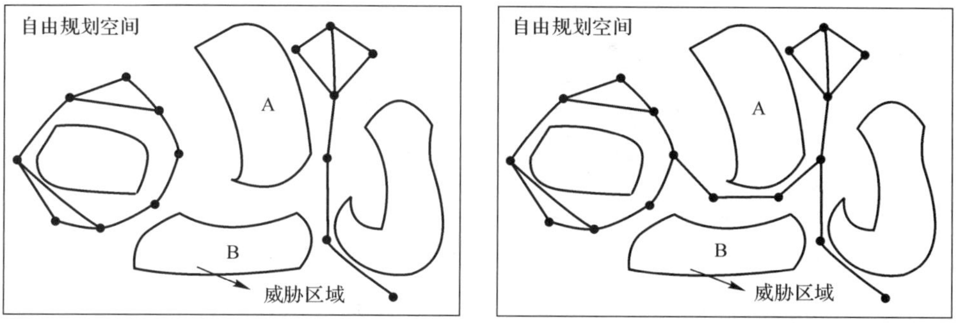

图 5 - 40　概率地图采样

(a) 均匀采样 PRM 示意图；(b) 地图增强 PRM 示意图

由图5-40可以看出，如果是均匀采样，则在覆盖整个规划空间的同时，由于概率均匀性 A，B 威胁区域间并无采样点，无法联通，如图 5 - 40(a) 所示，而通过增强阶段增加采样点后，在概率地图中的两块威胁区域之间的狭窄区域就可以通过了，如图 5 - 40(b) 所示。

(3) 在地图中搜索 K 条可行的路径。这就需要用 K 路径算法在概率地图上进行航迹搜索，搜索出 K 条从起始点到目标点的长度依次递增的路径。

5.5.3.2　无人机编队协同航迹生成

多无人机协同规划的总体结构包括任务规划层、协同规划层、航迹规划层和航迹平滑层。其中涉及协同变量和协同函数，在本章中，任务实施的时间成为非常重要的因素，因此把多架无人机到达目标的时间作为协同变量，协同函数描述了协同变量的改变导致整体无人机编队代价的改变，无人机之间通过通信来传递协同函数和协同变量。多无人机协同规划的整个过程大致是：协同规划层确定无人机的协同变量 t、各无人机航线以及飞行速度，并把这些数据送入航迹规划层；航迹规划层根据已知的地形威胁和雷达威胁给各无人机规划出 K 条备选航迹，由此得出参考航迹；航迹平滑层对确定的路径进行裁减和平滑，以满足无人机的机动约束，从而得到可飞航迹。

具体航迹生成步骤如图 5 - 41 所示。

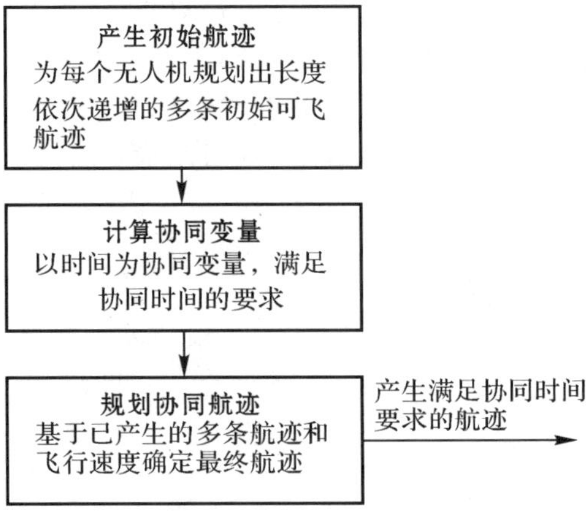

图 5-41　多无人机协同航迹规划结构框图

1. 航迹规划层

这一层主要是根据已知的地形威胁和雷达威胁给各个无人机规划出 K 条备选航迹。

(1) 环境模型的建立。概率地图是以概率的形式来显示环境中威胁分布情况的，地图中所有已知和未知的威胁源都采用概率密度函数来建模。构建概率地图的关键是要给出地图中各个威胁源的概率模型，战场中的威胁源种类繁多，作用效果模型又都非常复杂，考虑简化编程实现的需要，本章只给出了山峰威胁模型。

山峰地形的模拟采用函数法来产生，它具有生成算法简单，计算速度快，便于控制地形的位置距离与坡度、幅值等特点。

函数形式为

$$Z(x,y)=Z_0+\sum_{i=1}^{n}Z_i\exp\left[-\left(\frac{x-x_{0i}}{x_{si}}\right)^2-\left(\frac{y-y_{0i}}{y_{si}}\right)^2\right] \quad (5.5.40)$$

式中，Z_0 为基准山峰地形高度；Z_i 为第 i 个山峰在基准地形之上的最高点的高度；x_{0i}，y_{0i} 为第 i 个山峰最高点的坐标；x_{si}，y_{si} 为第 i 个山峰沿 OX 轴和 OY 轴方向与坡度有关的量。其值越大，相应的山峰就越平坦，反之就越陡峭。$n=1$ 时是孤立的山峰，$n>1$ 是多个山峰组合。

(2)PRM 算法概率地图的生成。概率地图由自由采样点构成，相邻的自由采样点之间利用局部航迹规划器连接起来，作为概率地图的边。在规划阶段，首先将起始点和目标点连进概率地图中，然后在概率地图中进行搜索，找出一条连接起始点和目标点的可行航迹。

1) 构造概率地图。给定威胁区域，在有威胁区域的自由规划空间中采样，根据威胁区域的分布，采样点按照一定的概率分布。如图5-42所示，其中红色“*”号标记的就是采样点。其中在自由规划空间中随机采样点对于空间的每一个坐标轴来说是均匀分布的，为了保证是自由空间点，新采样的规划点都要进行安全检测(该点是否在威胁区域内，或者该点是否与自身相交)。具体的检测方法将在下面的碰撞检测中详细介绍。

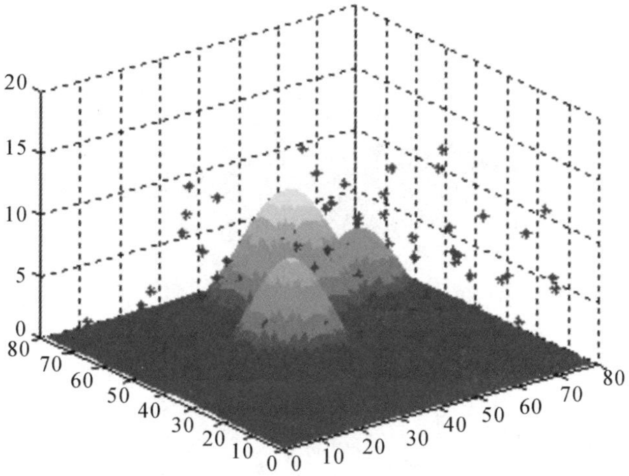

图5-42　采样点分布图

2) 概率地图增强。在自由规划空间中不同的区域，采样点密度是基本相同的，那么对于自由规划空间中的一些狭长区域，点断连的可能性就比较大，这种断连可能导致地图联通性差，规划容易失败。因此，在威胁周围加大了采样点概率。首先按照各威胁源的类型建立相应的数学模型，然后在每个威胁周围都增加采样点，这样不仅可以改善狭窄区域的采样点情况，同时保证航迹经过威胁附近时是最短的。

三维区域中的威胁源种类较多，本章只考虑山峰威胁，在不规则的山峰模型外设计圆锥模型的“点罩”以增强威胁，如按照高度比例取若干层，每层随机生成若干个图节点。如图5-43所示，圆锥体外围以黑色“*”号标记的就是威胁源周围增强的采样点，通过在各个威胁和障碍物周围增加采样点，可以得到贴近威胁表面的节点图，这样不仅使得飞机经过狭窄区域成为可能，同时能够保证飞机经过威胁周围的航迹基本达到最短。

3) 将起始点和目标点加入地图。给定起始点s和目标点d，分别计算路径d_f和d_g，使得d_f将s连接到概率地图中的某个节点f，d_g将d连接到概率地图中的某个节点g。在连接过程中也要进行安全检测(s点和节点f的连线是否与威胁区域碰撞，d点和节点g的连线是否与威胁区域碰撞)。如图5-44

所示，用蓝色“＊”号标记的就是起始点和目标点，由于仿真设定的无人机有三架，因此起始点和目标点各有三个。

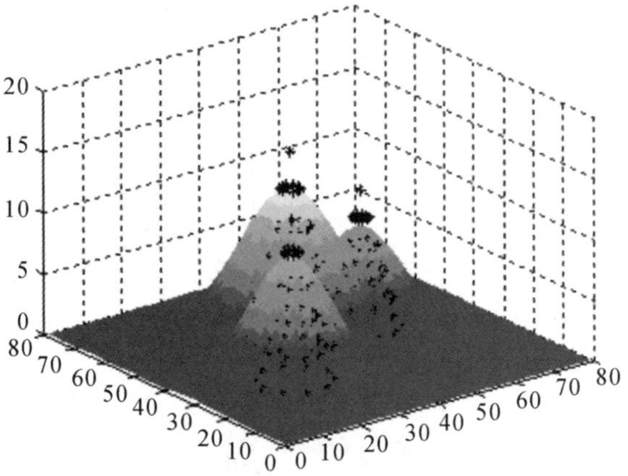

图 5-43　概率地图增强

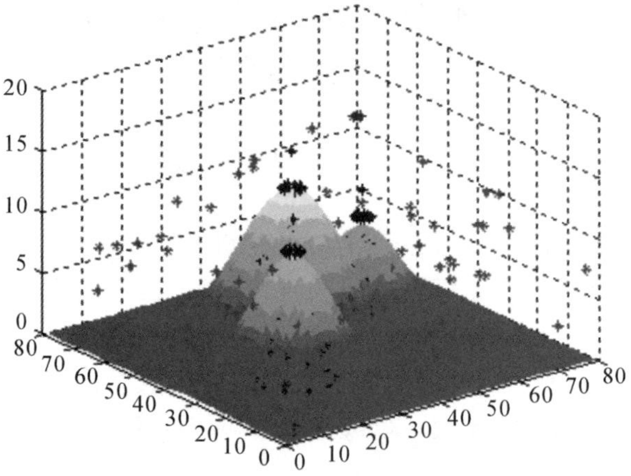

图 5-44　概率地图

(3) 碰撞检测。在无人机运动过程中，有可能与威胁源或障碍物等发生碰撞，因此在航迹规划过程中要进行碰撞检测，首先要对空间采样点和威胁进行碰撞检测；其次要对自由采样点（不与威胁发生碰撞的点）之间的连线段和威胁进行碰撞检测；最后把可行线段（不与威胁发生碰撞的连线段）作为可行局部航迹段。

本章设定的威胁源是山峰威胁，无人机与山峰的碰撞对无人机而言是致命的危险，并且对于山峰这种特殊的威胁源来讲，为了避免碰撞还需要在圆周的外围给出一定的间隔以供无人机有充足的时间和距离绕飞。

用圆锥体来近似表示山峰，如图 5-45 所示，若已知山峰中心位置为 $O(x$，

y,z)，底面圆半径为 R_t，山峰高 H，概率地图上任意两点 q_1,q_2 位置坐标分别为(x_1,y_1,z_1)，(x_2,y_2,z_2)，可以按以下步骤来判断点 q_1,q_2 以及这两点之间的连线段是否与山峰相撞。

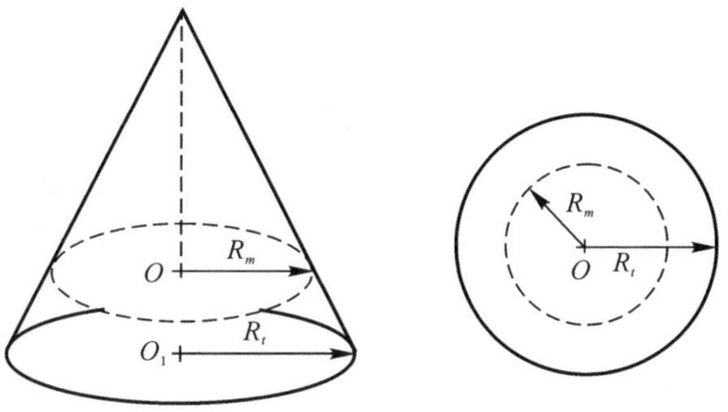

图 5－45　山峰威胁示意图

1) 确定点与山峰的水平距离。假设在高度为 z_1 的山峰的水平截面为圆周 Q，圆心为 O_1，则点 $q_1(x_1,y_1,z_1)$ 与该山峰中心之间的水平距离 R_t 可以表示为

$$R_t=\sqrt{(x-x_1)^2+(y-y_1)^2} \tag{5.5.41}$$

2) 根据三角形相似原理，可以得到水平截面圆周的半径 R_m

$$\frac{H-z_1}{H}=\frac{R_m}{R_t} \tag{5.5.42}$$

$$R_m=\frac{R_t(H-z_1)}{H}=R_t-\frac{R_t}{H}z_1 \tag{5.5.43}$$

3) 比较 R_t 与 R_m 的大小，可以判断该点是否与山峰相撞；如果 $R_t>R_m$，则说明该点没有与山峰相撞；反之亦然。

4) 若 q_1 和 q_2 均没有与山峰相撞，则在它们的连线段上采用迭代取点。

同样，计算所取点到山峰的水平距离 R_t 与其同高度的圆锥横截面圆半径 R_m，并进行比较。

经循环计算、比较，可以确定该局部规划段是否与山峰发生碰撞，从而确定 q_1 和 q_2 是否能连接成为有效航迹段。

(4) 基于 K 路径算法的可行航迹搜索。以 Dijkstra 算法为基础来求解前 K 条最短路径，设概率地图 $G=(G_n,G_e)$，以节点 s 为源点，d 为终点，使用 Dijkstra 算法能够获得源点 s 到其他所有节点的最短路径距离。d_i 表示节点 i 到源点 s 的最短距离，而 d_{ij} 则表示节点 i 到节点 j 的距离，$d(s,d,t)$ 表示 d 到源点 s 途中必须经过节点 t 的最短路径距离，D_k 表示第 k 条最短路径的长度。最短路径邻近点表示与最短路径上邻近的节点。如图 5－46 所示，从节点 1 到节点 11 的最短路径为 1-6-7-13-11，此路径的邻近点为节点 2，5，12，3，9，8，10，14。

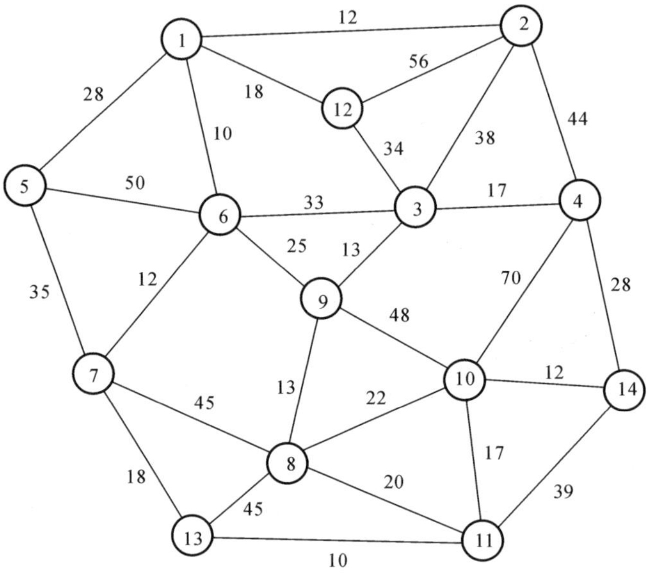

图 5-46　网络图

下面给出求解 K 路径需要用到的三个重要的结论，这三个结论的详细证明可参见文献[162]。

结论 1　网络图中，任意两点 i 和 j 之间的最短距离 $d_{ij} \geqslant d_i - d_j$，而从源点到终点的最短路径上的任意两点 i 和 j 之间的最短距离 $d_{ij} = d_i - d_j$。

结论 2　次短路径必然经过最短路径的某一邻近点，次短路径是从源点到最短路径邻近点再到终点的所有路径中的一条，其长度的计算公式如下：

$$D_2 = \min_{i \in V_n, j \in V_1} (d_i + d_{ij} + D_1 - d_j) \tag{5.5.44}$$

其中，V_n 是最短路径邻近点集；V_1 是最短路径上的节点的集合；D_1 表示第一条最短路径的距离。

结论 3　k 次短路径必然经过前 $k-1$ 条最短路径的某一邻近点，其长度的计算公式如下：

$$D_k = \min_{h=1,\cdots,k-1} \left(\min_{i \in V_n, j \in V_1} (d_i + d_{ij} + D_h - d_j) \right) \tag{5.5.45}$$

下面给出求解前 K 条最短路径算法的实现过程。

首先根据需要定义边、路径、图等结构类型，用来表示边、路径和图等。用 paths 数组存放最短路径、次短路径，直到 K 次短路径；用 dists 数组存放所有节点到源点的最短距离；用 PathDists 存放最短路径距离、次短路径距离，一直

到 K 次短路径距离；用 neighbors 数组存放 paths 数组里的路径对应的邻近点。

Step 1：用 Dijkstra 算法求出最短路径，并把最短路径放入 paths 数组，将求出的各点最短距离放入 dists 数组，将最短路径对应的路径长度放入 PathDists 中。此时求得的最短路径的数目 $n=1$。

Step 2：求出 paths 数组里存放的路径的邻近点，放入数组 neighbors 中。

Step 3：计算经过 n 次短路径邻近点 t 的路径 $s-t-j-d$ 的距离，并放入数组 TempDists 中，j 是与邻近点 t 相邻的 n 次短路径上的节点。

Step 4：将数组 TempDists 中的距离值进行排序，计算出其中距离最短的相对应的路径并存放入数组 paths 中，最短路径的数目 $n=n+1$。

Step 5：如果 K 等于 n，则求得 K 次短路径，退出；否则转入 Step 2。

2. 协同规划层

协同规划层确定无人机的协同时间 t、各无人机航线以及飞行速度。无人机编队飞行时，我们希望各架无人机同时到达目标，因此把多架无人机到达目标的时间(ETA)作为协同变量，协同函数描述了协同变量的改变导致整个无人机编队代价的改变，协同函数具体的计算方法参见 5.4 节，在此不再赘述。

每架无人机都有一个飞行到达目标的时间集合 t_i，对于无人机编队，则有一个时间交集 $t=t_1 \cap t_2 \cap \cdots \cap t_n$。将时间 $t_a \in t$(t_a 即 ETA)作为每架无人机之间交流的内容，称为协同变量，通过把它对所有无人机都限定相同的值，可以做到无人机之间的协同。

协同规划具体算法过程如下：

(1) 在航迹规划层每架无人机计算出自己的 K 条最优、次优航迹(代价最小)，由于速度 $v_{\min} \leqslant v_i \leqslant v_{\max}$，每条航迹有一个对应的飞行代价 J_i 和到达目标的时间范围 t_i，将每一架无人机最优航迹对应的 t_i 和 J_i 传递给协同规划层。

(2) 协同规划层求出 n 架无人机各自的 t_i 的交集 $t=t_1 \cap t_2 \cap \cdots \cap t_n$ 作为协同变量 t_a 的取值区间 t。如果 t 是空集，转到(3)。否则，t_a 在区间 t 取最小值，这样可以使得协同规划层在 $\sum_{i=1}^{n} J_i$ 最小的基础上求出到达目标时间 t_a，然后协同规划层将 t_a 传给每一架无人机，在航迹规划层每架无人机根据获得的 t_a 选择出各自的航迹、速度。

(3) 如果各架飞机按各自的最优航迹计算出来的到达目标的时间范围 t_i 没有交集，则协同规划层从飞行航迹代价最小的飞机开始，依次选择某几架飞机按次优甚至更次优的航迹计算 t_i 和 J_i，重复(2)(3)，直到各架飞机到达目标的时间范围有交集时为止，再将此时的 t_a 传给各架无人机，无人机根据 t_a 和刚

才计算 t_i,J_i 的航迹选择相应的速度飞行。

这样产生最可能的情况:每架无人机沿着它的最小代价的航迹飞行,当然也存在某架无人机是沿着它的非最优航迹飞行。

5.5.3.3 仿真实验

1. 仿真条件

设定有三架无人机,给每一架无人机规划出前三条最短路径。仿真参数设置如下:地图范围为80×80×20(km^3);三个山峰威胁源,威胁中心 xy 平面坐标分别为(25,30),(40,50),(55,46)(km),半径分别为 12,15,12(km),山峰高度分别为 10,12 和 8(km);三架无人机的起始点分别为(0,0,5),(5,5,0),(8,8,0)(km),目标点分别为(75,75,12),(76,75,12),(76,74,12)(km);随机采样点数 node=80,采样点总数为 528。

2. 仿真结果与分析

对基于 PRM-K 路径算法的无人机编队协同航迹规划进行仿真,航迹规划结果如图 5-47 所示,三个圆锥体表示山峰威胁,各种不同颜色的连线表示给每架无人机规划出的三条最优航迹,则三架无人机总共规划出 9 条航迹,各无人机的前三条最短路径的具体数据如下:

第一架无人机的前三条最短路径以及各路径的长度如下:

Path{1}=[1 65 139 203 62 275] (km)

Path{2}=[1 65 140 15 62 275] (km)

Path{3}=[1 65 140 203 62 275] (km)

pathdists{1}=[108.1936 108.2857 108.3564] (km)

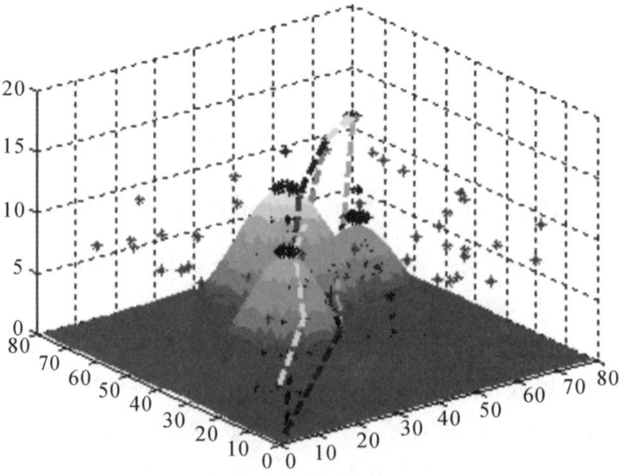

图 5-47 前 K 条最短路径规划图

第二架无人机的前三条最短路径以及各路径的长度如下：

Path{4}＝[2　39　76　237　6　276] (km)

Path{5}＝[2　39　77　237　6　276] (km)

Path{6}＝[2　39　77　236　6　276] (km)

pathdists{2}＝[103.238 8　103.412 6　103.438 3] (km)

第三架无人机的前三条最短路径以及各路径的长度如下：

Path{7}＝[3　140　15　62　277] (km)

Path{8}＝[3　134　15　62　277] (km)

Path{9}＝[3　140　203　62　277] (km)

pathdists{3}＝[97.465 6　97.524 5　97.536 3] (km)

可以看出，每架无人机的三条航迹长度是逐渐递增的，且三架无人机到达终点时形成了一定的队形。

设定 $v_{min}=0.1$ km/s，$v_{max}=0.3$ km/s，通过协同规划，最终确定协同时间为 ETA＝360.645 2 s。

每一架无人机的速度为

$$v=[0.300\,0\ \text{km/s}\quad 0.286\,3\ \text{km/s}\quad 0.270\,3\ \text{km/s}]$$

每一架无人机的最终航迹为

paths1＝[1　65　139　203　62　275] (km)

paths2＝[2　39　76　237　6　276] (km)

paths3＝[3　140　15　62　277] (km)

5.5.4　基于小生境粒子群的无人机编队协同航迹规划

对于多机航迹规划来说，生成的应该是在空间上相互独立的较优航迹。因此，可以根据实际需要将无人机编队航迹规划问题转化为一个具有多个极值点的代价函数，该代价函数的每一个局部极小值点对应着一条较优的可行航迹，可以应用数学算法求解其极值。

粒子群优化算法(Particle Swarm Optimization, PSO)作为一种基于群体智能的进化计算方法，由于其简单、易于实现、收敛时间短、占用内存少的优点，目前成功应用于无人机航迹规划领域，可以满足在线实时航迹规划的要求。但标准 PSO 算法对于解决无人机编队航迹规划这类高维复杂问题，往往存在早熟收敛的问题，在求解多峰函数的多个局部最优解时很难得到满意的结果，为解决这一问题，Brits[166] 首先将小生境技术引入微粒群算法，提出一种小生境微粒群算法(Niching Particle Swarm Optimization, Niche PSO)以保持微粒群的多样性。但 Niche PSO 算法的小生境的产生依赖于一个圆形的拓扑领域，在粒子为多维的情况下效果很差，于是本章将“聚类”思路引入到小生境构建中，在多维的情况下可以有效地产生不同的种群。

本章根据实际需要将无人机编队航迹优化问题转化为一个具有多个峰值点的代价函数，在此基础上提出基于小生境粒子群的无人机编队协同航迹规划方法。该方法首先在满足各种航迹约束的条件下，序贯产生粒子构成航迹集合，避免种群中粒子的有效性检测，无须进行多次初始化；通过引入改进的聚类小生境生成策略，在航迹规划空间内构造不同的相互独立的小生境种群；在每个小生境粒群体中利用粒子群算法进行速度和位置的更新，每个粒子群的全局极值仅在自己的小生境群体中起作用，追逐不同的极值点；并且引入种群淘汰策略，每隔一定代数，对陷入局部最优的最劣子种群进行随机初始化，从而避免了算法早熟收敛，保证了收敛到全局最优。当进化过程中航迹代价函数趋于稳定或达到最大迭代次数时，进化过程结束，每个小生境子种群将分别生成一条各自的最优航迹，从而为飞行器生成了多条不同的可选航迹。

5.5.4.1 小生境粒子群算法

1. 基本 PSO 算法

粒子群优化算法是由 Kennedy 和 Eberhart 于 1995 年提出的一种基于种群搜索策略的自适应随机优化算法，其思想来源于人工生命和演化计算理论，从鸟群、鱼群觅食过程中的迁徙和聚集受到启发。作为群智能的典型代表，PSO 算法已被证明是一种有效的全局优化方法。PSO 算法个体数目少、进化初期收敛速度快、运算简单、易于实现，一经提出就引起了众多学者的极大关注。

PSO 初始化为一群随机粒子（随机解），通过迭代找到最优解。在每一次的迭代中，粒子通过跟踪两个“极值”(p_{best_i}，g_{best_i})来更新自己，在找到这两个最优值后，粒子通过公式(5.5.46)和公式(5.5.47)来更新自己的速度和位置。

$$v_i = \omega \times v_i + c_1 \times \text{rand}() \times (p_{\text{best}_i} - x_i) + c_2 \times \text{rand}() \times (g_{\text{best}_i} - x_i) \tag{5.5.46}$$

$$x = x_i + v_i \tag{5.5.47}$$

式中，$i=1,2,3,\cdots,M$，M 是该群体中粒子的总数；v_i是粒子的速度，通常来说 v_i 会有一个最大值 $v_i \leqslant v_{\max}$ 的限制，防止粒子由于飞行速度过快而超越边界或使搜索效率降低；p_{best_i} 和 g_{best_i} 是粒子目前的局部最优与全局最优值；rand() 是介于(0,1) 之间的随机数；x_i 是粒子的当前位置；c_1 和 c_2 是学习因子，通常取 $c_1 = c_2 = 2$。

公式(5.5.46) 的第一部分称为记忆项，表示上次速度大小和方向的影响。当 $\omega=0$ 时，此时公式(5.5.46)仅存在第二部分和第三部分，则速度只取决于当前位置和历史最好位置，速度本身没有记忆性。即假设一个粒子处在全局最好位置，它将保持静止，其他粒子则飞向自身的最好位置和全局最好位置的加权中心，粒子将收缩到当前全局最好位置。如果再加上 ω 后，粒子有扩展搜索空间的趋势，这也使得 ω 的作用表现为针对不同的搜索问题，调整算法的全局和局部搜索能力的平衡。ω 较大时，具有较强的全局搜索能力；ω 较小时，具有较强的局部搜索能力。

公式第二部分称为自身认知项，是从当前点指向粒子自身最好点的一个矢量，表示粒子的动作来源于自己经验的部分，当 $c_1=0$ 时，此时公式(5.5.46)仅存在第一部分和第三部分，则速度只取决于当前速度和历史最好位置，速度本身与自身位置没有关联。假设一个粒子处在全局最好位置，它将在全局最好位置附近振荡，其他粒子则向它靠近，因此粒子群将丧失向外扩展搜索的能力。

公式的第三部分称为群体认知项，是一个从当前点指向种群最好点的矢量，反映了粒子间的协同合作和知识共享。当 $c_2=0$ 时粒子只会根据自身当前的速度与历史最优位置来决定下一步的飞行方向，每个粒子相互之间没有联系，最终粒子将运动到其所在的局部最优点。

标准 PSO 算法的流程如下：

Step 1：初始化一群微粒（群体规模为 m），包括随机位置和速度；

Step 2：评价每个微粒的适应度；

Step 3：对每个微粒，将其适应值与其经过的最好位置 p_{best_i} 作比较，如果较好，则将其作为当前的最好位置 p_{best_i}；

Step 4：对每个微粒，将其适应值与其经过的最好位置 g_{best_i} 作比较，如果较好，则将其作为当前的最好位置 g_{best_i}；

Step 5：根据式(5.5.46)、式(5.5.47)调整微粒速度和位置；

Step 6：未达到迭代终止条件则转 Step 2。

迭代终止条件根据具体问题一般选为最大迭代次数 G_k 或（和）微粒群迄今为止搜索到的最优位置满足预定最小适应阈值。

标准粒子群算法拥有概念简单、容易实现、计算速度快的诸多优点，由于基本微粒群算法中的个体微粒具有对当前全局最优解的社会认知特性，在基本 PSO 算法的搜索后期，粒子群会向局部最小或全局最小收敛。此时，每个微粒的历史最优微粒、所有微粒的历史最优中的最优微粒、每个微粒的当前位置都会趋向于同一点，而每个微粒的运动速度则趋于零，即基本 PSO 算法在搜索过程中存在由于搜索策略效率低下导致的容易陷入局部极值、搜索效率低、优化性能不够好的缺陷。在这种情况下，如果不通过改进措施来重新初始化微粒群，则微粒群所趋向的那个点即为微粒群优化算法的最终求解得到的最优解。因为需要用演化算法来求解的问题往往存在多个局部最小，所以以上的求解结果为局部最小的概率远大于为全局最小的概率。这就是在多极值问题中存在的容易早熟收敛的情况，因此如何避免早熟收敛一直是大多数研究者关注的重点，克服早熟收敛的主要措施是设法保持种群的多样性，或引入跳出局部极点的机制。

目前，求解多峰值函数极值问题通常都采用小生境技术，它是模拟生态平衡的一种仿真技术，就是在一个大的种群中形成若干个相互独立的小子种群，即小生境。在进化过程中，所有的个体只在自己所在的小生境内部进化，追逐出不同的极值点，从而得到各自的最优解。因此，小生境技术能够有效地保证解的多样性。近年来人们将小生境技术引入到遗传算法中，实践证明，这种技术对改善遗传算法的全局收敛性能具有良好效果，因此应运而生产生了小生境粒子群算法。

2. 小生境粒子群算法

在自然界中，“物以类聚，人以群分”是一种司空见惯的现象，反映到生物学中，这种现象称之为小生境现象。自然界的小生境为新物种的形成提供了可能性，是生物界保持近乎无限多样性的根本原因之一。而小生境技术通过在初始化阶段构造不同的种群来达到区分不同峰值的目的，由此受到启发，有学者将小生境思想引入到粒子群优化算法中形成小生境粒子群算法[166]。生物学中的小生境概念是指不同的小生境中物种之间不进行竞争与信息交流，从而独立进化。算法的最基本思想是将这一概念移植到微粒群算法当中，以保持算法在迭代过程中微粒群的多样性。

小生境粒子群算法的实现主要分为两个阶段：第一个阶段由小生境技术根据粒子之间距离找到每个粒子所属的小生境群体，第二阶段即为在每个小生境群体中利用粒子群算法进行速度和位置更新，其中粒子群的群体最优值仅在该小生境群体中起作用。对于更新后的群体，根据粒子与小生境中心的距离，对于适应度最低的个体进行淘汰并补充新的粒子。最后保留每个粒子的群体最优个体，直到满足终止条件，如图 5－48 所示。对于本章描述的编队集合多 UAV 航迹规划这一目的来说，生成的航迹应该是在空间上相互独立的较优航迹，因此可以将航迹代价函数看为一个具有多个峰值点的函数，该函数的每一个局部极小值点对应着一条较优的可行航迹，适用于小生境粒子群的算法求解。

小生境粒子群算法伊始需要将粒子划分到不同的小生境中，如何划分成了一个难题，即多种群策略成为目前的研究重点。目前并没有较为完美的划分方法，有的学者直接采用随机划分的方法，首先将粒子均匀散布在解空间内，随机选择若干个粒子作为初始小生境，随后将所有粒子与这若干个粒子所产生的小生境进行距离比较，如果距离足够近则吸纳为一个种群。这样的方法随机性很大并且初始化十分缓慢。也有学者利用共享函数的方法区分小生境，但是对于高维数的粒子应用起来十分不便。因此，本章采用聚类方法区分小生境，仿真实验证明在粒子多维的情况下效果较好。

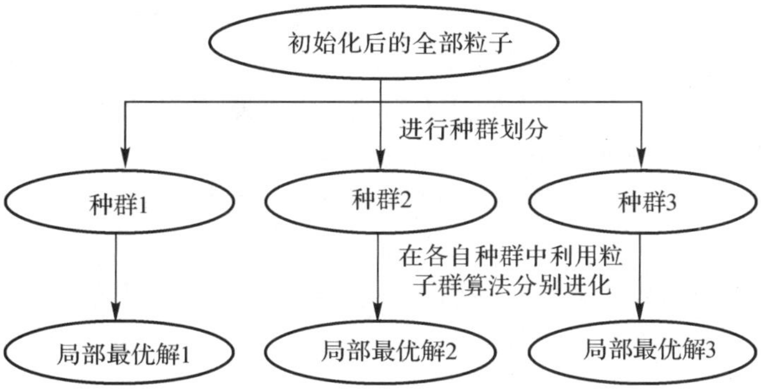

图 5-48　小生境粒子群算法示意图

5.5.4.2　多种群策略

多种群策略是小生境粒子群的重要构成部分，其中最著名的是 1987 年 Goldberg&Richardson 提出的基于共享机制（fitness sharing）的小生境实现方法与 1993 年 Beasley 等人提出的顺序小生境方法（sequential niching），但这些方法在应用于粒子维数较高的情况下显得较为无力，因此本章基于聚类算法提出一种改进的多种群策略，可以有效解决粒子多维数的问题。

1. 聚类算法

聚类分析是指将物理或抽象对象的集合分组成为类似的对象组成的多个类的分析过程，它是一种重要的人类行为，其与分类的不同在于，聚类所要求划分的类是未知的。

定义 5.1[167]　给定由一些粒子组成的数据库 $D=\{t_1,t_2,\cdots,t_n\}$ 和整数值 k，则聚类问题就是定义一个映射 $f:D\rightarrow\{1,\cdots,k\}$，其中第 i 个粒子 t_i 被映射到第 j 个簇 K_j 中。第 j 个簇 K_j 由所有被映射到该簇中的粒子组成，即 $K_j=\{t_i \mid f(t_i)=K_j,1\leqslant j\leqslant k,t_i\in D\}$。

相同簇内的粒子具有一定的相似性与较近的距离，使用符号 $\mathrm{sim}(t_i,t_l)$ 来表示两个粒子 t_i 与 t_l 之间的相似性，$\mathrm{dis}(t_i,t_l)$ 表示两个粒子 t_i 与 t_l 之间的距离，而簇的划分便是以 $\mathrm{dis}(t_i,t_l)$ 或 $\mathrm{sim}(t_i,t_l)$ 进行的。

传统的聚类算法可以被分为五类：划分方法、层次方法、基于密度方法、基于网格方法和基于模型方法。由于本章需要在航迹数量无法确定的情况下进行航迹规划，因此依靠聚类方法来划分小生境是十分合适的，由 Sanders 等人提出的"基于密度"的聚类算法在粒子维数相对较高时也能有较好的效果，因而得到采用。以粒子群算法中的微粒个体 x_i 作为数据单元，聚类簇即代表了小生境，该算法中两个个体之间的距离记为 $\text{dis}(t_i, t_l) = \sqrt{(t_{i1}-t_{l1})^2+(t_{i2}-t_{l2})^2\cdots+(t_{in}-t_{ln})^2}$，若 $\text{dis}(t_i, t_l)$ 小于一个给定的极值，则将这两个个体 t_i, t_l 联系起来归入一簇，所有相互联系的个体形成一个群体，若该群体规模大于规定的最小聚类簇的规模，则认为这个群体成为一个聚类簇。基于密度的聚类算法有如下优点：

(1) 只要存在粒子之间距离的判定，则必然能够形成不同大小和形状的聚类簇；

(2) 簇的划分完全依据粒子们本身的特性，不需要预先划分簇的数量；

(3) 仅需设定两粒子之间的距离极值即可进行计算，算法简单易懂，容易设计。

2. 基于聚类算法的多种群策略

文献[168] 提出的多种群策略如下：开始在解空间内随机产生一个没有子微粒群区分的初始化微粒群 D_0，允许在 D_0 中动态产生不相同的子微粒群 $D_i(i \geqslant 1)$。在算法执行过程中，不属于任何子微粒群的微粒个体存放在 D_0 中，D_0 中采用 L-best PSO 搜索全部的解空间，而子微粒群 $D_i(i \geqslant 1)$ 则采用 g-best PSO 搜索区分出来的小生境 i。初始化主微粒群 D_0 以后，算法进入迭代循环直到满足算法终止条件，算法伪代码如下：

```
初始化
[D0] = Ininialization
repeat
   对 D0 执行一次 l-best PSO；
   对 D0 聚类产生子微粒群；
for 每一个子微粒群 Di(i ≥ 1)
   执行标准 PSO；
     执行聚类算法；
     进入 Di(i ≥ 1) 范围
     xj ∈ D0 从 D0 中删去移入 Di(i ≥ 1)；
     if |m − n| ≤ Rmin(m ∈ Di, n ∈ Dj, i ≠ j 且 i, j ≥ 1)
     合并 Di, Dj
       endfor
```

until 满足算法终止条件

如上所述，算法首先对 D_0 中所有粒子应用聚类方法将其划分成若干个子种群，随后对子种群进行 PSO 迭代进化，子种群在计划过程中是不断变化的，时常会有被拆分或者是合并的情况，且进化过程中频繁进行子种群间的比较，效率十分低下，灵活性较差，以航迹规划作为目地应用的话显得十分冗繁，因此作如下简化：

初始化

[D_0] = Ininialization

对 D_0 执行一次 l-best PSO；

对 D_0 聚类产生子微粒群；

For　每一个子微粒群 $D_i(i \geqslant 1)$

　　选择其中最优的粒子作为该子微粒群的中心，记为 x_{im}；

　　对于 $x_j \in D_i$ 若 $|x_{im} - x_j| > R_{\min}$，则从 D_i 中删去；

endfor

5.5.4.3　基于小生境 PSO 的无人机编队航迹规划

1. 适应度函数

适应度函数的构造是粒子群算法有效应用的另一个核心问题，其需体现出威胁、飞行高度、飞行距离等的约束，其值越小说明该航迹越优秀，由于采用最小威胁曲面的方法进行航迹规划，所以适应度函数不包括威胁，仅包含航迹总长度与航迹高度如下：

$$\text{Fitness} = \sum_{i=1}^{n} (w_1 l_i + w_2 h_i) \tag{5.5.48}$$

其中，l_i 为航迹段的长度（三维）；$h_i = (z_{i-1} + z_i)/2$ 为第 i 段航迹的平均高度；w_1 与 w_2 为调整系数。

2. 环境模型与航迹约束

(1) 环境模型建立。飞行器的飞行环境包含威胁与地形两方面的因素，地形模型由地表起伏模型与山峰模型叠加而成：威胁包含了雷达威胁、防空火炮威胁，不可穿越的敌方巡逻范围等，这些威胁均可以归纳为不可飞区域，因此采用叠加山峰模型的方法来近似模拟威胁；山峰地形的模拟采用函数法来产生，它具有生成算法简单，计算速度快，便于控制地形的位置距离与坡度、幅值等特点，具体方法以及示例图像详见 5.2.1 节。

(2) 最小威胁曲面。地形数据是航迹规划系统最主要的信息来源，地形数据信息存储在数字地图中，数字地图是地形高程经过采样得到本节采用的山峰函数,可以理解为数字地图。此外,一般可以将威胁处理成特殊的地形,从而将其位置和作用范围叠加到数字地图上。这样得到的数字地图不仅包含地形的信息,也考虑了威胁的信息,其中威胁的作用相当于抬高了当地的地形。低空突防过程中,考虑威胁的作用,同时结合飞行器的撞地概率,通常给出一个最佳离地高度,记为 h_c。这样,当飞行器以高度 h_c 离地飞行时,认为其危险最小。

由此给出最小威胁曲面的概念:考虑了威胁信息对数字地图的抬高作用后,由所有距离地表高度为 h_c 的点所构成,飞行在这个曲面上的飞行器具有最小的危险性。即飞行器的最小危险飞行航迹一定位于这个曲面上。

假设山峰可以用函数 $h = f(x, y)$ 表示,则最小威胁曲面为

$$F(x, y) = f(x, y) + h_c \tag{5.5.49}$$

(3) 航迹约束。航迹规划不同于其他的多维问题,空间对粒子群进行初始化后,必须对其进行航迹约束检查,判断其可行性。因为违背航迹约束的粒子在实际飞行中不可能实现,所以没有必要保留。由于本节采用最小威胁平面的方式,飞行高度限制已被加入到了环境模型之中,因此不用考虑,而粒子的编码方式保证了最小航迹段的距离,参考第 2 章的相关内容,航迹规划问题可以归纳为在满足最大转角约束、最大爬升角约束、航迹距离约束的情况下求解式(5.5.48)取得的若干个极小值时的解。

3. 航迹初始化

(1) 初始航迹点的产生。将起点与目标点在 x 方向上做 $n+1$ 等分,在 n 条等分线上分别随机产生航迹点,这 n 个点顺序排列作为粒子编码。

(2) 航迹初始化。目前几乎所有对航迹规划的研究在航迹初始化阶段均采用随机生成的方法,之后再使用航迹约束对生成的航迹进行检测,排除掉不可飞航迹,但这种方法效率十分低下,尤其是对于本节介绍的这种以航迹点相连从而构成航迹的方法,算法如若不能控制生成的航迹是否可飞将对初始化效率有严重的影响,因而提出序贯生成粒子的初始化方法,有效地避免了上述问题。

依据无人机的最大转角限制条件序贯产生粒子,具体初始化办法为:设初始点坐标为$(x_0, y_0) = (0, 0)$ 点,目标点坐标为$(x_n, y_n) = (M, N)$,n 个航迹点的坐标为$(x_i, y_i)(1 \leqslant i \leqslant n)$,rand $(A \sim B)$ 表示 A 到 B 之间随机取值,φ 为最大转角约束,则有

$$x_i = \frac{Mi}{n}, \quad (1 \leqslant i \leqslant n)$$

$$y_1 = \text{rand}\ (0 \sim \text{地图上界})$$

$$y_{i+1} = \text{rand}(\text{top} \sim \text{btn})$$

其中，

$$\mathrm{top}=y_i+\frac{M}{n}\tan\left(\varphi+\arctan\frac{y_i-y_{i-1}}{M/n}\right)$$

$$\mathrm{btn}=y_i+\frac{M}{n}\tan\left(-\varphi+\arctan\frac{y_i-y_{i-1}}{M/n}\right)$$

若 $\varphi+\arctan\frac{y_i-y_{i-1}}{M/n}\geqslant 90^\circ$ 或 $-\varphi+\arctan\frac{y_i-y_{i-1}}{M/n}\leqslant 90^\circ$，则 top 或 btn 的值直接取地图上界或 0，如图 5 - 49 所示。

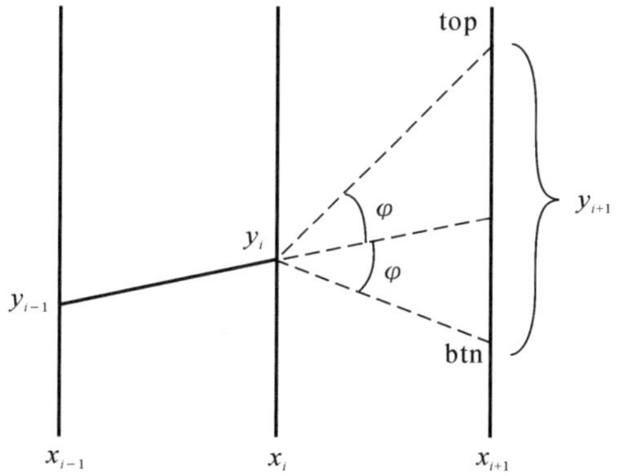

图 5 - 49　序贯生成航迹点示意图

在粒子的全部航迹点都序贯生成之后，进行航迹约束的判定，主要包括俯仰角约束与航迹距离约束，对于不满足约束条件的航迹予以删除，直到生成要求数目的可飞航迹。

4. 多种群划分

在初始化粒子均为可飞航迹基础上，对所有粒子按照适应度值从小到大进行排序，全部放入 D_0 之中，选出其中排位最高(即适应度最小) 的粒子 x_{1m} 作为子种群D_1 的中心粒子，随后依据顺位从上至下依次计算欧氏距离 $|x_{1m}-x_j|$，如果 $|x_{1m}-x_j|\leqslant R_{\min}$($R_{\min}$ 为子种群的半径)，则将 x_j 移入子种群D_1 之中，以此构成子种群 D_1。随后将 D_0 中剩余的粒子计算欧氏距离 $|x_{1m}-x_k|$，如果 $|x_{1m}-x_k|\leqslant R_{\max}$($R_{\max}$ 为子种群之间的距离，即为保证飞机之间不会发生碰撞的距离)，则将 x_k 从 D_0 内删除。再依据上面的方法构造 D_2，D_3，… 直到 D_0 之中的粒子全部被分配，则全部子种群创建完毕。划分流程如图 5 - 50 所示。

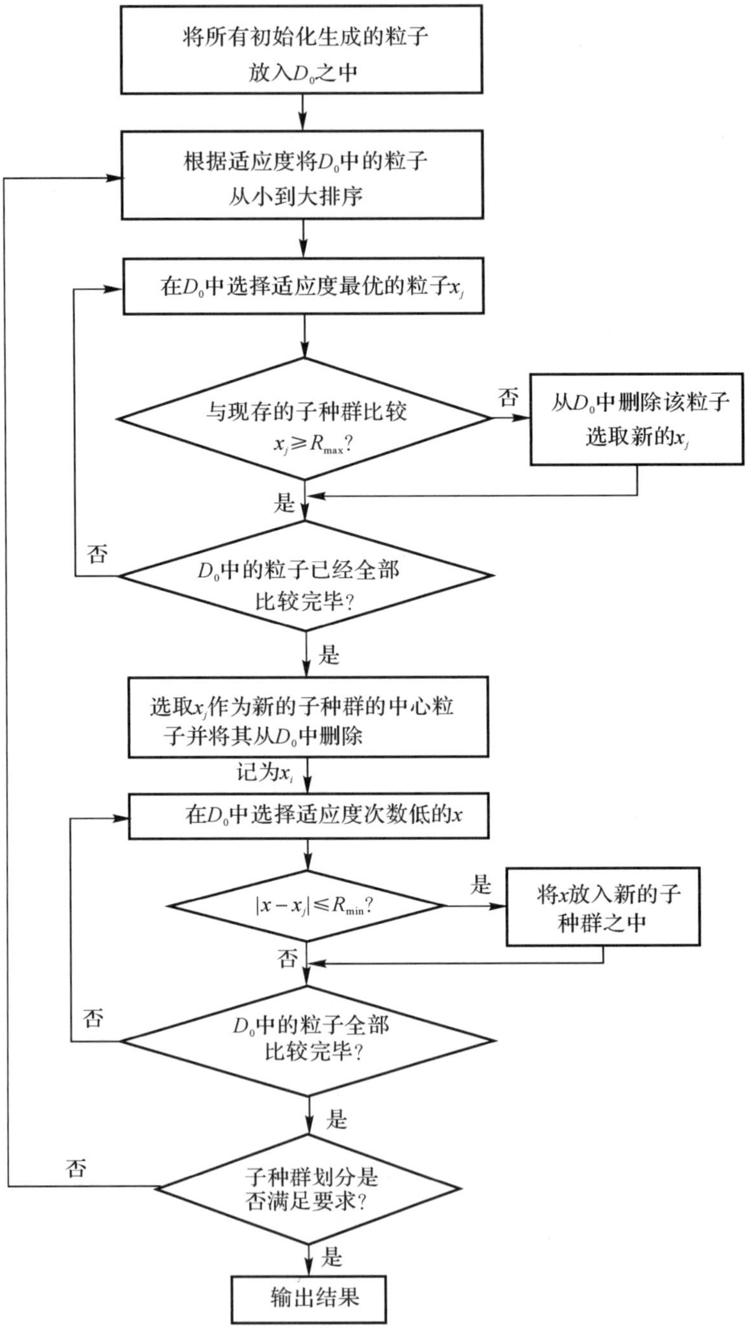

图 5-50　多种群划分算法流程图

5. 进化方法

由于采用聚类方法生成小生境，所以最终生成的若干个种群中每个种群所包含的粒子数差异很大，因此在进化过程中提出以下几点优化策略：

(1) 在进化中补充不足的粒子或舍去不合适的粒子。

1) 对于粒子数不足 4 个的子种群，由于其样本太少可以视为不存在，予以舍去。

2) 对于粒子数量超过 30 个的种群，其中适应度较差的粒子在优化迭代过程中所起的作用很小，因此将其从种群中移出。每隔两代，随机初始化生成若干个粒子，将其放入 D_0 之中等待插入到已存在的种群之中，用以维护种群的多样性。

(2) 为了防止陷入局部极值，始终赋予粒子生命力。在基本 PSO 算法中，一旦算法陷入局部极值，微粒就很容易失去生命力而不再运动，表现为迭代速率的增量近于零(小于设定值)。为了避免这种情况，我们强迫微粒运动，即一旦在迭代过程中速度增量近似为零(或小于设定值)，则赋予微粒一定范围内的随机速度，以促使它运动。

(3) 每进化一代，种群中的粒子有可能运动到该种群外别的种群中，因此每一代的每一个粒子在进化完毕之后对其欧氏距离进行一次判定，如果 $|x_{im}-x_j|>R_{\min}$，则将其替换为上一代的粒子。这里需要注意的是虽然子种群中的所有粒子都参与进化，但是最初作为子种群中心的粒子予以保留，作为以后迭代产生的粒子是否运动出其子种群的判断依据。

这种进化策略可以在确保粒子在各自的种群中分别进化的同时保证粒子的活性与种群的多样性，并且可以根据实际需要对其中的参数(例如粒子的最小速度增量，粒子是否运动到种群外围的判定频率)进行调整，适应不同的情况。

6. 算法描述

无人机编队协同航迹规划的目的是为了获得在空间上较为离散的若干条航迹，即求出代价函数在航迹规划空间上的多个局部极小值。在本章所提算法中，每个粒子代表一条航迹，它由一系列航迹节点构成，航迹节点之间用直线段连接。在初始化的时候，系统首先随机地生成大小为 N 的粒子种群，并使用聚类小生境策略将其划分成若干个不相邻子种群，然后对生成的子种群进行删减与补足。随后在每个小生境粒子群体中利用粒子群算法进行速度和位置的更新，其中粒子群的全局极值仅在自己的小生境群体中起作用。同时，引入种群淘汰策略，每一代都对所有粒子进行判别其是否仍然还处于其子种群之中，对于运动到其他种群的粒子就将其上一代的位置替换当前位置。每隔两代重新初始化出若干个新粒子，对现有种群进行补充，并对速度降到零点附近的粒子重新赋予一个速度，这样可使种群在不断竞争和更新中向前进化，从而避免了算法早熟收敛，保证了收敛到全局最优。当进化过程中航迹代价函数趋于稳定或达到最大迭代次数时，进化过程终止，从每个子种群中取出最优个体代表所求的航迹。

基于小生境粒子群技术的多航迹规划算法具体过程描述如下，如图5-51所示。

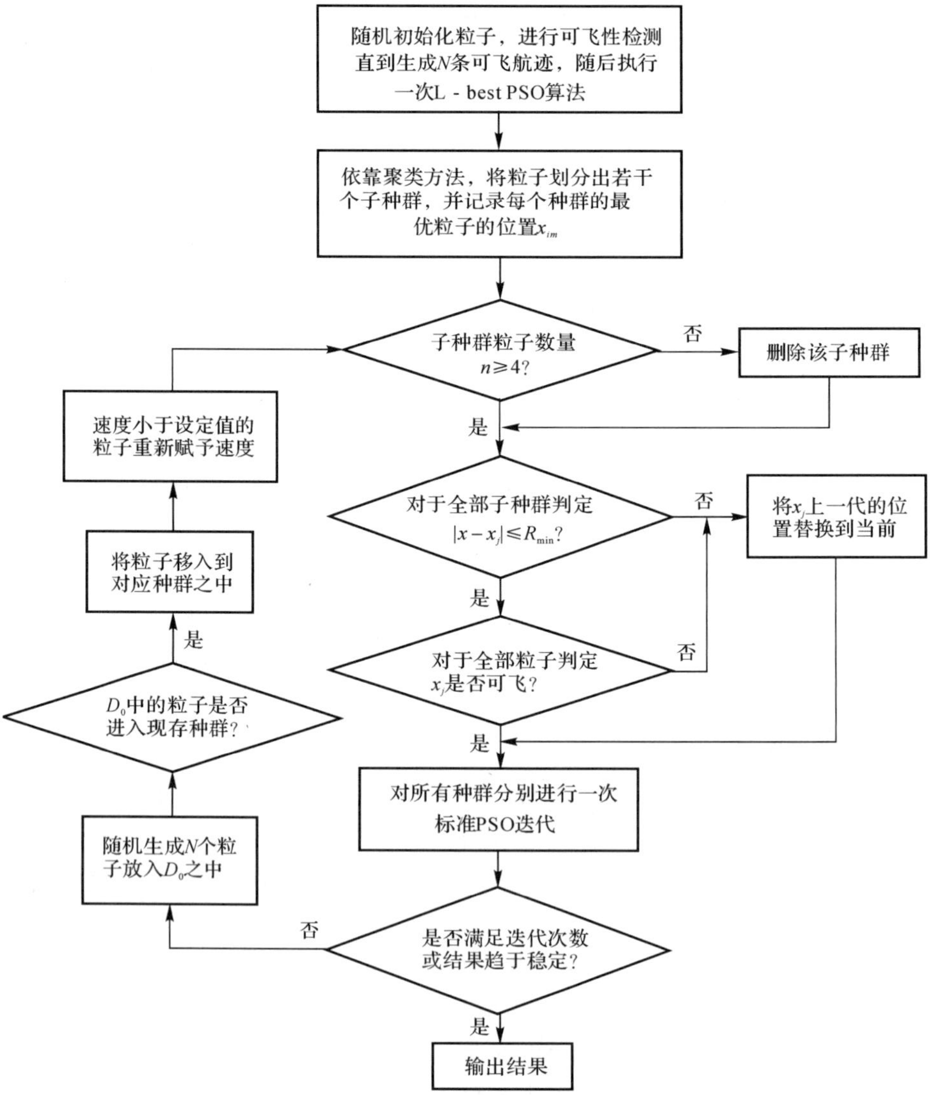

图5-51　小生境粒子群算法流程图

Step 1:随机初始化粒子种群,对粒子进行可飞性检测,直到生成 N 条可飞航迹,随后对所有粒子执行一次 L-best PSO 算法,使得粒子尽可能地分布到各个代价函数的山谷中。

Step 2:使用聚类方法,将初始化之后的粒子分为若干个种群。

Step 3:对于所有种群中粒子数量不足4个的种群予以删除。对于粒子数量超过30的子种群,将其中适应度较差的多余粒子删除。

Step 4:对每个种群分别进行一次标准 PSO 算法迭代,每一代进化完成之后,对于所有子种群的粒子进行一次可飞性判定,如果航迹不可飞则用其上一代的位置替换当前位置。

Step 5:每隔两代重新初始化 N 个粒子放入 D_0 之中,将其中粒子与现存子种群比较,如果 $|x_{im}-x_j|\leqslant R_{\min}$,则将该粒子移动到相应的子种群 D_i 之中。

Step 6:每一代,对于现存粒子群中运动速度接近0的粒子重新赋予一个速度。

Step 7:如果代价函数的若干个极值都趋于稳定或者满足迭代次数,则停止并输出解。

5.5.4.4　仿真实验

本章通过固定初始化粒子群规模、粒子维数及迭代次数,对算法在计算机上进行了仿真实验,采用了 100×100 阶矩阵表示的数组地图高程数据。在 $100\times100\ \text{km}^2$ 的规划区域进行航机规划。实验中所采用的相关参数为:

- 初始化群体规模 $N=100$,最大进化代数 LoopCount$=200$,$w_{\max}=0.7$,$w_{\min}=0.4$,学习因子 $c_1=1$,$c_2=2$;
- 适应度函数调整系数 $w_1=1$,$w_2=5$;
- 最小威胁曲面抬高高度为 $h_c=0.3$ km;
- 子种群半径取 $R_{\min}=\sqrt{350}$ km,种群间距离取 $R_{\max}=\sqrt{1\ 000}$ km;
- 飞机最低飞行高度为1 km,最大俯仰角约束为10°。

图5-52分别给出了不同航迹偏转角下,利用序贯方法生成的小生境粒子群随机初始化航迹。

由图5-52(a)和(b)可以看出,通过增大航迹偏转角约束可以增加初始化生成的航迹的覆盖范围,因此在实际应用中可根据航迹规划数量的要求和无人机本身的性能来选择最大偏转角约束 φ 的大小。当需要规划的航迹数量越多时,则应在无人机性能允许的情况下选择较大的 φ 值;当需要规划生成的航迹较少且实时性要求较高时,应尽可能地减小 φ 值,使生成的航迹更优。另外,在初始化中可以通过更改粒子的维度改变生成的航迹精度,维度越高精度越高，但同时会使初始化时间呈指数型增长，因此在合理精度范围内选择尽量小的维度有助于提升计算速度。

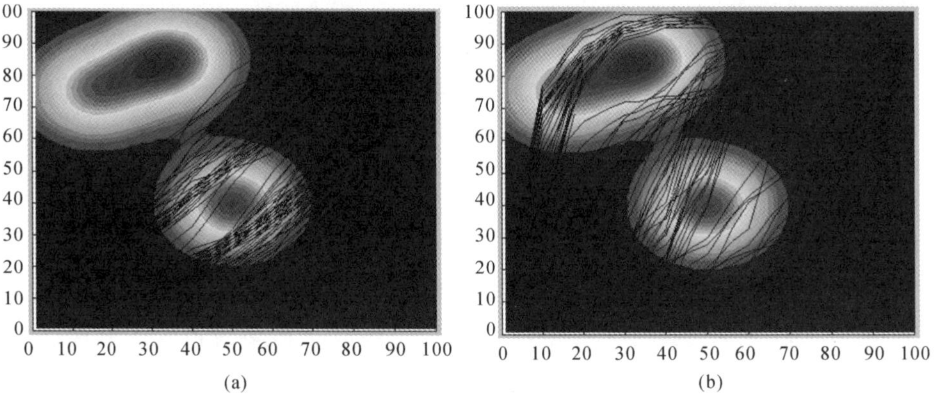

图 5-52　航迹初始化示意图

(a)$\varphi = 15°$；(b)$\varphi = 30°$

图 5-53 给出了利用改进聚类算法进行种群划分的结果，包括俯视图与三维视图，其中图 5-53(a)(b)(c) 中子种群数量 n 分别为 2，3，4。

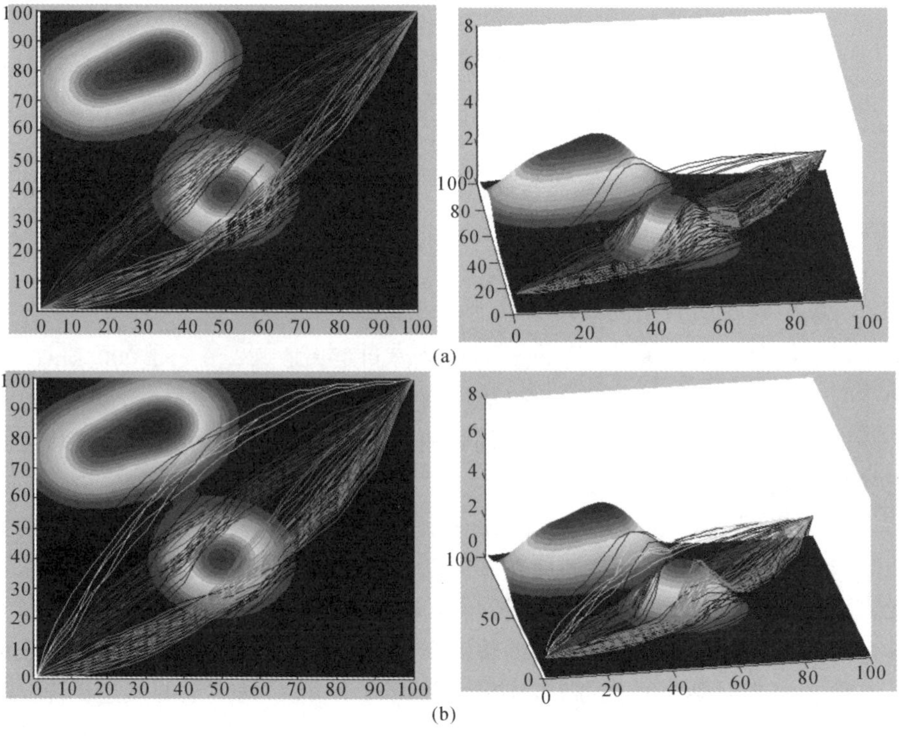

图 5-53　小生境子种群划分结果

(a)$n = 2$；(b)$n = 3$

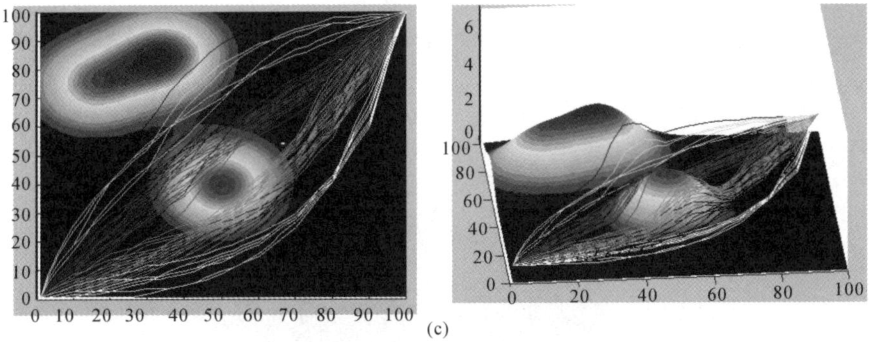

(c)

续图 5－53　小生境子种群划分结果

(c)$n=4$

图中，黑色曲线为初始化生成的粒子，红色曲线为子种群 D_1，绿色曲线为子种群 D_2，黄色曲线为子种群 D_3，白色曲线为子种群 D_4。算法首先选择了最优的航迹构成第一个子种群(红色子种群)，随后根据 $|x_{im}-x_j|>R_{\min}$ 排除掉部分初始化生成的航迹(即红绿之间的黑色航迹)，以保证无人机在飞行过程中不会发生碰撞。图 5-53(b) 和图 5-53(c) 则显示在种群数量增加时算法仍可以区分出新的子种群，由此可见算法可以有效地根据实际需要的航迹规划条数，并遵循适应度从好到坏的原则划分出多个满足各种约束条件的种群。值得注意的是从图 5－53(c) 中可以看出初始化的粒子已经全部被使用了，因此如果需要更多的航迹条数，就必须在初始化阶段增大航迹转弯角的约束，使初始化的航迹分布得更广。

图 5－54(a) ～ (c) 分别给出了不同种群下使用小生境粒子群算法进化得到的无人机编队航迹规划结果。

对比图 5－54 的种群划分结果可以看出，在每个种群中都进化出了一条最优解，并且这些解都满足包括避撞、最大俯仰角、最大转弯角等约束条件。

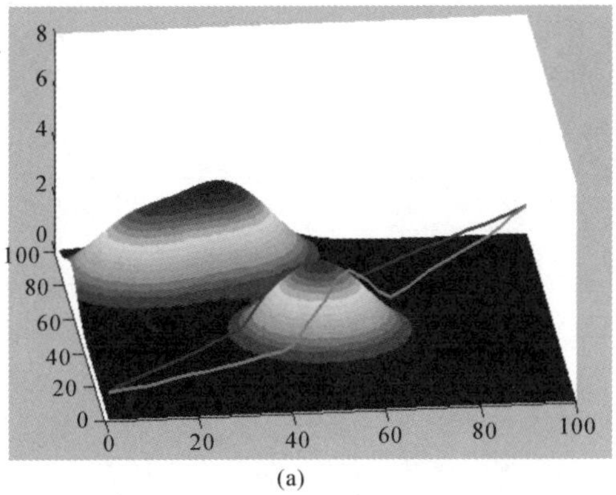

(a)

图 5－54　基于小生境粒子群算法无人机编队航迹规划图

(a)$n=2$

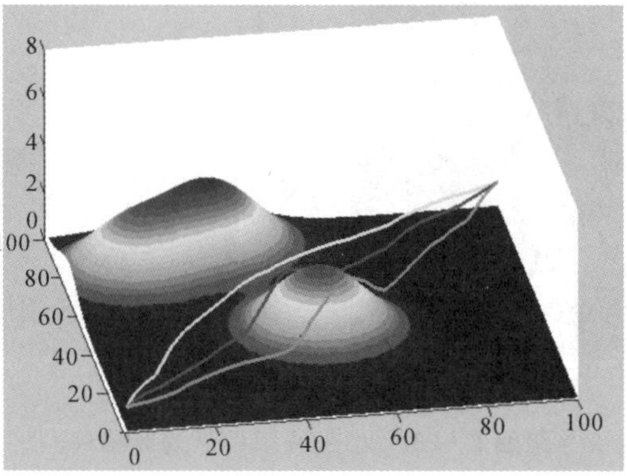

(b)

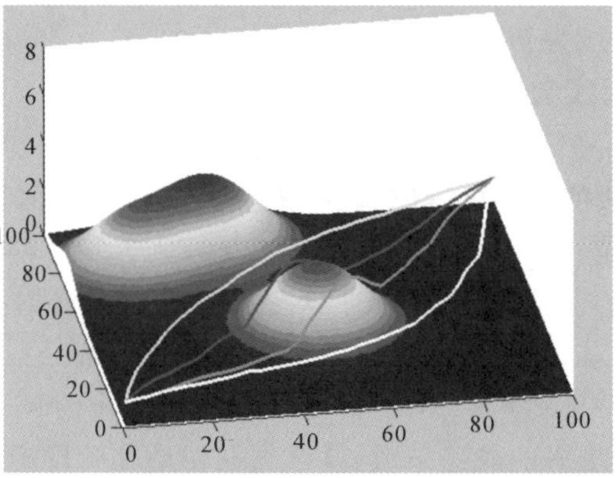

(c)

续图 5-54 基于小生境粒子群算法无人机编队航迹规划图

(b)$n=3$； (c)$n=4$

表 5-3 给出了不同种群数时算法的仿真时间。可以看出，粒子群进化过程所需要的时间与粒子群迭代关系较大，具体影响包括粒子维数和迭代次数，而与种群数目、初始化粒子数量关系不明显，在地形条件相同的情况下，种群数越多，耗时也会越长。

表 5-3 小生境粒子群算法耗时比较

子种群数 / 个	生成子种群时间 /s	生成近似最优航迹时间 /s	对应图像
2	1.182 8	2.102 3	图 5-54(a)
3	1.186 5	3.779 4	图 5-54(b)
4	1.266 8	4.597 4	图 5-54(c)

第 6 章　编队飞行控制方法

无人机编队飞行时，要求各无人机之间保持精确的相对位置，以避免碰撞。在飞行过程中，编队各无人机之间会产生气动耦合，另外还会受到飞行参数测量误差等不确定因素的影响。同时，由于编队相对运动的耦合，以及气动力和力矩随飞行变化的非线性，无人机编队是一个复杂的非线性动态模型，需要设计高性能的控制器满足编队飞行的要求。本章对无人机编队飞行系统进行了分析，研究了编队飞行控制器的设计方法。

6.1　鲁棒 H_∞ 控制器设计

一个反馈控制系统的设计问题就是根据给定的控制对象模型，寻找一个控制器，以保证反馈控制系统的稳定性，使反馈控制系统达到期望的性能指标，并对模型不确定性和干扰不确定性具有鲁棒性[53]。控制系统性能的好坏很大程度上取决于对象模型的精确程度。

在实际的控制问题中，不确定性是普遍存在的，它可能来自对所描述控制对象的模型化误差，也可能来自外界扰动的多样性。无人机编队是一个非常复杂的对象，在处理模型时采用了模型降阶近似、非线性特性的线性化近似，以及忽略对象难以建模的动态特性，所得到的对象模型跟实际对象的特性总是存在一定的差距。因此，控制系统的设计必须考虑不确定性带来的影响。由于编队飞行数学模型的复杂性，鲁棒 H_∞ 控制在设计中存在一定的困难，目前尚没有在编队飞行中采用鲁棒 H_∞ 控制的尝试。本节结合鲁棒控制理论，针对编队飞行的线性化模型，根据编队飞行的动力学特性，分纵向、横向和侧向三个通道分别设计，简化了鲁棒 H_∞ 控制器的设计过程，达到了良好的效果。

6.1.1　鲁棒 H_∞ 控制器设计原理

H_∞ 控制方法引入输出灵敏度函数的 H_∞ 范数作为系统评价的指标，主要考虑了这样的一个设计问题，即要求设计一个控制器，不但使得闭环系统稳定，而且在可能发生“最坏扰动”的情况下，使系统误差在无穷范数意义下达到极小，从而将干扰抑制问题转化为求解闭环系统稳定的问题。传递函数的 H_∞ 范数描述了输入有限能量到输出能量的最大增益，因此如果使其达到最小，那么干扰对系统误差的影响将会降低到最低程度。许多实际的控制问题，如灵敏度极小化问题、鲁棒稳定问题、混合灵敏度优化问题、跟踪问题、模型匹配问题等，都可以归结为标准 H_∞ 控制问题来研究。

6.1.1.1 标准 H_∞ 控制问题

将系统描述为图 6-1 所示的广义系统[53]。

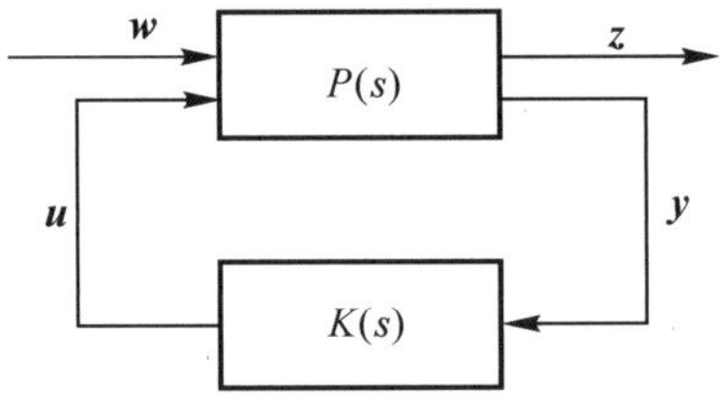

图 6-1 H_∞ 控制广义系统描述

图 6-1 中，$K(s)$ 为需要进行设计的控制器；$P(s)$ 为广义被控对象，可由以下的状态空间方程描述：

$$\left.\begin{aligned}\dot{\boldsymbol{x}} &= \boldsymbol{A}\boldsymbol{x} + \boldsymbol{B}_1\boldsymbol{w} + \boldsymbol{B}_2\boldsymbol{u}\\ \boldsymbol{z} &= \boldsymbol{C}_1\boldsymbol{x} + \boldsymbol{D}_{11}\boldsymbol{w} + \boldsymbol{D}_{12}\boldsymbol{u}\\ \boldsymbol{y} &= \boldsymbol{C}_2\boldsymbol{x} + \boldsymbol{D}_{21}\boldsymbol{w} + \boldsymbol{D}_{22}\boldsymbol{u}\end{aligned}\right\} \tag{6.1.1}$$

式中，$\boldsymbol{x} \in \mathbf{R}^n$ 是系统状态变量；$\boldsymbol{w} \in \mathbf{R}^q$ 是外部干扰信号，包括参考信号、干扰和噪声；$\boldsymbol{z} \in \mathbf{R}^r$ 是被控输出信号，通常包括跟踪信号、调节信号和执行机构输出；$\boldsymbol{u} \in \mathbf{R}^m$ 是控制输入信号；$\boldsymbol{y} \in \mathbf{R}^p$ 是测量信号，如传感器输出信号等。

H_∞ 控制就是要设计一个控制器

$$\boldsymbol{u}(s) = \boldsymbol{K}(s)\boldsymbol{y}(s) \tag{6.1.2}$$

使得闭环系统满足：

(1) 闭环系统是内部稳定的，即闭环系统状态矩阵的所有特征值均在左半开复平面内；

(2) 从扰动输入 $\boldsymbol{w}$ 到被调输出 $\boldsymbol{z}$ 的闭环传递函数 $T_{wz}(s)$ 的 H_∞ 范数小于 1，即 $\| T_{wz}(s) \|_\infty < 1$。

通过将系统模型中的系数矩阵分别乘以一个适当的常数，可以使得闭环系统具有给定 H_∞ 性能 γ，即使得 $\| T_{wz}(s) \|_\infty < \gamma$ 的 H_∞ 控制问题转化为使得 $\| T_{wz}(s) \|_\infty < 1$ 的标准 H_∞ 控制问题。具有给定 H_∞ 性能 γ 的 H_∞ 控制器成为系统式(6.1.1)的 $\gamma-1$ 次优 H_∞ 控制器。进一步，通过对 γ 的搜索，可以求取使得闭环系统的扰动抑制度最小化的控制器，这样的控制问题称为系

统式(6.1.1) 的最优 H_∞ 控制问题,此时得到的 H_∞ 控制器称为系统的最优 H_∞ 控制器。

H_∞ 控制分为状态反馈和输出反馈两种情况,下面分别介绍两种情况下的 LMI 求解方法。

6.1.1.2　状态反馈 H_∞ 控制

假定系统的状态是可以直接测量到的,状态反馈控制器的设计即要求设计一个静态的控制器 $\boldsymbol{u}=\boldsymbol{Kx}$,使得相应的闭环系统

$$\left.\begin{aligned}\dot{\boldsymbol{x}}&=(\boldsymbol{A}+\boldsymbol{B}_2\boldsymbol{K})\boldsymbol{x}+\boldsymbol{B}_1\boldsymbol{w}\\ \boldsymbol{z}&=(\boldsymbol{C}_1+\boldsymbol{D}_{12}\boldsymbol{K})\boldsymbol{x}+\boldsymbol{D}_{11}\boldsymbol{w}\end{aligned}\right\}\tag{6.1.3}$$

是渐进稳定的,且其闭环传递函数 $T_{zw}(s)$ 的 H_∞ 范数满足[53]

$$\|\boldsymbol{T}_{zw}(s)\|_\infty=\|(\boldsymbol{C}_1+\boldsymbol{D}_{12}\boldsymbol{K})[s\boldsymbol{I}-(\boldsymbol{A}+\boldsymbol{B}_2\boldsymbol{K})]^{-1}\boldsymbol{B}_1+\boldsymbol{D}_{11}\|_\infty<1\tag{6.1.4}$$

具有这样性质的控制律称为系统的一个状态反馈控制律。

定理 6.1:对系统式(6.1.1) 来说,存在一个状态反馈 H_∞ 控制器,当且仅当存在一个对称正定矩阵 $\boldsymbol{X}$ 和矩阵 $\boldsymbol{W}$ 时,使得如下的矩阵不等式

$$\begin{bmatrix}\boldsymbol{AX}+\boldsymbol{B}_2\boldsymbol{W}+(\boldsymbol{AX}+\boldsymbol{B}_2\boldsymbol{W})^{\mathrm{T}} & \boldsymbol{B}_1 & (\boldsymbol{C}_1\boldsymbol{X}+\boldsymbol{D}_{12}\boldsymbol{W})^{\mathrm{T}}\\ \boldsymbol{B}_1^{\mathrm{T}} & -\boldsymbol{I} & \boldsymbol{D}_{11}^{\mathrm{T}}\\ \boldsymbol{C}_1\boldsymbol{X}+\boldsymbol{D}_{12}\boldsymbol{W} & \boldsymbol{D}_{11} & -\boldsymbol{I}\end{bmatrix}<\boldsymbol{0}\tag{6.1.5}$$

成立。进而,如果式(6.1.5) 存在一个可行解 $\boldsymbol{X}^*,\boldsymbol{W}^*$,则 $\boldsymbol{u}=\boldsymbol{W}^*(\boldsymbol{X}^*)^{-1}\boldsymbol{x}$ 是系统的一个状态反馈 H_∞ 控制器。

6.1.1.3　输出反馈 H_∞ 控制

在许多实际问题中,系统的状态往往是不能直接测量的,故难以应用状态反馈控制来对系统进行控制,有时即使系统的状态可以直接测量,但考虑到实施控制的成本和系统的可靠性等因素,如果可以用系统的输出反馈来达到闭环系统各性能要求,则更适合于选择输出反馈的控制方式[53]。

做如下假定:

(1) $(\boldsymbol{A},\boldsymbol{B}_2,\boldsymbol{C}_2)$ 是能稳定能检测的;

(2) $\boldsymbol{D}_{22}=\boldsymbol{0}$。

条件(1) 对系统的输出反馈镇定是充分必要的,而条件(2) 的假定并不失一般性,因为一般系统的 H_∞ 控制问题可以转化成这样一种特殊的情况。

输出反馈控制器设计的目的是设计一个具有以下状态空间实现的控制器 $\boldsymbol{u}=\boldsymbol{Ky}$:

$$\left.\begin{aligned}\dot{\hat{\boldsymbol{x}}}&=\boldsymbol{A}_K\hat{\boldsymbol{x}}+\boldsymbol{B}_K\boldsymbol{y}\\ \boldsymbol{u}&=\boldsymbol{C}_K\hat{\boldsymbol{x}}+\boldsymbol{D}_K\boldsymbol{y}\end{aligned}\right\}\tag{6.1.6}$$

式中，$\hat{\boldsymbol{x}}\in\mathbf{R}^{n_K}$ 是控制器的状态；$\boldsymbol{A}_K,\boldsymbol{B}_K,\boldsymbol{C}_K,\boldsymbol{D}_K$ 是待确定的控制器参数矩阵。

定理 6.2[53]：系统式(6.1.1)存在一个输出反馈 H_∞ 控制器，当且仅当存在对称正定矩阵 $\boldsymbol{X}$ 和 $\boldsymbol{Y}$，使得以下矩阵不等式成立：

$$\begin{bmatrix}\boldsymbol{N}_o & \boldsymbol{0}\\ \boldsymbol{0} & \boldsymbol{I}\end{bmatrix}^{\mathrm{T}}\begin{bmatrix}\boldsymbol{A}^{\mathrm{T}}\boldsymbol{X}+\boldsymbol{X}\boldsymbol{A} & \boldsymbol{X}\boldsymbol{B}_1 & \boldsymbol{C}_1^{\mathrm{T}}\\ \boldsymbol{B}_1^{\mathrm{T}}\boldsymbol{X} & -\boldsymbol{I} & \boldsymbol{D}_{11}^{\mathrm{T}}\\ \boldsymbol{C}_1 & \boldsymbol{D}_{11} & -\boldsymbol{I}\end{bmatrix}\begin{bmatrix}\boldsymbol{N}_o & \boldsymbol{0}\\ \boldsymbol{0} & \boldsymbol{I}\end{bmatrix}<\boldsymbol{0}\tag{6.1.7}$$

$$\begin{bmatrix}\boldsymbol{N}_c & \boldsymbol{0}\\ \boldsymbol{0} & \boldsymbol{I}\end{bmatrix}^{\mathrm{T}}\begin{bmatrix}\boldsymbol{A}\boldsymbol{Y}+\boldsymbol{Y}\boldsymbol{A}^{\mathrm{T}} & \boldsymbol{Y}\boldsymbol{C}_1^{\mathrm{T}} & \boldsymbol{B}_1\\ \boldsymbol{C}_1\boldsymbol{Y} & -\boldsymbol{I} & \boldsymbol{D}_{11}\\ \boldsymbol{B}_1^{\mathrm{T}}\boldsymbol{C}_1 & \boldsymbol{D}_{11}^{\mathrm{T}} & -\boldsymbol{I}\end{bmatrix}\begin{bmatrix}\boldsymbol{N}_c & \boldsymbol{0}\\ \boldsymbol{0} & \boldsymbol{I}\end{bmatrix}<\boldsymbol{0}\tag{6.1.8}$$

$$\begin{bmatrix}\boldsymbol{X} & \boldsymbol{I}\\ \boldsymbol{I} & \boldsymbol{Y}\end{bmatrix}\geqslant\boldsymbol{0}\tag{6.1.9}$$

其中，$\boldsymbol{N}_o$ 和 $\boldsymbol{N}_c$ 分别是以子空间 $\ker([\boldsymbol{C}_2\quad\boldsymbol{D}_{21}])$ 和 $\ker([\boldsymbol{B}_2^{\mathrm{T}}\quad\boldsymbol{D}_{12}^{\mathrm{T}}])$ 中任意一组基向量作为列向量所构成的矩阵，即分别满足 $\mathrm{Im}\boldsymbol{N}_o=\ker([\boldsymbol{C}_2\quad\boldsymbol{D}_{21}])$ 和 $\mathrm{Im}\boldsymbol{N}_c=\ker([\boldsymbol{B}_2^{\mathrm{T}}\quad\boldsymbol{D}_{12}^{\mathrm{T}}])$ 的矩阵 $\boldsymbol{N}_o$ 和 $\boldsymbol{N}_c$。

H_∞ 输出反馈控制问题也称为广义调节器问题，H_∞ 输出反馈控制器只能利用系统可测量的状态信号而非全部状态信息，该控制器可以由一个 H_∞ 全信息控制器和一个 H_∞ 滤波器构成。

6.1.2 编队飞行的鲁棒 H_∞ 控制律设计

无人机编队控制的主要目的是控制编队队形在整个飞行过程中保持不变。僚机要跟踪长机状态的改变，包括航向变化、速度变化和高度变化等，从而使整个编队队形保持不变。此外，根据外界环境和任务要求，无人机编队飞行还应该能合理地进行队形变换。

6.1.2.1 编队飞行控制系统结构

用于模拟编队飞行控制系统的控制框图如图6-2所示。长机自动驾驶仪发出的指令控制整个编队，单架僚机的控制指令来自编队控制器。长机完全独立于僚机，长机信息是通过僚机的外部传感器提供给僚机的。外部传感器测量、运动学计算、编队控制律和编队间隔指令均在僚机模块中执行。通过复制僚机模块即可增加额外的无人机到编队飞行仿真中，因此，该编队飞行控制系统结构具有很好的扩充性，也适用于多架僚机组成的无人机编队。

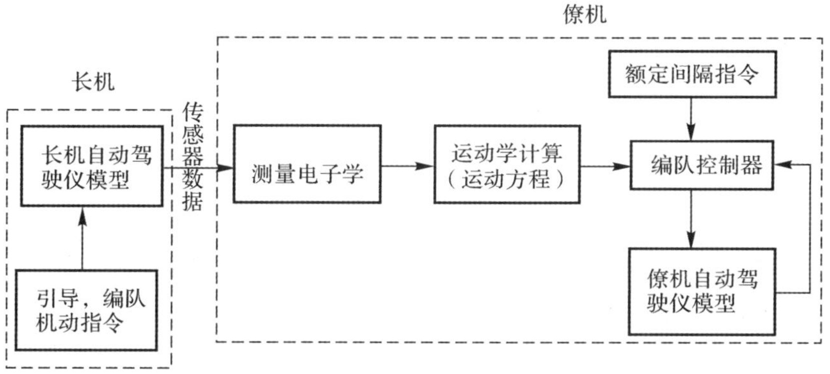

图 6-2　编队飞行控制系统结构框图

编队飞行鲁棒控制的仿真结构图如图 6-3 所示。

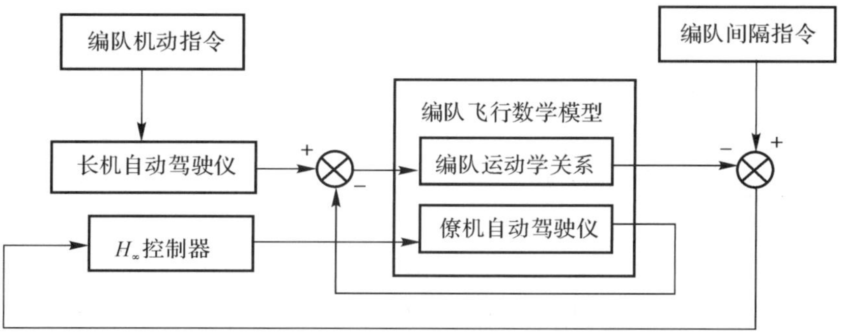

图 6-3　编队飞行鲁棒控制仿真结构图

根据无人机松散编队飞行的数学模型，如状态空间方程式(4.4.18)所示，可以看到，Y 通道、Z 通道都与 X 通道完全解耦，X 通道与 Y 通道之间基本解耦，唯一的耦合发生在 X 通道的航向角速率。因此，可以先单独对 Y 通道和 Z 通道进行鲁棒 H_∞ 控制器设计，然后再整合到一起对 X 通道设计控制器。由于解耦，状态向量 $\mathbf{X}\in\mathbf{R}^7$ 可以进一步划分为

$$\mathbf{X}=[[x\quad V_W]\quad[y\quad \psi_W\quad \dot{\psi}_W]\quad[z\quad \zeta]]^{\mathrm{T}}$$

对于无人机紧密编队飞行，数学模型的状态空间方程描述为

$$
\begin{bmatrix}
\dot{x} \\
\dot{v}_W \\
\dot{y} \\
\dot{\psi}_W \\
\ddot{\psi}_W \\
\dot{z} \\
\dot{\zeta}
\end{bmatrix}
= \boldsymbol{A}_{\text{Close}}
\begin{bmatrix}
x \\
v_W \\
y \\
\psi_W \\
\dot{\psi}_W \\
z \\
\zeta
\end{bmatrix}
+ \boldsymbol{B}_{\text{Close}}
\begin{bmatrix}
v_{W_c} \\
\psi_{W_c} \\
h_{W_c}
\end{bmatrix}
+ \boldsymbol{\Gamma}_{\text{Close}}
\begin{bmatrix}
v_L \\
\psi_L \\
h_{L_c}
\end{bmatrix}
\tag{6.1.10}
$$

考虑气动耦合影响的紧密编队状态空间方程模型(α)：

$$
\boldsymbol{A}_{\text{Close}\_\alpha} =
\begin{bmatrix}
0 & -1 & 0 & 0 & 0.365\ 5 & 0 & 0 \\
0 & -0.028\ 6 & -0.047\ 2 & 0 & 0 & 0 & 0 \\
0 & 0 & 0 & -1 & -0.930\ 8 & 0 & 0 \\
0 & 0 & 0 & 0 & 1 & 0 & 0 \\
0 & 0 & -0.008\ 7 & -0.024\ 3 & -0.311\ 7 & -0.032\ 6 & 0 \\
0 & 0 & 0 & 0 & 0 & 0 & 1 \\
0 & 0 & 0.463\ 5 & 0 & 0 & -0.017\ 3 & -0.503\ 0
\end{bmatrix}
$$

$$
\boldsymbol{B}_{\text{Close}\_\alpha} =
\begin{bmatrix}
0 & 0 & 0 \\
0.028\ 6 & 0 & 0 \\
0 & 0 & 0 \\
0 & 0 & 0 \\
0 & 0.024\ 3 & 0 \\
0 & 0 & 0 \\
0 & 0 & 0.017\ 3
\end{bmatrix}, \quad
\boldsymbol{\Gamma}_{\text{Close}\_\alpha} =
\begin{bmatrix}
1 & 0 & 0 \\
0 & 0 & 0 \\
0 & 1 & 0 \\
0 & 0 & 0 \\
0 & 0 & 0 \\
0 & 0 & 0 \\
0 & 0 & -0.017\ 3
\end{bmatrix}
$$

当阻力、升力和侧力在 x,y,z 三轴方向上的稳定性导数均为零时，即可得到不考虑气动耦合影响的紧密编队状态空间方程模型(β)：

$$
\boldsymbol{A}_{\text{Close}\_\beta} =
\begin{bmatrix}
0 & -1 & 0 & 0 & 0.365\ 5 & 0 & 0 \\
0 & -0.028\ 6 & 0 & 0 & 0 & 0 & 0 \\
0 & 0 & 0 & -1 & -0.930\ 8 & 0 & 0 \\
0 & 0 & 0 & 0 & 1 & 0 & 0 \\
0 & 0 & 0 & -0.024\ 3 & -0.311\ 7 & 0 & 0 \\
0 & 0 & 0 & 0 & 0 & 0 & 1 \\
0 & 0 & 0 & 0 & 0 & -0.017\ 3 & -0.503\ 0
\end{bmatrix}
$$

$$\boldsymbol{B}_{\text{Close\_}\beta}=\begin{bmatrix}0 & 0 & 0\\ 0.0286 & 0 & 0\\ 0 & 0 & 0\\ 0 & 0 & 0\\ 0 & 0.0243 & 0\\ 0 & 0 & 0\\ 0 & 0 & 0.0173\end{bmatrix},\quad \boldsymbol{\Gamma}_{\text{Close\_}\beta}=\begin{bmatrix}1 & 0 & 0\\ 0 & 0 & 0\\ 0 & 1 & 0\\ 0 & 0 & 0\\ 0 & 0 & 0\\ 0 & 0 & 0\\ 0 & 0 & -0.0173\end{bmatrix}$$

可以看到，紧密编队状态空间方程模型(α) 和模型(β) 的 $\boldsymbol{B}_{\text{Close}}$ 和 $\boldsymbol{\Gamma}_{\text{Close}}$ 矩阵是完全一致的，只有系统矩阵 $\boldsymbol{A}_{\text{Close}}$ 有所差异。进一步发现，考虑长机对僚机涡流影响的紧密编队模型引入了耦合项，分别表现在 $\boldsymbol{A}_{\text{Close}}(2,3)=-0.0472$，$\boldsymbol{A}_{\text{Close}}(5,3)=-0.0087$，$\boldsymbol{A}_{\text{Close}}(7,3)=0.4653$ 和 $\boldsymbol{A}_{\text{Close}}(5,6)=-0.0326$，但各耦合项数值较小，即 Z 通道(高度通道) 与 X 通道(速度通道) 依然完全解耦；但是 X 通道与 Y 通道(航向通道)之间，以及 Y 通道与 Z 通道之间，均发生了一定的耦合。

对比松散编队状态空间方程各矩阵，可将不考虑气动耦合影响的紧密编队模型和考虑气动耦合影响的紧密编队模型的状态方程中各矩阵分别看成是松散编队状态空间模型各矩阵中一定的参数摄动。

因此，本章采用无人机松散编队飞行的数学模型开展鲁棒控制器设计。

6.1.2.2　Y 通道 H_∞ 控制器设计

1. 设计思想

解耦的 Y 通道状态方程为

$$\begin{bmatrix}\dot{y}\\ \dot{\psi}_W\\ \ddot{\psi}_W\end{bmatrix}=\begin{bmatrix}0 & -1 & -\cos\alpha\\ 0 & 0 & 1\\ 0 & -1/(\tau_{\psi a}\tau_{\psi b}) & -(1/\tau_{\psi a}+1/\tau_{\psi b})\end{bmatrix}\begin{bmatrix}y\\ \psi_W\\ \dot{\psi}_W\end{bmatrix}+\begin{bmatrix}0\\ 0\\ 1/(\tau_{\psi a}\tau_{\psi b})\end{bmatrix}\psi_{W_c}+\begin{bmatrix}1\\ 0\\ 0\end{bmatrix}\psi_L \tag{6.1.11}$$

设计的 Y 通道鲁棒 H_∞ 控制器应使系统响应能精确跟踪长机发出的航向角机动，并按要求保持僚机参考系中 y 方向的间隔不变。根据控制目的，选择航向角的误差信号 $\psi_e=\psi_L-\psi_W$ 作为评价指标，选择要求的 y 方向间隔 y_c 和长机的航向角信号 ψ_L 作为外部输入 w。

为了将参考信号引入到系统中，同时准确跟踪给定长机航向角 ψ_L，又分别增加 y 方向间隔误差和航向角误差的积分信号 y_e/s 和 ψ_e/s 作为状态变量，

则有

$$(\dot{y}_e/s)=y_e=y_c-y,\quad (\dot{\psi}_e/s)=\psi_e=\psi_L-\psi_W$$

选择 Y 通道的状态变量为

$$\boldsymbol{X}_Y=[y\quad y_e/s\quad \psi_W\quad \psi_e/s\quad \dot{\psi}_W]^{\mathrm{T}}$$

对应于式(6.1.11),对 Y 通道状态方程进行增广扩维。其中,$\boldsymbol{A}_Y\in\mathbf{R}^{5\times5}$,$\boldsymbol{B}_{1Y}\in\mathbf{R}^{5\times2}$,$\boldsymbol{B}_{2Y}\in\mathbf{R}^{5\times1}$ 是增广模型的系数矩阵,都可以由原系统的 Y 通道系数矩阵扩展得到。

将原系统 Y 通道方程扩展成广义被控对象模型如下:

$$\begin{bmatrix}\dot{y}\\ \dot{y}_e/s\\ \dot{\psi}_W\\ \dot{\psi}_e/s\\ \ddot{\psi}_W\end{bmatrix}=\begin{bmatrix}0&0&-1&0&-0.949\\ -1&0&0&0&0\\ 0&0&0&0&10\\ 0&0&-1&0&0\\ 0&0&-0.585&0&-1.530\end{bmatrix}\begin{bmatrix}y\\ y_e/s\\ \psi_W\\ \psi_e/s\\ \dot{\psi}_W\end{bmatrix}+\begin{bmatrix}0&1\\ 1&0\\ 0&0\\ 0&1\\ 0&0\end{bmatrix}\begin{bmatrix}y_c\\ \psi_L\end{bmatrix}+\begin{bmatrix}0\\ 0\\ 0\\ 0\\ 0.585\end{bmatrix}\psi_{Wc}\tag{6.1.12}$$

令 $\boldsymbol{x}_Y=[y\quad y_e/s\quad \psi_W\quad \psi_e/s\quad \dot{\psi}_W]^{\mathrm{T}},\quad \boldsymbol{w}=[y_c\quad \psi_L]^{\mathrm{T}},\quad \boldsymbol{u}=\psi_{Wc}$

则可得到标准鲁棒控制模型:

$$\left.\begin{aligned}\dot{\boldsymbol{x}}_Y&=\boldsymbol{A}_Y\boldsymbol{x}_Y+\boldsymbol{B}_{1Y}\boldsymbol{w}+\boldsymbol{B}_{2Y}\boldsymbol{u}\\ \boldsymbol{z}_Y&=\boldsymbol{C}_{1Y}x_{\boldsymbol{Y}}+\boldsymbol{D}_{11Y}\boldsymbol{w}+\boldsymbol{D}_{12Y}\boldsymbol{u}\\ \boldsymbol{y}_Y&=\boldsymbol{x}_Y\end{aligned}\right\}\tag{6.1.13}$$

2. 控制器设计

H_∞ 控制器设计的关键是加权矩阵 $\boldsymbol{C}_{1Y}$,$\boldsymbol{D}_{11Y}$,$\boldsymbol{D}_{12Y}$ 的选择,控制效果的优劣很大程度上取决于加权矩阵的选择。经过反复调参实验,选择 Y 通道的加权矩阵如下:

$$\boldsymbol{C}_{1Y}=[0\quad 0.2\quad 0\quad 0.05\quad 0]$$
$$\boldsymbol{D}_{11Y}=[0\quad 0\quad 0]$$
$$\boldsymbol{D}_{12Y}=[0]$$

根据定理 6.1,对系统式(6.1.13)来说,存在一个状态反馈 H_∞ 控制器,当且仅当存在一个对称正定矩阵 $\boldsymbol{X}$ 和矩阵 $\boldsymbol{W}$ 时,使得如下的矩阵不等式

$$\begin{bmatrix} A_Y X + B_{2Y} W + (A_Y X + B_{2Y} W)^{\mathrm{T}} & B_{1Y} & (C_{1Y} X + D_{12Y} W)^{\mathrm{T}} \\ B_{1Y}^{\mathrm{T}} & -I & D_{11Y}^{\mathrm{T}} \\ C_{1Y} X + D_{12Y} W & D_{11Y} & -I \end{bmatrix} < 0 \tag{6.1.14}$$

成立。进而,如果式(6.1.14)存在一个可行解 X^*, W^*,则 $u = W^* (X^*)^{-1} x$ 是系统式(6.1.13)的一个状态反馈 H_∞ 控制器。

对于给定的标量 $\gamma > 0$,求系统的状态反馈次优控制器,因为 $\| T_{zw}(s) \|_\infty < \gamma$,则可以推出 $\| \gamma^{-1} T_{zw}(s) \|_\infty < 1$,通过用 $\gamma^{-1} C_1, \gamma^{-1} D_{11}$ 和 $\gamma^{-1} D_{12}$ 来代替模型式(6.1.3)中的矩阵 C_1, D_{11} 和 D_{12},可得对新系统模型所求的状态反馈 $\gamma-1$ 次优 H_∞ 控制器。则相应的矩阵不等式变为

$$\begin{bmatrix} A_Y X + B_{2Y} W + (A_Y X + B_{2Y} W)^{\mathrm{T}} & B_{1Y} & \gamma^{-1}(C_{1Y} X + D_{12Y} W)^{\mathrm{T}} \\ B_{1Y}^{\mathrm{T}} & -I & \gamma^{-1} D_{11Y}^{\mathrm{T}} \\ \gamma^{-1}(C_{1Y} X + D_{12Y} W) & \gamma^{-1} D_{11Y} & -I \end{bmatrix} < 0 \tag{6.1.15}$$

在式(6.1.15)两边分别左乘和右乘矩阵 $\mathrm{diag}\{I, I, \gamma I\}$,可得等价的矩阵不等式:

$$\begin{bmatrix} A_Y X + B_{2Y} W + (A_Y X + B_{2Y} W)^{\mathrm{T}} & B_{1Y} & (C_{1Y} X + D_{12Y} W)^{\mathrm{T}} \\ B_{1Y}^{\mathrm{T}} & -I & D_{11Y}^{\mathrm{T}} \\ C_{1Y} X + D_{12Y} W & D_{11Y} & -\gamma^2 I \end{bmatrix} < 0 \tag{6.1.16}$$

根据定理6.1,可通过求解上述线性矩阵不等式得到系统式(6.1.13)的状态反馈 $\gamma-1$ 次优 H_∞ 控制器。

基于式(6.1.16),通过建立和求解以下的优化问题

$$\min \rho$$

$$\text{st.} \quad \begin{bmatrix} A_Y X + B_{2Y} W + (A_Y X + B_{2Y} W)^{\mathrm{T}} & B_{1Y} & (C_{1Y} X + D_{12Y} W)^{\mathrm{T}} \\ B_{1Y}^{\mathrm{T}} & -I & D_{11Y}^{\mathrm{T}} \\ C_{Y1} X + D_{12Y} W & D_{11Y} & -\rho I \end{bmatrix} < 0 \tag{6.1.17}$$

$$X > 0$$

如果该优化问题有解,结合定理6.1,利用该优化问题的最优解就可以得到系统式(6.1.13)的最优 H_∞ 控制器,相应的最小扰动度是 $\sqrt{\rho}$。

式(6.1.16)是一个具有线性矩阵不等式约束和线性目标函数的凸优化问题,可以应用 LMI 工具箱中的求解器 mincx 来进行求解,解得一个具有如下形式的控制器:

$$\boldsymbol{K}_Y = \boldsymbol{W}^* (\boldsymbol{X}^*)^{-1} \boldsymbol{x}_Y \tag{6.1.18}$$

6.1.2.3 Z 通道 H_∞ 控制器设计

1. 设计思想

解耦的 Z 通道状态方程为

$$\begin{bmatrix} \dot{z} \\ \dot{\zeta} \end{bmatrix} = \begin{bmatrix} 0 & 1 \\ -\dfrac{1}{\tau_{ha}\tau_{hb}} & -\left(\dfrac{1}{\tau_{ha}}+\dfrac{1}{\tau_{hb}}\right) \end{bmatrix} \begin{bmatrix} z \\ \zeta \end{bmatrix} + \begin{bmatrix} 0 \\ \dfrac{1}{\tau_{ha}\tau_{hb}} \end{bmatrix} h_{Wc} + \begin{bmatrix} 0 \\ -\dfrac{1}{\tau_{ha}\tau_{hb}} \end{bmatrix} h_{Lc} \tag{6.1.19}$$

为了将参考信号引入到系统中，同时准确跟踪给定长机高度 h_L，增加 z 方向间隔误差的积分信号 z_e/s 作为状态变量，有

$$(\dot{z_e/s}) = z_e = z_c - z$$

这里需要说明的是，由于 Z 通道的高度误差 $z = h_W - h_L$，故不需再增加高度误差的积分信号作为状态变量。

Z 通道的状态变量为 $\quad \boldsymbol{X}_Z = [z \quad \zeta \quad z_e/s]^{\mathrm{T}}$

将原系统 Z 通道方程扩展成广义被控对象模型如下：

$$\begin{bmatrix} \dot{z} \\ \dot{\zeta} \\ \dot{z_e/s} \end{bmatrix} = \begin{bmatrix} 0 & 1 & 0 \\ -0.418 & -2.471 & 0 \\ -1 & 0 & 0 \end{bmatrix} \begin{bmatrix} z \\ \zeta \\ z_e/s \end{bmatrix} + \begin{bmatrix} 0 & 0 \\ -0.418 & 0 \\ 0 & 1 \end{bmatrix} \begin{bmatrix} h_{Lc} \\ z_c \end{bmatrix} + \begin{bmatrix} 0 \\ 0.418 \\ 0 \end{bmatrix} \boldsymbol{h}_{Wc} \tag{6.1.20}$$

令 $\quad \boldsymbol{x}_z = [z \quad \zeta \quad z_e/s]^{\mathrm{T}}, \quad \boldsymbol{w} = [h_L \quad z_c]^{\mathrm{T}}, \quad \boldsymbol{u} = \boldsymbol{h}_{Wc}$

则可得到标准鲁棒控制模型：

$$\left.\begin{aligned} \dot{\boldsymbol{x}}_Z &= \boldsymbol{A}_Z \boldsymbol{x}_Z + \boldsymbol{B}_{1Z}\boldsymbol{w} + \boldsymbol{B}_{2Z}\boldsymbol{u} \\ \boldsymbol{z}_Z &= \boldsymbol{C}_{1Z}\boldsymbol{x}_Y + \boldsymbol{D}_{11Z}\boldsymbol{w} + \boldsymbol{D}_{12Z}\boldsymbol{u} \\ \boldsymbol{y}_Z &= \boldsymbol{x}_Z \end{aligned}\right\} \tag{6.1.21}$$

2. 控制器设计

经过反复调参实验，选择 Z 通道的加权矩阵如下：

$$\boldsymbol{C}_{1Z} = [0 \quad 0 \quad 0.8]$$

$$\boldsymbol{D}_{11Z} = [0 \quad 0]$$

$$\boldsymbol{D}_{12Z} = [0]$$

控制器求解方法同 Y 通道，解得一个高度通道的控制器为

$$\boldsymbol{K}_Z = \boldsymbol{W}^* (\boldsymbol{X}^*)^{-1} \boldsymbol{x}_Z \tag{6.1.22}$$

6.1.2.4　X 通道 H_∞ 控制器设计

1. 设计思想

X 通道有两个干扰量，长机速度 v_L 和由于航向改变 Y 通道与 X 通道之间的耦合量 $\dot{\psi}_W$，故重写 X 通道的状态方程为

$$\begin{bmatrix}\dot{x}\\ \dot{v}_W\end{bmatrix}=\begin{bmatrix}0 & -1\\ 0 & -\dfrac{1}{\tau_v}\end{bmatrix}\begin{bmatrix}x\\ v_W\end{bmatrix}+\begin{bmatrix}0\\ \dfrac{1}{\tau_v}\end{bmatrix}v_{W_c}+\begin{bmatrix}1 & \sin\alpha\\ 0 & 0\end{bmatrix}\begin{bmatrix}v_L\\ \dot{\psi}_W\end{bmatrix}\tag{6.1.23}$$

设计的 X 通道鲁棒 H_∞ 控制器应使系统响应能精确跟踪长机发出的速度机动，并保持僚机参考系中 x 方向的间隔不变。根据控制目的，选择航向角的误差信号 $v_e=v_L-v_W$ 作为评价指标，选择要求的 x 方向间隔 x_c 和长机的航向角信号 v_L 作为外部输入 w。

为了将参考信号引入到系统中，同时准确跟踪给定长机速度 v_L，又分别增加 x 方向间隔误差和速度误差的积分信号 x_e/s 和 v_e/s 作为状态变量，则有

$$(\dot{x}_e/s)=x_e=x_c-x,\quad (\dot{v}_e/s)=v_e=v_L-v_W$$

X 通道的状态变量为　　　　$\boldsymbol{X}_X=[x\quad x_e/s\quad v_W\quad v_e/s]^{\mathrm{T}}$

将原系统 X 通道方程扩展成广义被控对象模型如下：

$$\begin{bmatrix}\dot{x}\\ \dot{x}_e/s\\ \dot{v}_W\\ \dot{v}_e/s\end{bmatrix}=\begin{bmatrix}0 & 0 & -1 & 0\\ -1 & 0 & 0 & 0\\ 0 & 0 & -0.141 & 0\\ 0 & 0 & -1 & 0\end{bmatrix}\begin{bmatrix}x\\ x_e/s\\ v_W\\ v_e/s\end{bmatrix}+\begin{bmatrix}0 & 1 & 0.316\\ 1 & 0 & 0\\ 0 & 0 & 0\\ 0 & 1 & 0\end{bmatrix}\begin{bmatrix}x_c\\ v_L\\ \dot{\psi}_W\end{bmatrix}+\begin{bmatrix}0\\ 0\\ 0.141\\ 0\end{bmatrix}\boldsymbol{v}_{W_c}\tag{6.1.24}$$

令 $\boldsymbol{x}_X=[x\quad x_e/s\quad v_W\quad v_e/s]^{\mathrm{T}}$，　$\boldsymbol{w}=[x_c\quad v_L\quad \dot{\psi}_W]^{\mathrm{T}}$，　$\boldsymbol{u}=\boldsymbol{v}_{W_c}$

则可得到标准鲁棒控制模型：

$$\left.\begin{aligned}\dot{\boldsymbol{x}}_X&=\boldsymbol{A}_X\boldsymbol{x}_X+\boldsymbol{B}_{1X}\boldsymbol{w}+\boldsymbol{B}_{2X}\boldsymbol{u}\\ \boldsymbol{z}_X&=\boldsymbol{C}_{1X}\boldsymbol{x}_X+\boldsymbol{D}_{11X}\boldsymbol{w}+\boldsymbol{D}_{12X}\boldsymbol{u}\\ \boldsymbol{y}_X&=\boldsymbol{x}_X\end{aligned}\right\}\tag{6.1.25}$$

2. 控制器设计

经过反复调参实验，选择 X 通道的加权矩阵如下：

$$\boldsymbol{C}_{1X}=[0\quad 0.1\quad 0.01\quad -0.35]$$
$$\boldsymbol{D}_{11X}=[0\quad 0\quad 0]$$
$$\boldsymbol{D}_{12X}=[0]$$

控制器求解方法同 Y 通道，解得一个高度通道的控制器为

$$\boldsymbol{K}_X=\boldsymbol{W}^*(\boldsymbol{X}^*)^{-1}\boldsymbol{x}_X\tag{6.1.26}$$

由式(6.1.18)、式(6.1.22)、式(6.1.26)可知,编队飞行鲁棒控制器为

$$\boldsymbol{K}=\begin{bmatrix}K_X & 0 & 0\\ 0 & K_Y & 0\\ 0 & 0 & K_Z\end{bmatrix} \tag{6.1.27}$$

6.1.3 鲁棒 H_∞ 编队飞行控制律仿真验证与分析

无人机编队控制整体仿真模型如图 6-4 所示。

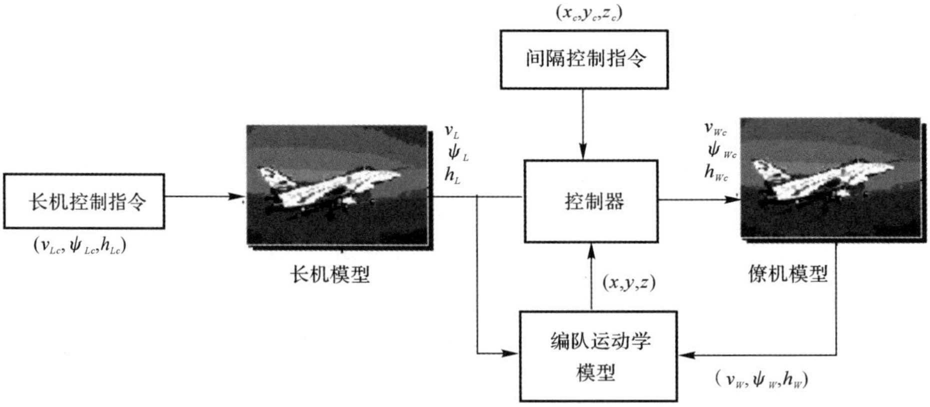

图 6-4 无人机编队控制整体仿真模型

无人机编队飞行中,僚机跟随长机进行机动,主要是跟踪长机的航向、速度和高度指令变化,并保持编队间隔不变,从而保持编队队形。在 Matlab 7.1 的仿真环境中,给定仿真时间 30 s,进行编队机动的仿真验证。假设初始编队时长机与僚机处于同一水平面内,航向角 $\psi_0=0°$,飞行高度 $h_0=900$ m,速度 $v_0=135$ m/s。采用非线性编队飞行模型,对所设计的鲁棒控制器进行验证。

本节的仿真验证有两部分内容,首先是验证松散编队飞行(额定编队间距分别为 $x_0=90$ m,$y_0=30$ m,$z_0=0$ m)的鲁棒 H_∞ 控制器的有效性;然后将用于松散编队飞行的鲁棒 H_∞ 控制器分别应用于不考虑气动耦合和考虑长机涡流对僚机影响的紧密编队(额定编队间距分别为 $x_0=18$ m,$y_0=7.08$ m,$z_0=0$ m)中,验证鲁棒 H_∞ 控制器的鲁棒性。

6.1.3.1 编队队形保持

1. 松散编队队形保持

无人机在进行编队飞行时,长机可能需要执行不同的机动,主要包括航

向、速度或高度机动，僚机应该自动跟踪长机进行机动，同时保持要求的队形不变，即编队间隔恒定。以下是单一机动和组合机动的仿真结果。

(1) 速度增大 9 m/s。从图 6-5 和图 6-6 可以看到，僚机速度非常一致地跟踪长机发起的速度机动，导致长机和僚机的速度曲线完全重合，无法区分。基于此，x 方向间隔应该保持不变。但实际根据 x 方向的响应曲线，x 方向的编队间隔先是稍有增大，然后缓慢减小回到额定值。经分析，应该是由于从长机发起增大速度的机动指令到僚机做出响应开始增大速度，这两者之间存在一定的时间延迟。不过，x 方向的间隔偏差很小，最大误差不到 0.09 m，并在 20 s 内回到了额定值。同时，速度的变化没有影响到航向和高度通道，y 和 z 方向的间隔保持恒定。

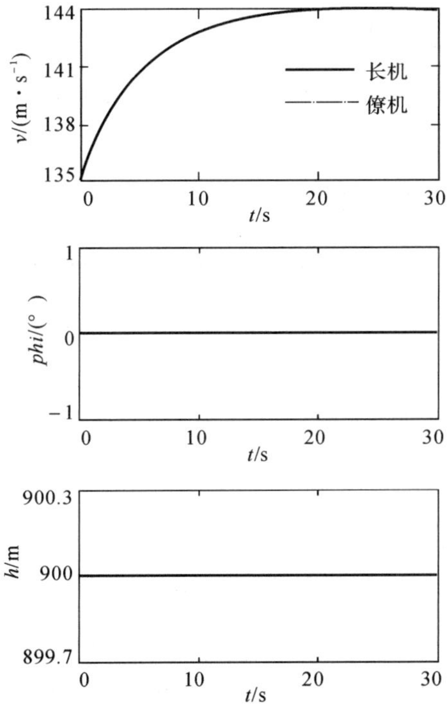

图 6-5 速度变化时长、僚机姿态曲线

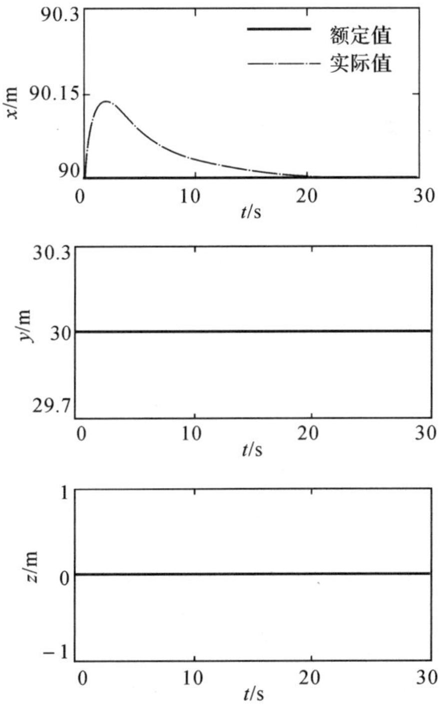

图 6-6 速度变化时长、僚机间隔变化

(2) +20° 航向机动。从图 6-7 和图 6-8 可以看到，在长机发出航向机动后，僚机能在 10 s 内以零稳态误差精确跟踪上长机的航向指令。同时，很明显地看到，在跟随长机航向机动过程中，僚机的速度发生了变化。究其原因，是因为编队发起 +30° 航向机动，即向右转，长机转离僚机，对于"一长一僚"的左菱形编队飞行，为了保持编队，位于外侧的僚机则需要飞行比长机更远的距离，所以僚机必须提高速度追赶长机，进而出现了起初僚机速度短暂增加的情况。这也就引起了 x 方向编队间隔最初的增加，最大值为 90.45 m，偏离额定值＋0.45 m。y 方向编队间隔起初也稍微有增加，最大值为 30.36 m，偏离额定值＋0.36 m，接着减小并最终稳定在额定值。z 方向的间隔曲线图上只能看到一条实线，这是因为航向机动在同一平面内进行，与高度通道没有耦合关系，所以 z 方向编队间隔的实际值和额定值完全相等，始终为零，以致两条曲线重合。

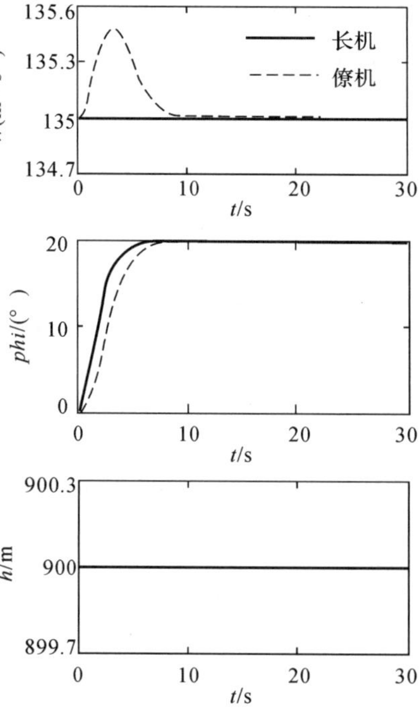

图 6-7　航向变化时长、僚机姿态曲线

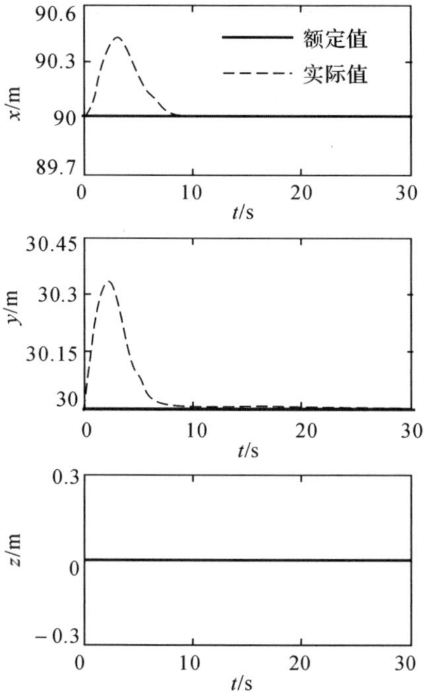

图 6-8　航向变化时长、僚机间隔变化

(3) 高度增加 90 m。从图 6-9 和图 6-10 可知，僚机高度非常紧密地跟踪长机高度的增加，基本没有偏离长机的高度曲线。从 z 方向编队间隔响应曲线看到，z 方向的间隔先快速减小，最大偏差为 0.84 m，然后增大并最终在 5 s 内回到并稳定在额定值。这也是由于僚机缺乏对长机将要做出的机动的先知信息，长机开始增加高度到僚机开始做出响应有一定的延时，所以 z 方向的间隔首先会有所减小。等到僚机相应地增加高度时，z 间隔开始减小直至最终保持额定值。可以看到，高度的变化不会影响到水平方向间隔的变化，即高度通道(z 通道) 完全独立于水平通道(x 和 y 通道)。

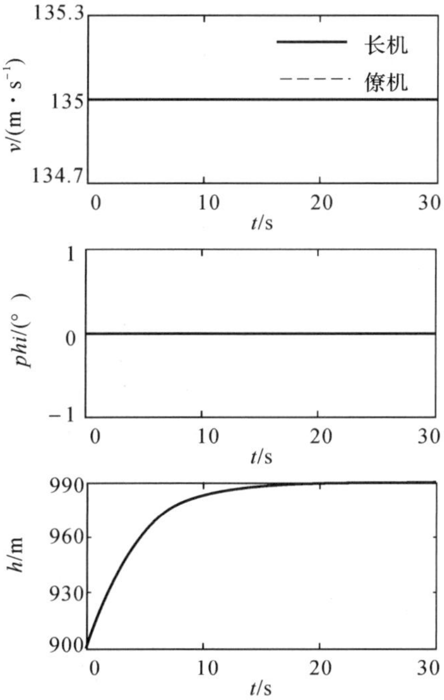

图 6-9　高度变化时长、僚机姿态曲线

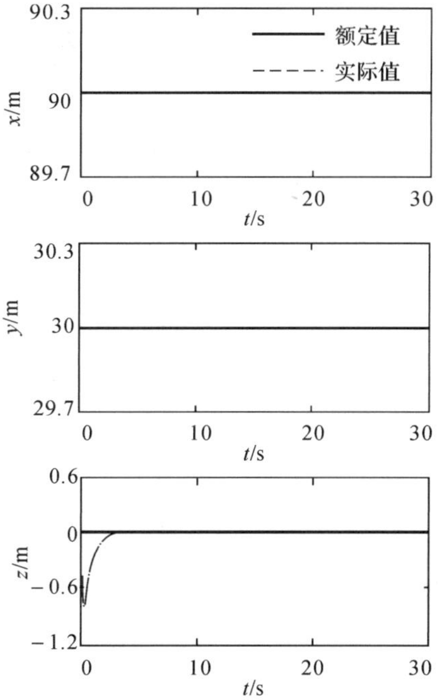

图 6-10　高度变化时长、僚机间隔变化

(4) 速度减小 7.5 m/s ,航向偏转 +20°,高度 −90 m 组合机动。同时进行航向、速度和高度三个通道的组合机动,对于无人机编队飞行的机动验证应该是最严格、苛刻的。从图 6-11 和图 6-12 可以看到,僚机航向和速度在10 s内可以准确跟踪长机航向和速度,并实现零稳态误差。僚机高度很紧密地跟踪长机高度变化,以致在高度时间响应图上无法将长机和僚机的高度响应曲线区分开来。在这种情况下的组合机动中,x 方向间隔的最大偏差为0.51 m,y 方向间隔的最大偏差为 0.45 m,z 方向间隔的最大偏差为 0.69 m。

从速度响应曲线可以看到,僚机速度在 0 ~ 5 s内减小较慢,在 5 ~ 20 s内减小较快,与前面分析类似,是因为除了速度减小机动,长机还发出了 +20° 向右转的航向机动,长机转离僚机,对位处外侧的僚机应该增大速度以尽快追赶长机,这样就与速度减小机动存在一定的冲突,故僚机做出相应调整,同时兼顾这两种机动,先保持较慢的减速,在一定程度上追赶长机,等到航向机动结束再较快地减速以继续完成速度减小机动,这再次体现了无人机编队飞行过程中进行组合机动时很好的协调性。同时表明,航向通道和速度通道两者之间是相互影响的,但它们分别与高度通道是非耦合的。

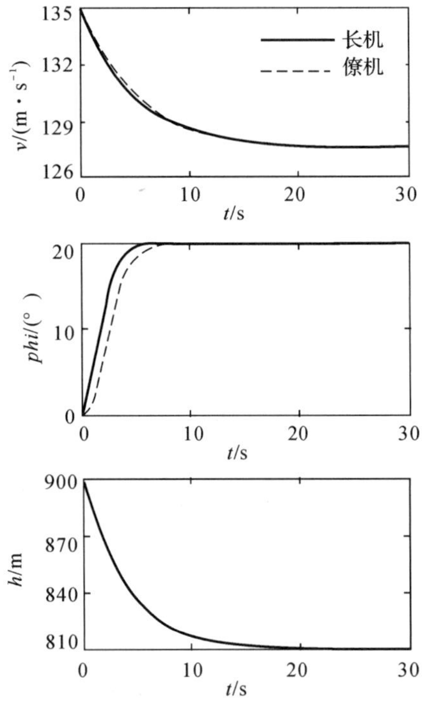

图 6-11　高度变化时长、僚机姿态曲线

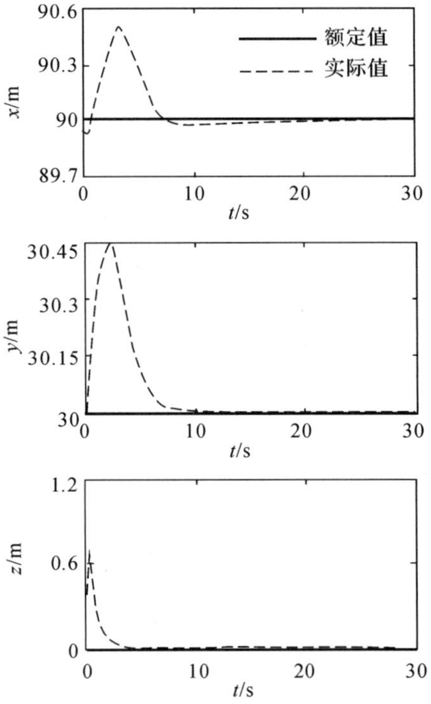

图 6-12　高度变化时长、僚机间隔变化

(5) 航向反复机动。实际无人机编队过程中，可能会发起航向、速度和高度通道的反复机动，这就要求僚机能快速响应长机发起的指令，并实现精确跟踪。以航向反复机动为例，假设航向指令随时间变化如表 6-1 所示。

表 6-1　不同时刻的航向指令要求

时间 /s	0 ～ 10	10 ～ 20	20 ～ 30	30 ～ 40	40 ～ 60
航向 /(°)	0	－20	0	20	0

正、负航向变化机动也可以用于确定有两架僚机分别位于长机两侧的情况。给出长机航向反复变化机动时，采用鲁棒 H_∞ 控制的仿真结果，如图 6-13 所示。

从图 6-13 和图 6-14 可以看到，当长机在一定的时间间隔内发起航向机动时，僚机都能在 10 s 的时间内实现准确、快速跟踪。发起 －20° 航向指令即左转弯，对于左菱形编队，由于僚机在内侧，它需要在同样的时间内飞行比长机较近的距离以保持编队，同时避免与长机发生碰撞，所以起初僚机要降低速度；同理，发起 20° 航向指令即右转弯，左菱形编队的僚机此时位于外侧，需要提高速度追赶长机，飞行更远的距离维持队形不变。航向机动中速度的变化也很好地体现了无人机编队飞行过程中各通道的协调性。这也再次表明了本节所设计的控制器充分利用了长机和僚机之间的状态特性，僚机很好地实现了对长机航向反复机动时的精确跟踪，具有较强的抗干扰性和稳定性。

图 6－15 给出了航向反复机动时长机和僚机的实时轨迹及它们之间编队间隔变化，可知僚机很好地完成了航向机动反复变化的跟踪。

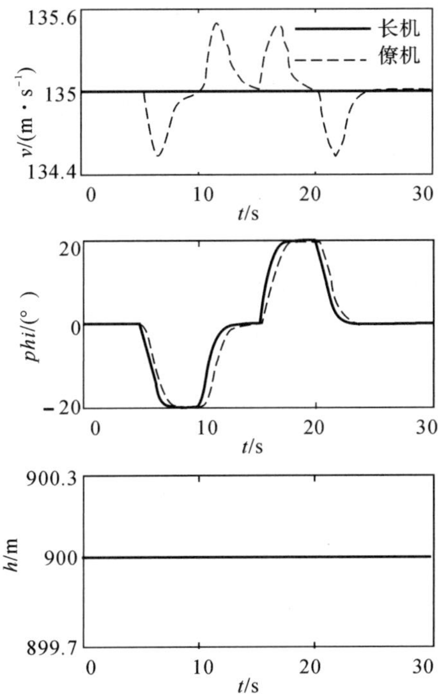

图 6－13　航向反复机动时长、僚机姿态变化

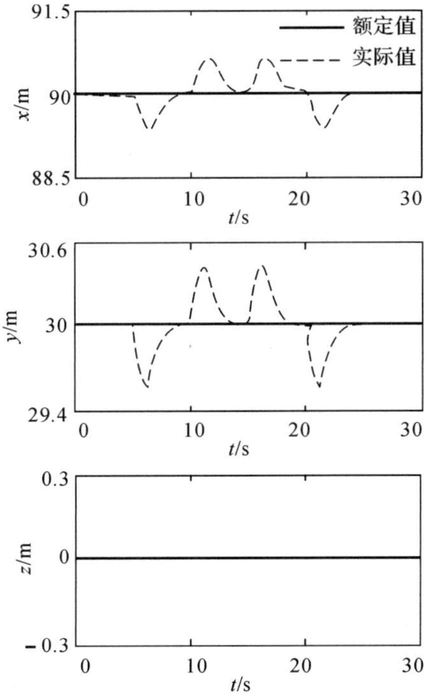

图 6－14　航向反复机动时长、僚机间距变化

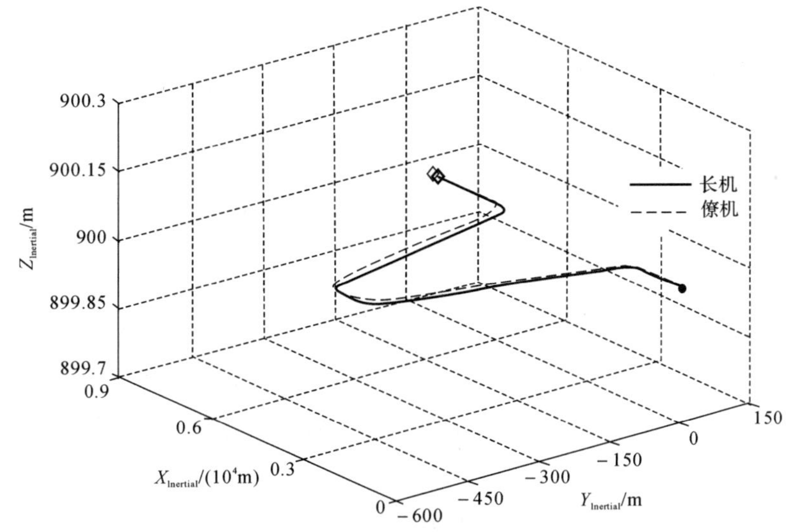

图 6－15　航向反复机动时长、僚机实时轨迹

2. 紧密编队队形保持

为了充分验证应用于松散编队的鲁棒 H_∞ 控制器的鲁棒性能，分两种情况对紧密无人机编队进行控制。将之前用于松散无人机编队的编队飞行鲁棒 H_∞ 控制器分别运用于考虑气动耦合影响与否的两种紧密编队模型(α) 和模型(β) 中。仿真结果对比如下：

(1) $+20°$ 航向机动。从图 6-16 和图 6-17 可以看到，两种紧密编队中长机发出航向机动指令后，僚机能精确跟踪上长机的航向指令，并实现零稳态误差。与松散编队情形一样，“一长一僚”的左菱形编队飞行中，长机向右转而远离僚机，为了保持编队，位于外侧的僚机需要飞行比长机更远的距离，因此，在跟随长机机动过程中，僚机起初短暂地增加速度以追赶长机。

速度的初始增加也就引起了 x 方向编队间隔最初的增加，最大值为 18.51 m，偏离额定值 $+0.51$ m。y 方向编队间隔起初也稍微有增加，最大值为 7.41 m，偏离额定值 $+0.33$ m，接着减小并最终稳定在额定值。

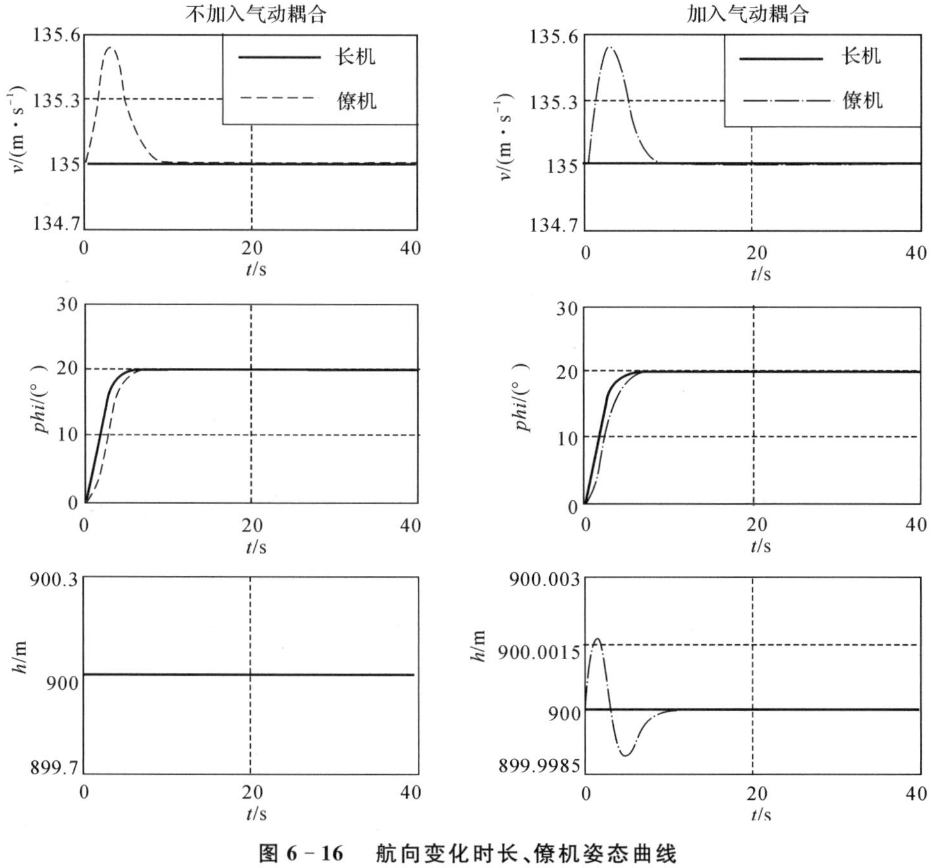

图 6-16　航向变化时长、僚机姿态曲线

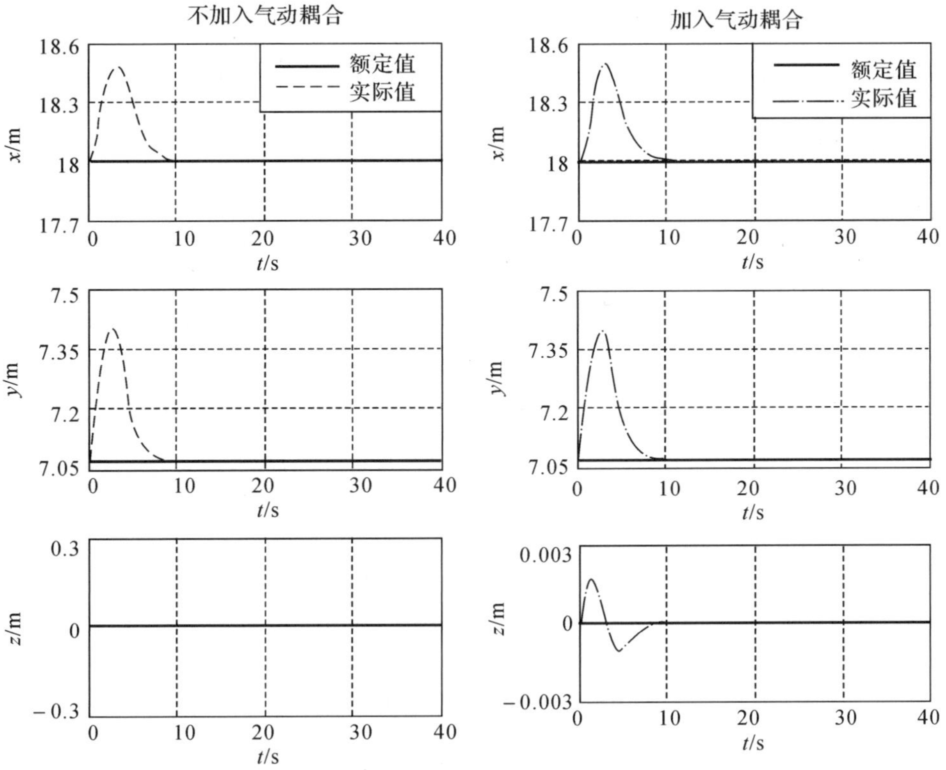

图 6－17　航向变化时长、僚机间隔变化

结论 1(航向机动时)：

加入气动耦合与否的紧密编队(α)和(β)两种情况的航向和速度，以及 x 和 y 方向编队间隔的变化几乎完全一致，只是加入气动耦合下的高度和对应的 z 方向编队间隔均有微小振荡，但偏差量不超过 $\pm 0.000\ 18$ m。究其原因，是因为 $A_{\text{Close}}(7,3)$ 项引入了高度通道与航向通道的耦合，但影响很弱。

不加入气动耦合的紧密编队与松散编队中的长、僚机姿态响应曲线和编队间隔的变化趋势基本一致：航向精确跟踪，速度先短暂增大后减小并稳定在额定值，高度恒定无变化；x 方向和 y 方向间隔先增大后减小并保持在额定值，由于高度通道与航向通道没有耦合，所以 z 方向恒定为零。

(2) 速度增大 7.5 m/s。从图 6－18 和图 6－19 可以看到，两种紧密编队中，僚机速度都非常准确地跟踪长机发起的速度机动，导致长机和僚机的速度曲线完全重合，无法区分。x 方向的间隔偏差很小，最大误差不到 0.12 m。

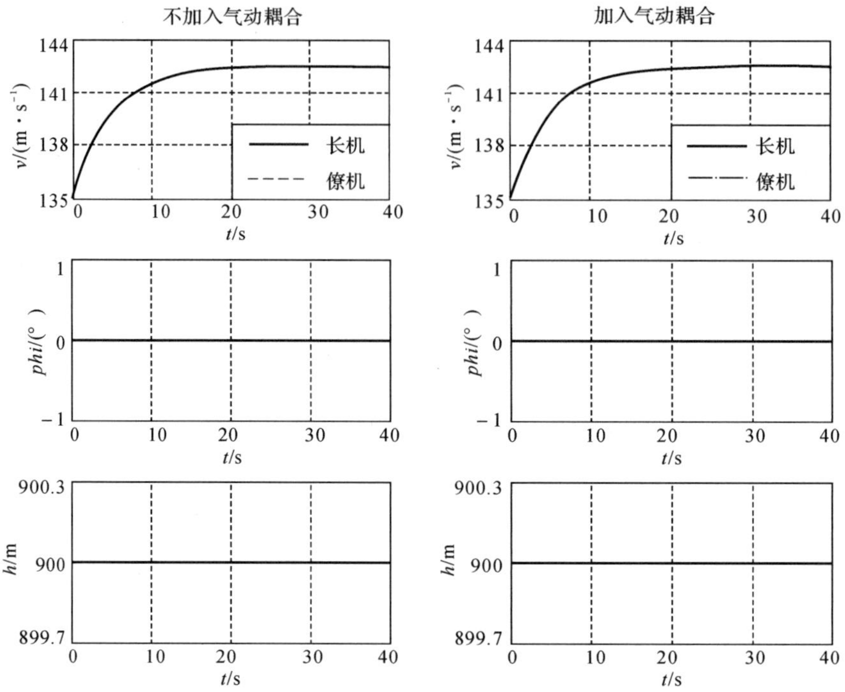

图 6-18　速度变化时长、僚机姿态曲线

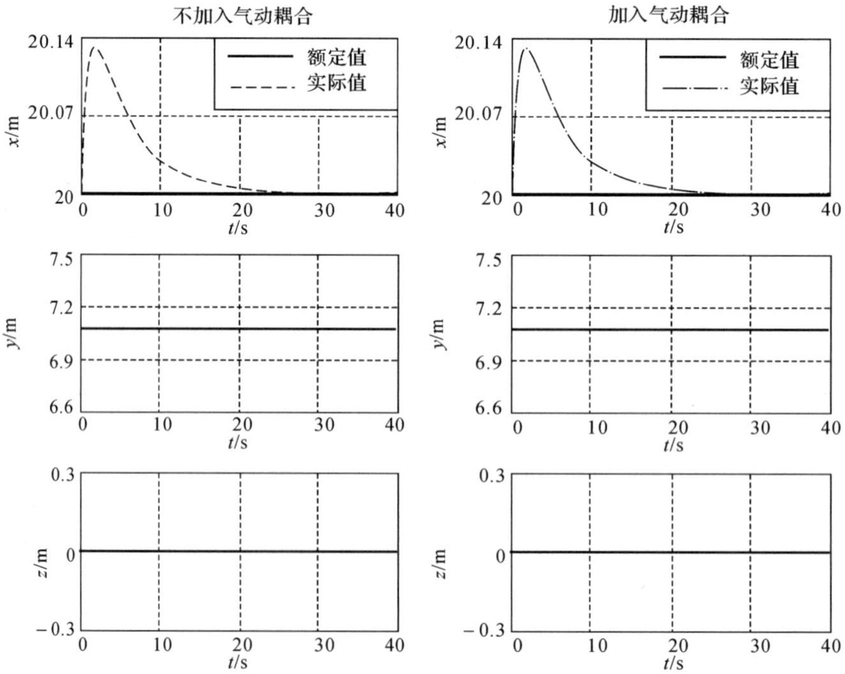

图 6-19　速度变化时长、僚机间隔变化

结论 2(速度机动时)：

加入气动耦合与否的紧密编队(α)和(β)两种情况的速度、航向和高度，以及 x，y 和 z 方向编队间隔的变化几乎完全一致。

两种情况下的紧密编队与松散编队中的长、僚机姿态响应曲线和编队间隔的变化趋势基本一致：速度非常一致地精确跟踪，航向和高度无变化；x 方向先增大后减小并保持在额定值，y 和 z 方向恒为额定值。

(3) 高度增加 90 m。从图 6-20 和图 6-21 可以看到，两种紧密编队中，僚机非常紧密地跟踪长机进行高度增加机动，以致长机和僚机的高度响应曲线完全重合。z 方向的间隔先迅速减小，最大偏差为 0.039 m，然后增大并在 5 s 内回到并稳定在额定值。这是由于僚机缺乏对长机将要做出的机动的先知信息，长机开始增加高度到僚机开始做出响应有一定的延时，所以 z 方向的间隔首先会有所减小。

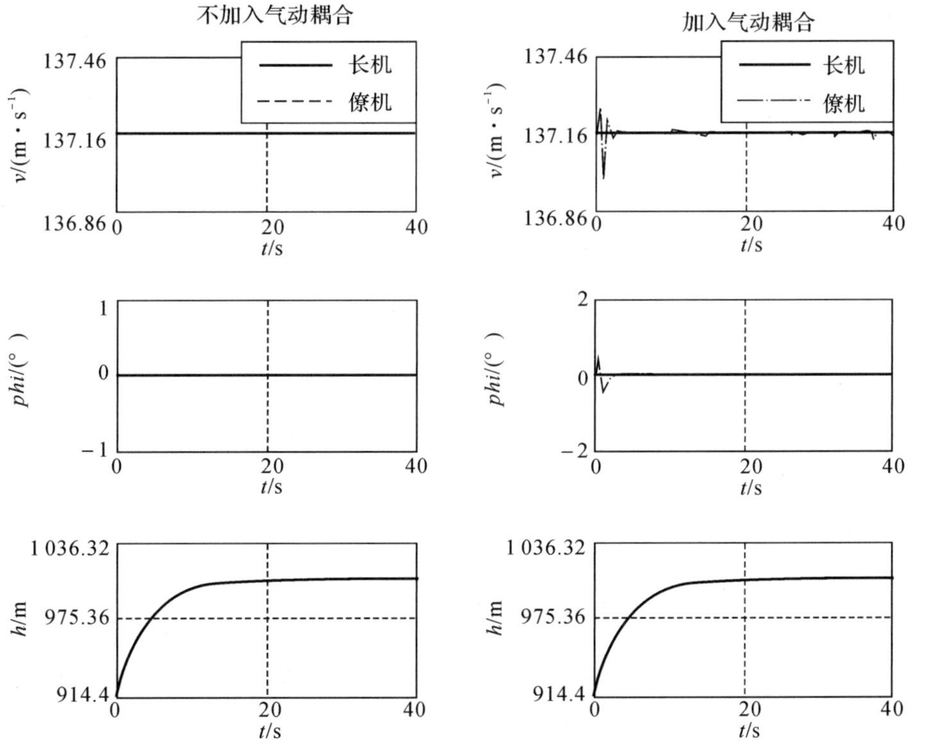

图 6-20　高度变化时长、僚机姿态曲线

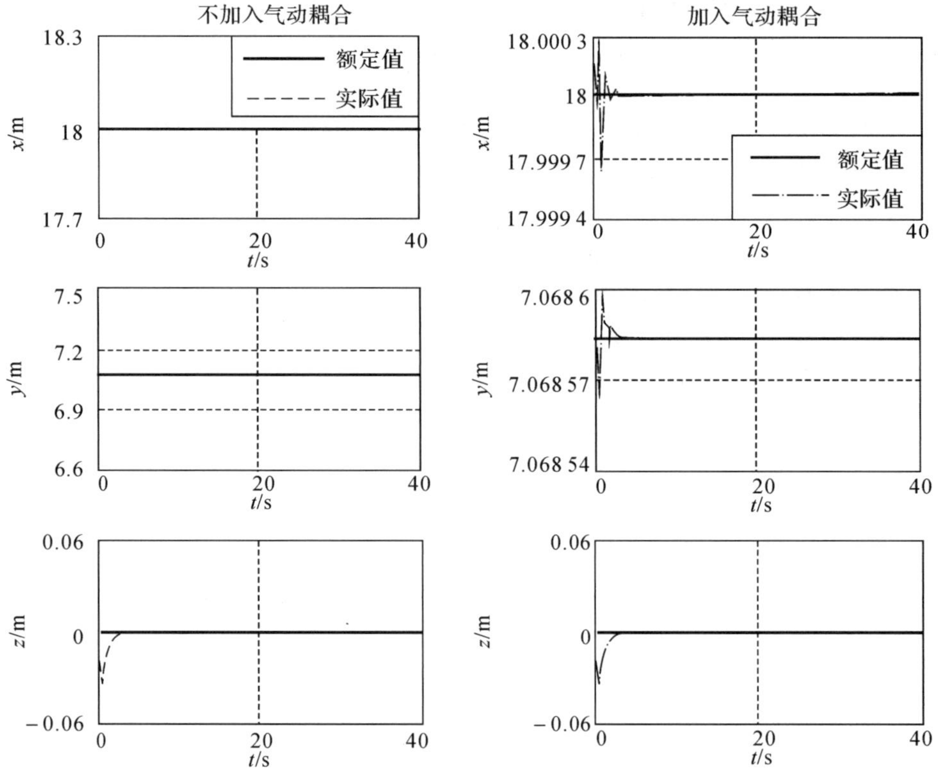

图 6-21　高度变化时长、僚机间隔变化

结论 3(高度机动时):

加入气动耦合与否的紧密编队(α)和(β)两种情况中只有高度和z方向编队间隔的变化完全一致,加入气动耦合影响下的速度、航向,以及x,y方向编队间隔响应都有微量的振荡,但偏差量都非常小。尤其是速度,一直在额定值附近微振。

不加入气动耦合的紧密编队与松散编队中的长、僚机姿态响应曲线和编队间隔的变化趋势基本一致:高度非常精确地跟踪,航向和速度无变化;x方向和y方向恒定保持在额定值,z方向间隔先有微量减小然后回到额定值。可以看到,高度的变化不会影响到水平方向的变化,即高度通道完全独立于水平通道。

6.1.3.2　编队队形变换

初始条件:长机与僚机处于同一水平面内,航向角 $\psi_0=0°$,飞行高度为 $h_0=900$ m,速度为 $v_0=135$ m/s。取仿真时间 60 s,初始值同上。要求无人机从左菱形编队飞行变换为右菱形编队飞行，已知右菱形编队的额定间距为 $x_c=90$ m，$y_c=-30$ m，$z_c=0$ m。将右菱形编队额定间距作为编队间距的控制指令，仿真结果如图 6－22 和图 6－23 所示。

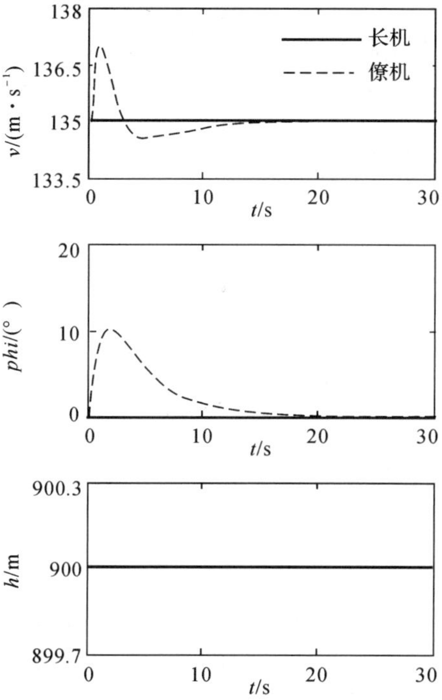

图 6－22　队形变换时长、僚机姿态曲线

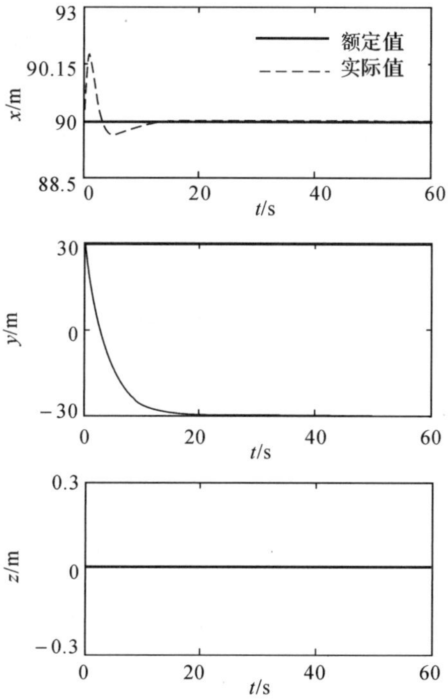

图 6－23　队形变换时长、僚机间距变化

由图 6－22 和图 6－23 可知，僚机是在前进的同时向右进行队形的变换与调整的，速度和航向角都经历了增大到减小最终回到额定值的过程，为尽快调整到期望队形，航向最大偏转量为 10°，16 s 左右完成了 y 方向间隔的调整，实现了左菱形到右菱形的队形变换，其中速度最大偏差为 1.71 m/s，x 方向最大误差为 1.86 m，最终稳态误差均为零。图 6－24 给出了队形变换的三维实时轨迹，从图中可直观看出无人机编队队形变换的情况。

6.1.3.3　仿真小结

综合上述仿真验证分析，可以得到如下结论：

(1) 基于松散编队设计的鲁棒 H_∞ 控制器可以很好地控制僚机跟踪长机进行机动，并保持编队间隔以维持队形；

(2) 用于松散编队飞行的鲁棒 H_∞ 控制器也可以应用于紧密编队飞行控制问题中；

(3) 不考虑涡流影响的编队飞行鲁棒 H_∞ 控制器同样可以控制加入气动耦合影响的紧密编队飞行;

(4) 紧密编队飞行中,长机对僚机存在一定的涡流影响,但是这种气动耦合影响比较弱;

(5) 本节提出采用控制编队间隔的方法控制与调整编队队形的方法简单有效。设计的鲁棒 H_∞ 控制器具有良好的动态性能、跟踪性能、解耦性能和鲁棒性能。

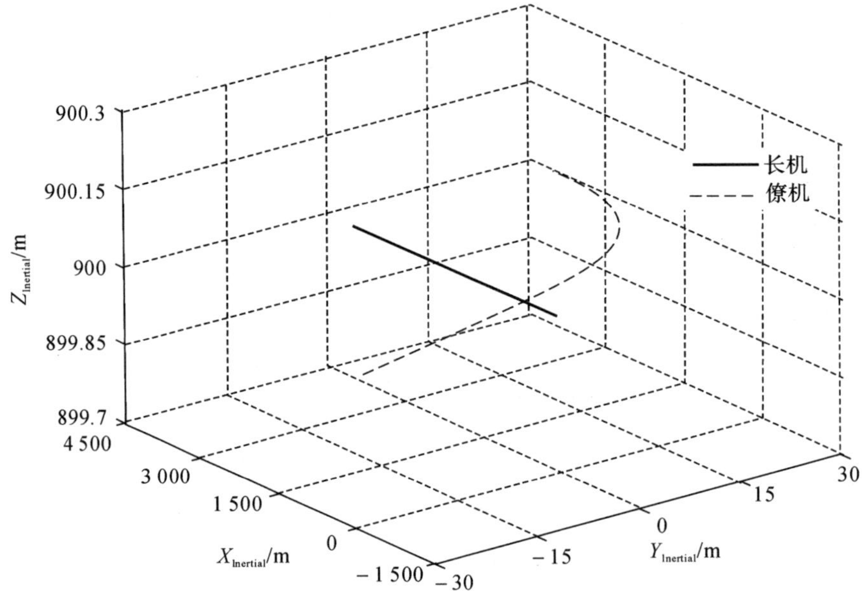

图 6-24　队形变换时长、僚机实时轨迹

6.2　非线性动态逆编队飞行控制方法研究

由运动方程可以看出,无人机编队是一个复杂的非线性动态模型,这种非线性主要来源于编队相对运动的耦合,以及气动力和力矩随飞行变化的非线性。无人机近距离编队飞行时,要求各无人机之间保持精确的相对位置,以避免碰撞,用传统的飞行控制设计观念很难满足这些高性能飞行的要求。本书在第 4 章中根据线性化编队模型设计了鲁棒控制器,然后在非线性编队系统上进行了仿真验证。而本章将直接针对非线性编队模型,提出无人机编队飞行动态逆设计方法,将奇异摄动理论与动态逆相结合,把系统划分为快、慢子

系统，从而将全系统的控制器设计问题转换为子系统的控制器设计问题，计算的复杂性也得以降低。同时，在慢回路各通道中引入在线干扰观测器，利用干扰观测器逼近并补偿建模、求逆误差，降低了控制器对干扰和模型精确度的要求，增强了控制器的鲁棒性。

6.2.1　非线性动态逆控制

反馈线性化方法是非线性系统控制的一个重要研究方向，其实质是通过非线性反馈或动态补偿将非线性系统变换为线性系统。在此情况下，线性系统和非线性系统的控制问题已不再有本质上的差别。状态反馈具有的这种潜力，使得反馈线性化方法在产生的同时，也就开始了它的迅速发展。反馈线性化方法可分为微分几何方法和普通的直接分析方法，动态逆方法就属于后者。

微分几何方法是发展较早，影响较大的一种方法，是利用从微分几何中得出的数学概念寻求非线性控制理论。其研究对象主要是仿射非线性系统，已经得到了许多深入的理解和应用的结果。但这一途径比较抽象，不便在工程上推广应用。动态逆方法用对象生成原系统的逆系统、将对象补偿成为具有线性传递关系且已解耦的伪线性系统。动态逆方法在物理概念上清晰直观，在使用上简单易行，更适宜工程应用。

非线性动态逆的实质是用非线性逆和非线性函数对消被控对象的非线性，从而构成全局线性化。在线性系统的基础上再通过相应的反馈及其增益，达到所要求的响应。通过上述方法，可将系统分解为 n 个子系统，各个子系统均为线性，且相互解耦。非线性动态逆可分为输出反馈与状态反馈两种，本节采用的是状态反馈形式，其基本思想是将非线性系统的所有状态均作为控制变量，然后求解全状态下的逆函数。

6.2.1.1　非线性动态逆理论

对于由以下方程描述的一般非线性系统[169]：

$$\left.\begin{aligned}\dot{\boldsymbol{x}} &= f(\boldsymbol{x}) + g(\boldsymbol{x})\boldsymbol{u}\\ \boldsymbol{y} &= h(\boldsymbol{x})\end{aligned}\right\} \tag{6.2.1}$$

其中，$\boldsymbol{x} \in \mathbf{R}^n$ 为系统的状态变量；$\boldsymbol{u} \in \mathbf{R}^m$ 为系统的控制变量；$\boldsymbol{y} \in \mathbf{R}^p$ 为系统的输出变量。设计目的就是求控制变量 $\boldsymbol{u}$ 使得系统输出 $\boldsymbol{y}$ 能跟踪给定的时变轨迹。

对输出 $\boldsymbol{y}$ 求 $\boldsymbol{r}$ 阶导数直到结果中出现 $\boldsymbol{u}$ 为止，得到 $\boldsymbol{y}$ 与 $\boldsymbol{u}$ 的显式关系，此时，称系统具有相对阶 $\boldsymbol{r}$。假设输入与输出个数相等，即 $m = p$。记

$$L_f h(\boldsymbol{x}) = \frac{\partial h}{\partial \boldsymbol{x}} f(\boldsymbol{x}), \quad L_g L_f h(\boldsymbol{x}) = \frac{\partial L_f h}{\partial \boldsymbol{x}} g(\boldsymbol{x})$$

$$L_f^k h(\boldsymbol{x}) = \frac{\partial L_f^{k-1} h}{\partial \boldsymbol{x}} f(\boldsymbol{x}), \quad L_g L_f^k h(\boldsymbol{x}) = \frac{\partial L_f^k h}{\partial \boldsymbol{x}} g(\boldsymbol{x})$$

假设系统具有相对阶 $\boldsymbol{r} = [r_1 \quad r_2 \quad \cdots \quad r_m]$，即

$$\left.\begin{array}{l} L_{g_l} L_f^l h_i(\boldsymbol{x}) = 0 \\ L_{g_i} L_f^{r_i} h_i(\boldsymbol{x}) \neq 0 \end{array}\right. \quad \forall\, l < r_i - 1, \forall\, 1 \leqslant i \leqslant m, \quad \forall\, \boldsymbol{x} \in \mathbf{R}^n$$

将 $\boldsymbol{y}$ 中每个元素 y_i 求导，直到 $L_{g_i} L_f^{r_i} h_i(\boldsymbol{x}) \neq 0$

$$\left.\begin{array}{l} y_i^1 = L_f h_1(\boldsymbol{x}) \\ y_i^1 = L_f^2 h_2(\boldsymbol{x}) \\ \cdots\cdots \\ y_i^{r_i - 1} = L_f^{r_i - 1} h_{i-1}(\boldsymbol{x}) \\ y_i^{r_i} = L_f^{r_i} h_i(\boldsymbol{x}) + \displaystyle\sum_{j=1}^{m} L_{g_j} L_f^{r_i - 1} h_i(\boldsymbol{x}) u_j, i = 1, 2, \cdots, m \end{array}\right\} \tag{6.2.2}$$

则原来的输出可以写为

$$\begin{bmatrix} y_1^{r_1} \\ y_2^{r_2} \\ \cdots \\ y_m^{r_m} \end{bmatrix} = \begin{bmatrix} L_f^{r_1} h_1(\boldsymbol{x}) \\ L_f^{r_2} h_2(\boldsymbol{x}) \\ \cdots \\ L_f^{r_m} h_m(\boldsymbol{x}) \end{bmatrix} + \begin{bmatrix} L_{g_1} L_f^{r_1 - 1} h_1(\boldsymbol{x}) \cdots L_{g_m} L_f^{r_1 - 1} h_1(\boldsymbol{x}) \\ L_{g_1} L_f^{r_2 - 1} h_2(\boldsymbol{x}) \cdots L_{g_m} L_f^{r_2 - 1} h_2(\boldsymbol{x}) \\ \cdots\cdots \\ L_{g_1} L_f^{r_m - 1} h_m(\boldsymbol{x}) \cdots L_{g_m} L_f^{r_m - 1} h_m(\boldsymbol{x}) \end{bmatrix} \boldsymbol{u} \tag{6.2.3}$$

记为

$$\boldsymbol{y}^r = b(\boldsymbol{x}) + A(\boldsymbol{x}) \boldsymbol{u} \tag{6.2.4}$$

如果 $A(\boldsymbol{x})$ 是可逆的，则可以得到逆系统的控制输入：

$$\boldsymbol{u} = A^{-1}(\boldsymbol{x})[-b(\boldsymbol{x}) + \boldsymbol{v}] \tag{6.2.5}$$

其中 $b(\boldsymbol{x})$ 代表非线性输出动态，$A(\boldsymbol{x})$ 代表了非线性控制分布，参数 $\boldsymbol{v}$ 代表了期望的系统闭环动态特征。在逆系统的控制律作用下，则闭环系统成为

$$\boldsymbol{y}^r = \boldsymbol{v}$$

特别地，如果选取系统的状态变量作为输出变量，则有

$$\left.\begin{array}{l} \dot{\boldsymbol{x}} = f(\boldsymbol{x}) + g(\boldsymbol{x}) \boldsymbol{u} \\ \boldsymbol{y} = \boldsymbol{x} \end{array}\right\} \tag{6.2.6}$$

显然，系统的相对阶 $r_i = 1, i = 1, 2, \cdots, m$，从而有 $\dot{\boldsymbol{y}} = \dot{\boldsymbol{x}} = f(\boldsymbol{x}) + g(\boldsymbol{x}) \boldsymbol{u}$，如果 $g(\boldsymbol{x})$ 可逆，则可以得到逆系统的控制输入：

$$\boldsymbol{u} = g^{-1}(\boldsymbol{x})[-f(\boldsymbol{x}) + \boldsymbol{v}] \tag{6.2.7}$$

从而闭环变为

$$\dot{\boldsymbol{y}} = \dot{\boldsymbol{x}} = \boldsymbol{v} = \dot{\boldsymbol{x}}_d \tag{6.2.8}$$

式中，$\dot{\boldsymbol{x}}_d$ 是期望的动态特性。

由此可知，合理地选择 u，系统就可以获得任何期望的动态特性。一般选取：

$$\dot{\boldsymbol{x}}_d = \omega_c(\boldsymbol{x}_c - \boldsymbol{x}) \tag{6.2.9}$$

式中，$\boldsymbol{x}_c$ 是期望输出；ω_c 是频带带宽。

6.2.1.2　层叠结构动态逆

状态反馈型非线性动态逆要求全逆，因而控制量的个数必须与状态量的个数相等，从而使系统分解成多个线性解耦的子系统。而在编队飞行控制系统中，这一要求往往是达不到的。因而，将奇异摄动理论与动态逆相结合，以时间为尺度，将系统划分为多个回路，系统也相应划分为快、慢子系统，从而可实现将全系统的控制器设计问题转换为子系统的控制器设计问题，计算的复杂性也得以降低。

根据奇异摄动理论，要求系统状态变量的动力学特性具有明显不同的时间尺度差异。整个系统由各回路一层层叠加起来，由内到外状态变量的变化速度逐层降低，称为层叠结构非线性动态逆[169]。

层叠结构非线性动态逆能够对消系统的非线性动态，但这种对消不是精确的对消，它依赖于内环快速性的近似程度，即内环的某种行为所花费的时间是否可以近似为零，或者内环的动态特性比外环的动态特性快 3 ～ 5 倍，甚至快一个数量级以上。

6.2.2　无人机编队飞行动态逆控制器设计

6.2.2.1　编队飞行层叠结构动态逆

在编队飞行控制系统中，状态变量的动力学特性就具有奇异摄动理论所要求的时间尺度差异，满足时标分离的条件。

编队飞行控制系统非线性方程：

$$\left.\begin{aligned}
\dot{v}_W &= -\frac{1}{\tau_v}v_W + \frac{1}{\tau_v}v_{W_c} + \frac{\bar{q}S}{m}\Delta C_{D_y}y \\
\ddot{\psi}_W &= -\left(\frac{1}{\tau_{\psi a}} + \frac{1}{\tau_{\psi b}}\right)\dot{\psi}_W - \frac{1}{\tau_{\psi a}\tau_{\psi b}}\psi_W + \frac{1}{\tau_{\psi a}\tau_{\psi b}}\psi_{W_c} + \frac{\bar{q}S}{m}\left[\Delta C_{Y_y}y + \Delta C_{Y_z}z\right] \\
\ddot{h}_W &= -\left(\frac{1}{\tau_{ha}} + \frac{1}{\tau_{hb}}\right)\dot{h}_W - \frac{1}{\tau_{ha}\tau_{hb}}h_W + \frac{1}{\tau_{ha}\tau_{hb}}h_{W_c} + \frac{\bar{q}S}{m}\Delta C_{L_y}y
\end{aligned}\right\} \tag{6.2.10}$$

$$\left.\begin{aligned}
&\dot{x}=v_L\cos(\psi_L-\psi_W)+\dot{\psi}_W y-v_W\\
&\dot{y}=v_L\sin(\psi_L-\psi_W)-\dot{\psi}_W x\\
&\dot{z}=\zeta=\dot{h}_W-\dot{h}_L\\
&\dot{\zeta}=-\left(\frac{1}{\tau_{ha}}+\frac{1}{\tau_{hb}}\right)\zeta-\frac{1}{\tau_{ha}\tau_{hb}}z+\frac{1}{\tau_{ha}\tau_{hb}}h_{Wc}+\frac{\bar{q}S}{m}\Delta C_{Ly}y-\frac{1}{\tau_{ha}\tau_{hb}}h_{Lc}
\end{aligned}\right\} \tag{6.2.11}$$

做如下定义：

$$\left.\begin{aligned}
&\dot{\psi}_W=\delta\\
&\dot{\delta}=-\left(\frac{1}{\tau_{\psi a}}+\frac{1}{\tau_{\psi b}}\right)\delta-\frac{1}{\tau_{\psi a}\tau_{\psi b}}\psi_W+\frac{1}{\tau_{\psi a}\tau_{\psi b}}\psi_{Wc}+\frac{\bar{q}S}{m}[\Delta C_{Y_y}y+\Delta C_{Y_z}z]
\end{aligned}\right\} \tag{6.2.12}$$

则有

$$\left.\begin{aligned}
&\dot{x}=v_L\cos(\psi_L-\psi_W)+\delta y-v_W\\
&\dot{y}=v_L\sin(\psi_L-\psi_W)-\delta x\\
&\dot{z}=\zeta
\end{aligned}\right\} \tag{6.2.13}$$

由以上方程可以写出

$$\begin{bmatrix}\dot{v}_W\\ \dot{\delta}\\ \dot{\zeta}\end{bmatrix}=\begin{bmatrix}-\frac{1}{\tau_v}v_W\\ -\left(\frac{1}{\tau_{\psi a}}+\frac{1}{\tau_{\psi b}}\right)\delta-\frac{1}{\tau_{\psi a}\tau_{\psi b}}\psi_W\\ -\left(\frac{1}{\tau_{ha}}+\frac{1}{\tau_{hb}}\right)\zeta-\frac{1}{\tau_{ha}\tau_{hb}}z\end{bmatrix}+\begin{bmatrix}\frac{1}{\tau_v} & 0 & 0\\ 0 & \frac{1}{\tau_{\psi a}\tau_{\psi b}} & 0\\ 0 & 0 & \frac{1}{\tau_{ha}\tau_{hb}}\end{bmatrix}\begin{bmatrix}v_{wc}\\ \psi_{wc}\\ z_w\end{bmatrix}+$$

$$\begin{bmatrix}0 & \frac{\bar{q}S}{m}\Delta C_{D_y} & 0\\ 0 & \frac{\bar{q}S}{m}\Delta C_{Y_y} & \frac{\bar{q}S}{m}\Delta C_{Y_z}\\ 0 & \frac{\bar{q}S}{m}\Delta C_{L_y} & 0\end{bmatrix}\begin{bmatrix}x\\ y\\ z\end{bmatrix} \tag{6.2.14}$$

暂不考虑方程式(6.2.14)中气动耦合部分，从上面的编队飞行模型可以看出是3个有效输入控制着6个自由度。这3个有效输入是，僚机速度的理想输入 v_{Wc}；僚机偏航的理想输入 ψ_{Wc}；长机和僚机之间高度差 $z_{wc}=h_{wc}-h_{lc}$ 的理想值。对编队飞行模型系统运用时间尺度分离方法来进行研究，根据状态变化快慢将上述动态系统分离为快慢不同的两个子系统。快变子系统包含4个状态变量，分别为 v_w，ψ_w，$\dot{\psi}_w$，ζ，因为 $\dot{\psi}_w$ 与控制量无关，故只考虑 v_w，ψ_w，ζ。慢变子系统包含3个状态变量，分别为 x，y，z。分别用动态逆来设计快、慢回路的控制器，并且快回路的输出作为慢回路的控制输入。动态逆控制器设计思路如图 6－25 所示。

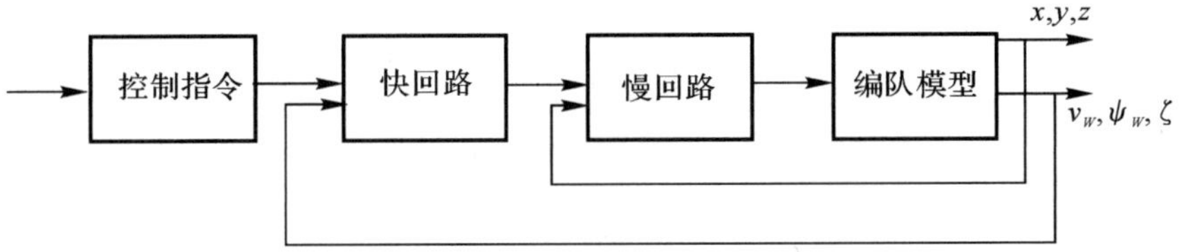

图 6－25　编队飞行动态逆控制系统结构图

6.2.2.2　快回路动态逆控制律设计

快回路的运动方程如下：

$$\begin{bmatrix} \dot{v}_W \\ \dot{\delta} \\ \dot{\zeta} \end{bmatrix} = \begin{bmatrix} -\dfrac{1}{\tau_v} v_W \\ -\left(\dfrac{1}{\tau_{\psi a}} + \dfrac{1}{\tau_{\psi b}}\right)\delta - \dfrac{1}{\tau_{\psi a}\tau_{\psi b}}\psi_W \\ -\left(\dfrac{1}{\tau_{ha}} + \dfrac{1}{\tau_{hb}}\right)\zeta - \dfrac{1}{\tau_{ha}\tau_{hb}} z \end{bmatrix} + \begin{bmatrix} \dfrac{1}{\tau_v} & 0 & 0 \\ 0 & \dfrac{1}{\tau_{\psi a}\tau_{\psi b}} & 0 \\ 0 & 0 & \dfrac{1}{\tau_{ha}\tau_{hb}} \end{bmatrix} \begin{bmatrix} v_{wc} \\ \psi_{wc} \\ z_w \end{bmatrix}$$

(6.2.15)

写为仿射非线性方程形式：

$$\begin{bmatrix} \dot{v}_W \\ \dot{\delta} \\ \dot{\zeta} \end{bmatrix} = f_f(\bar{x}_1) + g_f(\bar{x}_1)\bar{u} \tag{6.2.16}$$

设计快状态回路非线性动态逆控制律的目的，是对快状态变量进行线性化解耦控制，并使闭环后的快状态变量 v_W，δ，ζ 的动态特性能够写成如下形式：

$$\begin{bmatrix} \dot{v}_{Wd} \\ \dot{\delta}_d \\ \dot{\zeta}_d \end{bmatrix} = \begin{bmatrix} \omega_v & 0 & 0 \\ 0 & \omega_\delta & 0 \\ 0 & 0 & \omega_\zeta \end{bmatrix} \begin{bmatrix} v_{Wm} - v_W \\ \delta_m - \delta \\ \zeta_m - \zeta \end{bmatrix}$$

其中，v_{Wm}，δ_m，ζ_m 为慢回路的控制输出；ω_x，ω_y，ω_z 为相应的带宽。取

$$\omega_x = \omega_y = \omega_z = 20 \text{ rad/s}$$

对式(6.2.16) 移项求逆可得快回路的控制律：

$$\bar{\boldsymbol{u}} = \begin{bmatrix} v_{wc} \\ \psi_{wc} \\ z_{wc} \end{bmatrix} = g_f(\bar{x}_1) \left[\begin{bmatrix} \dot{v}_{Wd} \\ \dot{\delta}_d \\ \dot{\zeta}_d \end{bmatrix} - f_f(\bar{x}_1) \right] =$$

$$\begin{bmatrix}\frac{1}{\tau_v} & 0 & 0\\ 0 & \frac{1}{\tau_{\psi a}\tau_{\psi b}} & 0\\ 0 & 0 & \frac{1}{\tau_{ha}\tau_{hb}}\end{bmatrix}^{-1}\times\left(\begin{bmatrix}\dot{v}_{Wd}\\ \dot{\delta}_d\\ \dot{\zeta}_d\end{bmatrix}-\begin{bmatrix}-\frac{1}{\tau_v}v_W\\ -\left(\frac{1}{\tau_{\psi a}}+\frac{1}{\tau_{\psi b}}\right)\dot{\psi}_W-\frac{1}{\tau_{\psi a}\tau_{\psi b}}\psi_W\\ -\left(\frac{1}{\tau_{ha}}+\frac{1}{\tau_{hb}}\right)\zeta-\frac{1}{\tau_{ha}\tau_{hb}}z\end{bmatrix}\right)\tag{6.2.17}$$

快状态回路控制律示意图如图 6－26 所示。

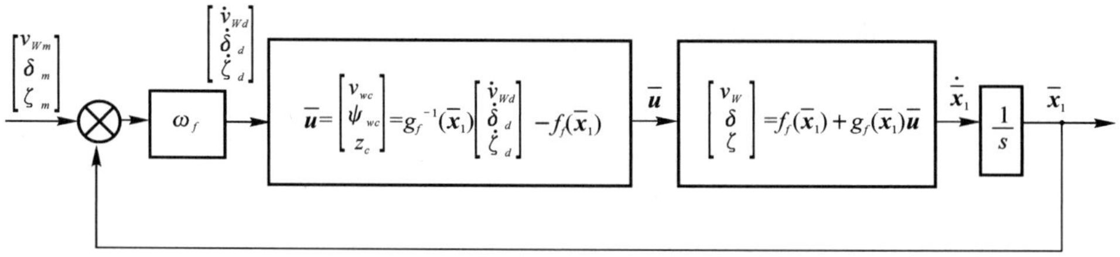

图 6－26　快状态回路控制律示意图

6.2.2.3　慢回路动态逆控制律设计

慢回路运动方程：

$$\begin{bmatrix}\dot{x}\\ \dot{y}\\ \dot{z}\end{bmatrix}=\begin{bmatrix}v_L\cos(\psi_L-\psi_W)\\ v_L\sin(\psi_L-\psi_W)\\ 0\end{bmatrix}+\begin{bmatrix}-1 & y & 0\\ 0 & -x & 0\\ 0 & 0 & 1\end{bmatrix}\begin{bmatrix}v_{Wm}\\ \delta_m\\ \zeta_m\end{bmatrix}\tag{6.2.18}$$

写为仿射非线性方程形式：

$$\begin{bmatrix}\dot{x}\\ \dot{y}\\ \dot{z}\end{bmatrix}=f_f(\bar{x}_2)+g_f(\bar{x}_2)\bar{u}\tag{6.2.19}$$

同样，设计慢状态回路非线性动态逆控制律的目的是对慢状态变量 x，y，z 进行线性化解耦控制，并使闭环后的慢状态变量动态特性能够写成如下形式：

$$\begin{bmatrix}\dot{x}_d\\ \dot{y}_d\\ \dot{z}_d\end{bmatrix}=\begin{bmatrix}\omega_x & 0 & 0\\ 0 & \omega_y & 0\\ 0 & 0 & \omega_z\end{bmatrix}\begin{bmatrix}x_c-x\\ y_c-y\\ z_c-z\end{bmatrix}\tag{6.2.20}$$

式中，x_c，y_c，z_c 为期望的编队距离；x，y，z 为实际的编队距离；ω_x，ω_y，ω_z 为相应的带宽。取

$$\omega_x=\omega_y=\omega_z=100\ \text{rad/s}\tag{6.2.21}$$

因此，对式(6.2.19) 移项求逆可以求得慢状态回路的控制律：

$$
\bar{\boldsymbol{u}}=\begin{bmatrix} v_{Wm} \\ \delta_m \\ \zeta_m \end{bmatrix}=g_f(\bar{\boldsymbol{x}}_2)\left[\begin{bmatrix} \dot{x}_d \\ \dot{y}_d \\ \dot{z}_d \end{bmatrix}-f_f(\bar{\boldsymbol{x}}_2)\right]=
$$

$$
\begin{bmatrix} -1 & y & 0 \\ 0 & -x & 0 \\ 0 & 0 & 1 \end{bmatrix}^{-1}\times\left(\begin{bmatrix} \dot{x}_d \\ \dot{y}_d \\ \dot{z}_d \end{bmatrix}-\begin{bmatrix} v_L\cos(\psi_L-\psi_W) \\ v_L\sin(\psi_L-\psi_W) \\ 0 \end{bmatrix}\right) \tag{6.2.22}
$$

慢状态回路控制律示意图如图 6 - 27 所示。

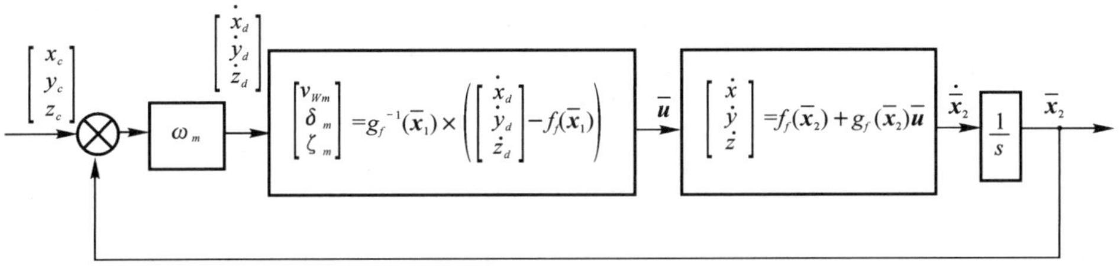

图 6 - 27　慢状态回路控制律示意图

6.2.3　基于干扰观测器的动态逆控制器设计

动态逆控制要求系统控制方程必须已知，且系统模型被精确建立。动态逆误差由建模不准确、求逆计算、外界干扰等引起，其实质是求逆不精确所引起的系统状态误差。对于无人机编队飞行控制系统来说，气动参数的摄动是不可避免的[23]。采用非线性动态逆方法对无人机编队进行控制时，动态逆误差会严重影响其鲁棒性。可以通过引入干扰观测器来补偿逆误差，降低动态逆对于模型精确性的要求，提高系统的鲁棒性能。由于慢回路是飞行控制系统的外回路，内回路产生的逆误差也会反映到外回路中。因此，对于前面基于时标分离的动态逆飞行控制系统，可以在慢回路中设计 3 个干扰观测器，分别对 $\boldsymbol{x},\boldsymbol{y},\boldsymbol{z}$ 的动态逆误差进行补偿。

考虑到慢回路的系统方程形式，研究如下的非线性系统：

$$
\left.\begin{aligned} \dot{\boldsymbol{x}}(t) &= f(\boldsymbol{x})+g(\boldsymbol{x})\boldsymbol{u}+\phi(\boldsymbol{x})d \\ \boldsymbol{y} &= h(\boldsymbol{x}) \end{aligned}\right\} \tag{6.2.23}
$$

式中，$\boldsymbol{x}, f(\boldsymbol{x}), \varphi(\boldsymbol{x}) \in \mathbf{R}^n$；$g(\boldsymbol{x}) \in \mathbf{R}^{n\times m}$；$\boldsymbol{u} \in \mathbf{R}^m$；$d$ 是标量，包括系统内部的不确定性和各种干扰，且假设扰动随时间变化缓慢。

设计非线性观测器为如下形式：

$$
\left.\begin{aligned} \hat{d} &= z+\rho(\boldsymbol{x}) \\ \dot{z} &= -l(\boldsymbol{x})\varphi(\boldsymbol{x})z-l(\boldsymbol{x})(\varphi(\boldsymbol{x})\rho(\boldsymbol{x})+f(\boldsymbol{x})+g(\boldsymbol{x})u) \end{aligned}\right\} \tag{6.2.24}
$$

其中，$\rho(\boldsymbol{x})$ 是设计时选择的非线性函数，且观测器的增益定义为

$$l(\boldsymbol{x})=\frac{\partial\rho(\boldsymbol{x})}{\partial\boldsymbol{x}} \tag{6.2.25}$$

定义观测器的误差为

$$e=d-\hat{d}$$

将上式两边求导，考虑到扰动随时间变化较慢，因此 $\dot{d}\approx 0$，可得

$$\dot{e}=\dot{d}-\dot{\hat{d}}=-\dot{z}-\frac{\partial\rho(\boldsymbol{x})}{\partial\boldsymbol{x}}\dot{x} \tag{6.2.26}$$

将式(6.2.23)和式(6.2.25)代入式(6.2.26)，可得

$$\begin{aligned}\dot{e}=&l(\boldsymbol{x})\varphi(\boldsymbol{x})z+l(\boldsymbol{x})(\varphi(\boldsymbol{x})\rho(\boldsymbol{x})+f(\boldsymbol{x})+g(\boldsymbol{x})u)-\\&l(\boldsymbol{x})(f(\boldsymbol{x})+g(\boldsymbol{x})u+\phi(\boldsymbol{x})d)=\\&l(\boldsymbol{x})\varphi(\boldsymbol{x})z+l(\boldsymbol{x})\varphi(\boldsymbol{x})\rho(\boldsymbol{x})-l(\boldsymbol{x})\phi(\boldsymbol{x})d=\\&-l(\boldsymbol{x})\varphi(\boldsymbol{x})(d-\hat{d})=-l(\boldsymbol{x})\varphi(\boldsymbol{x})e\end{aligned} \tag{6.2.27}$$

即有

$$\dot{e}(t)+l(\boldsymbol{x})\varphi(\boldsymbol{x})e(t)=0 \tag{6.2.28}$$

由式(6.2.28)可知当 $l(\boldsymbol{x})\varphi(\boldsymbol{x})>0$ 时，估计误差全局稳定。

6.2.4 非线性动态逆编队飞行控制律仿真验证与分析

根据第3章给出的飞机方程和前面所设计的非线性动态逆控制器，本节在 Simulink 中构建了无人机编队飞行非线性动态逆控制器仿真模型来验证前面设计的控制器。

本节构建的无人机编队飞行非线性控制器结构如图 6-28 所示。

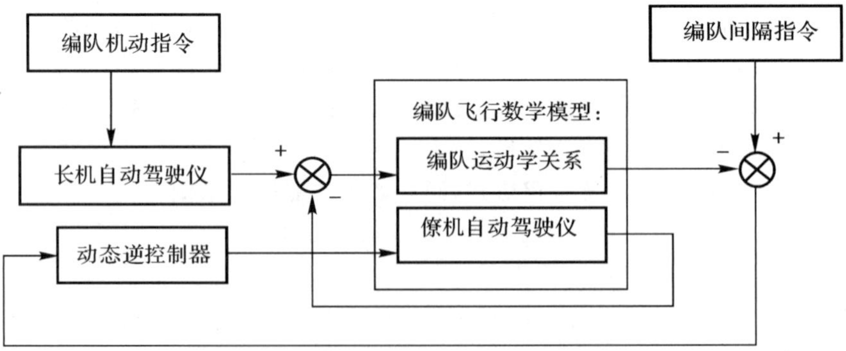

图 6-28 无人机编队飞行非线性控制器结构

下面仿真验证前面设计的非线性动态逆控制器。本节分别通过队形保持和队形变换来进行仿真验证非线性动态逆控制器的控制效果。仿真验证共包

含三部分内容：首先验证松散编队动态逆控制器的有效性；再将用于松散编队飞行的动态逆控制器用于近距离编队（额定编队间距分别为 $x_0 = 2b = 18.288$ m，$y_0 = \pi b/4 = 7.181$ m，$z_0 = 0$ m）中，考虑长机涡流对僚机影响，验证松散编队动态逆控制器在紧密编队飞行控制中的有效性；然后验证所设计动态逆控制器对编队队形变换的控制效果；最后在风干扰和参数变化两种情况下验证动态逆控制器的鲁棒性。

6.2.4.1　编队队形保持

1. 松散编队队形保持

以两架无人机为例来仿真编队队形保持。按 5.3 节所述的干扰观测器补偿控制方法，在 x 通道选取 $l(x) = 0.01x$，$\rho(x) = 0.005x^2$；在 y 通道选取 $l(x) = 0.04y$，$\rho(x) = 0.02y^2$；在 z 通道选取 $l(x) = 3z$，$\rho(x) = 3$。

初始条件：长机与僚机处于同一水平面内，航向角 $\psi_0 = 0°$，飞行高度为 $h_0 = 900$ m，速度为 $v_0 = 135$ m/s。假设两机以左菱形松散编队飞行，额定编队间距分别为 $x_0 = 90$ m，$y_0 = 30$ m，$z_0 = 0$ m。

单一通道机动情况相对简单，而组合机动与航向反复机动是比较苛刻的机动情况。在不影响验证效果的情况下，为了减小篇幅，从本小节开始，在编队保持仿真部分，不再给出单一通道机动的仿真图，而只给出组合机动与航向反复机动的仿真图。

假设初始编队时分别给出长机速度、航向和高度机动指令 v_{Lc}，ψ_L，h_L，采用非线性动态逆控制器控制僚机跟踪长机变化，保持编队队形，仿真结果如图 6-29 ～ 图 6-33 所示。

（1）速度减小 7.5 m/s，航向偏转 $+20°$，高度 -90 m 组合机动。

图 6-29 中红线为长机速度、航向和高度实际信号 v_L，ψ_L，h_L，蓝线描述的是僚机速度、航向和高度信号 v_W，ψ_W，h_W。从图 6-29 可以看出，僚机航向和速度在 10 s 内可以准确跟踪长机航向和速度，并实现零稳态误差，僚机高度很紧密地跟踪长机高度变化，以致在高度时间响应图上无法将长机和僚机的高度响应曲线区分开来。由此可见，采用本节设计的非线性动态逆控制器时，僚机可以很好地跟踪长机机动。从图 6-30 可以看出，随着 v_W，ψ_W，h_W 完成对长机机动 v_L，ψ_L，h_L 的跟踪，长机与僚机在纵向、横向和垂直方向上的编队间距经过大约 10 s 的调节时间也达到了额定值，实现了编队保持的功能。在这种情况下的组合机动中，x 方向间隔的最大偏差为 0.375 m，y 方向间隔的最大偏差为 0.675 m，z 方向间隔的最大偏差为 -0.75 m。

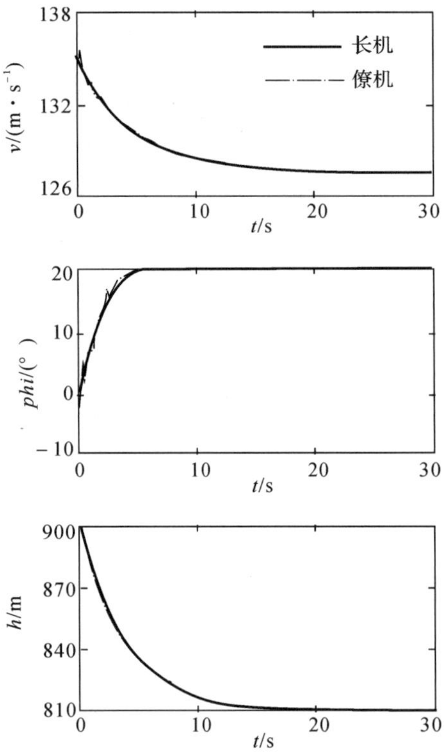

图 6-29　组合机动时长、僚机姿态曲线

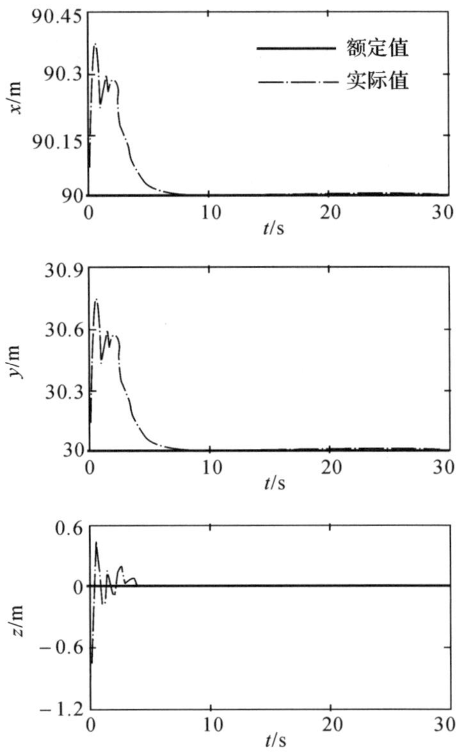

图 6-30　组合机动时长、僚机间距变化

(2) 航向反复机动。以航向反复机动为例，假设航向指令随时间变化如表 6-2 所示。

表 6-2　不同时刻的航向指令要求

时间 /s	0 ～ 10	10 ～ 20	20 ～ 30	30 ～ 40	40 ～ 60
航向 /(°)	0	−20	0	20	0

正负航向变化机动也可以用于确定有两架僚机分别位于长机两侧的情况。下面给出长机航向反复变化机动时，采用非线性动态逆控制的仿真结果。

从图 6-31 和图 6-32 可以看到，当长机在一定的时间间隔内发起航向机动时，僚机都能在 10 s 的时间内实现准确、快速跟踪。这表明了本节所设计的非线性动态逆控制器充分利用了长机和僚机之间的状态特性，僚机很好地实现了对长机航向反复机动时的精确跟踪。图 6-33 给出了航向反复机动时长、僚机的实时轨迹和它们之间编队间隔变化，可知僚机很好地完成了航向机动反复变化的跟踪。

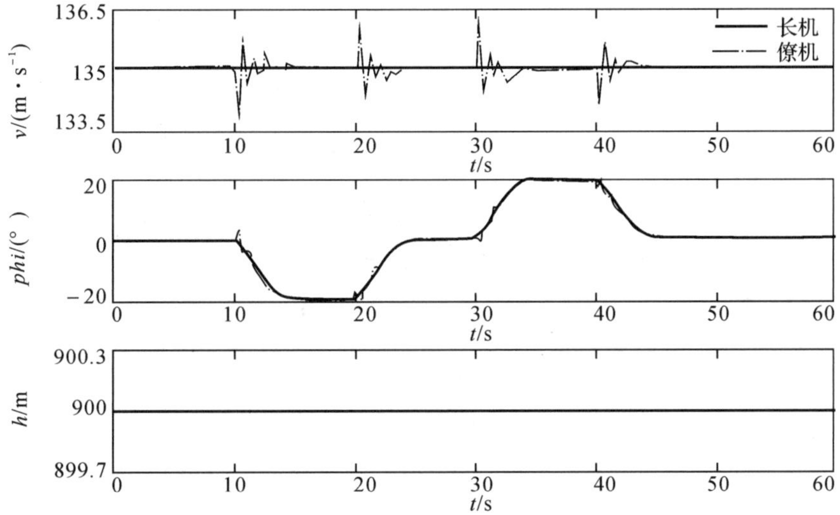

图 6-31　航向反复机动时长、僚机姿态曲线

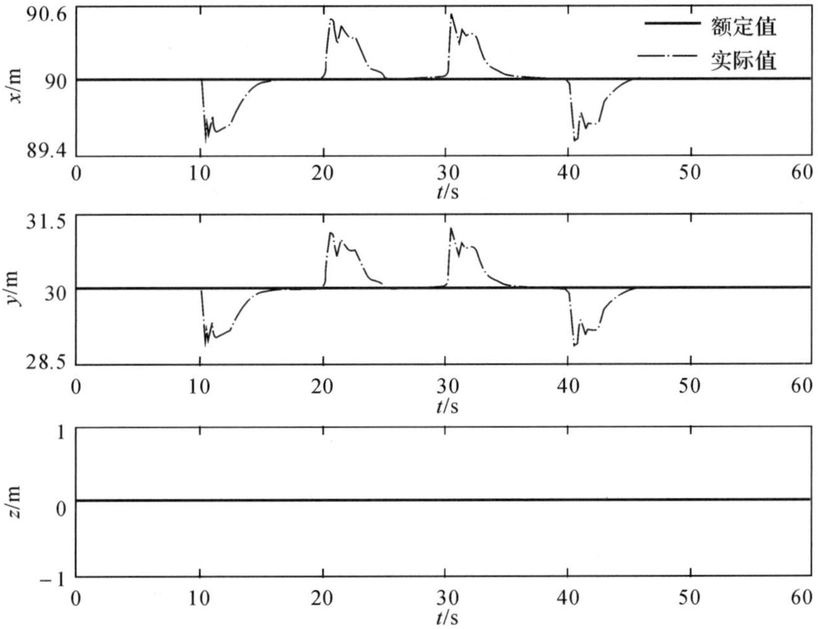

图 6-32　航向反复机动时长、僚机间距变化

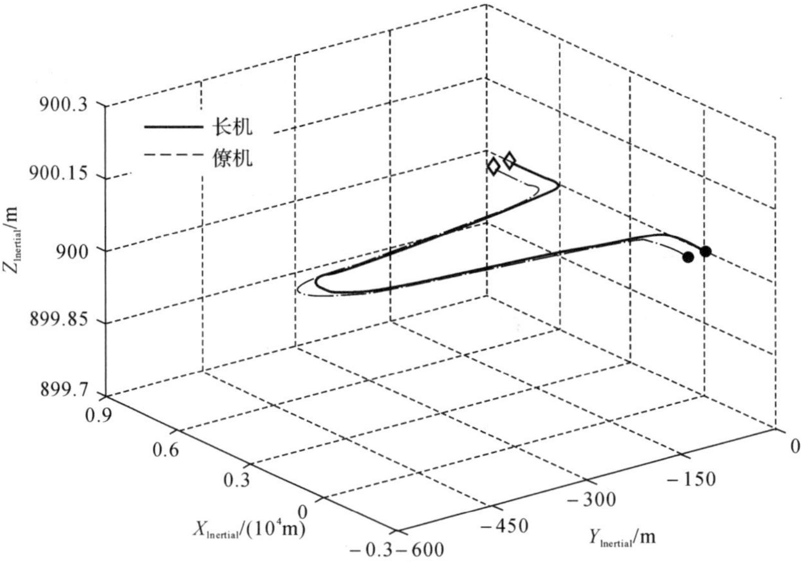

图 6-33　航向反复机动时长、僚机实时轨迹

2. 紧密编队队形保持

将用于松散无人机编队的动态逆控制器用于考虑气动耦合影响的近距离编队，仿真结果如图 6-34 ～ 图 6-35 所示。

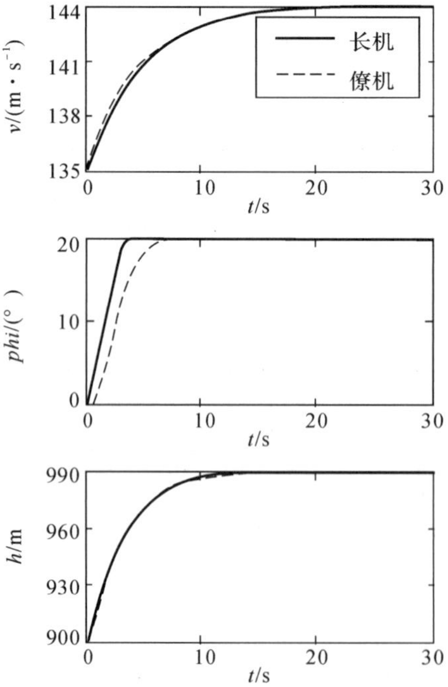

图 6-34　组合机动时长、僚机姿态曲线

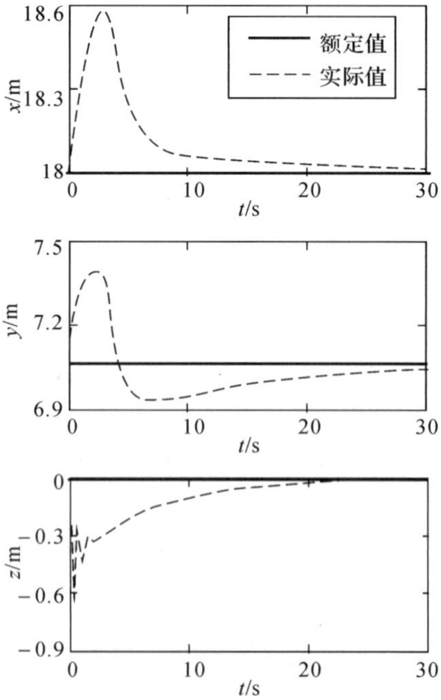

图 6-35　组合机动时长、僚机间距变化

由图中可知，在紧密编队飞行时，加入气动耦合影响下的速度、航向，以及 x，y 方向编队间隔响应都有振荡，偏差量也都有所增加，仍在允许范围内，但响应过程较长。本节所设计的非线性动态逆控制器对于紧密编队飞行也有一定的适用性。

6.2.4.2　编队队形变换

初始条件：长机与僚机处于同一水平面内，航向角 $\psi_0=0°$，飞行高度为 $h_0=900$ m，速度为 $v_0=135$ m/s。取仿真时间为 60 s，初始值同上。要求无人机从左菱形编队飞行变换为右菱形编队飞行，已知右菱形编队的额定间距为 $x_c=90$ m，$y_c=-30$ m，$z_c=0$ m。将右菱形编队额定间距作为编队间距的控制指令，仿真结果如图 6－36 ～ 图 6－38 所示。由图可见，在非线性动态逆控制器作用下，僚机是在前进的同时向右进行队形的变换与调整，速度和航向角都经历了增大到减小最终回到额定值的过程，为尽快调整到期望队形，航向最大偏转量为 8°，17 s 左右完成了 y 方向间隔的调整，实现了左菱形到右菱形的队形变换，其中速度最大偏差为 1.5 m，x 方向最大误差为 0.45 m，最终稳态误差均为零。图 6-38 给出了队形变换的三维实时轨迹，从图中可直观地看出无人机编队实现了从左菱形到右菱形的编队队形变换。

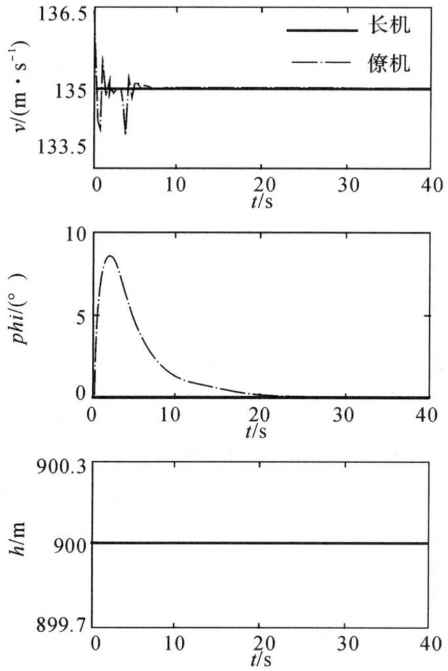

图 6－36　队形变换时长、僚机姿态曲线

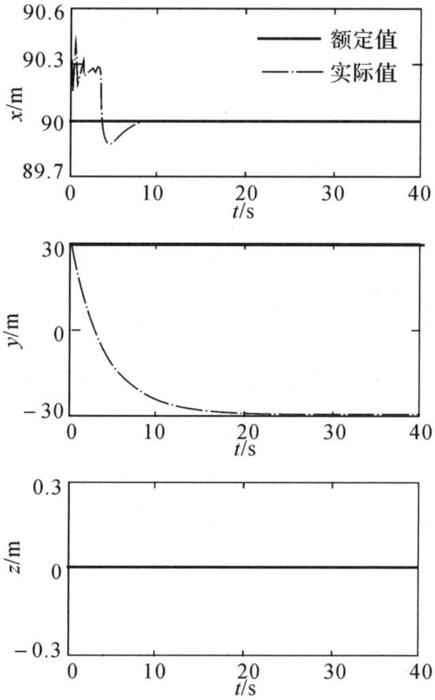

图 6－37　队形变换时长、僚机间距变化

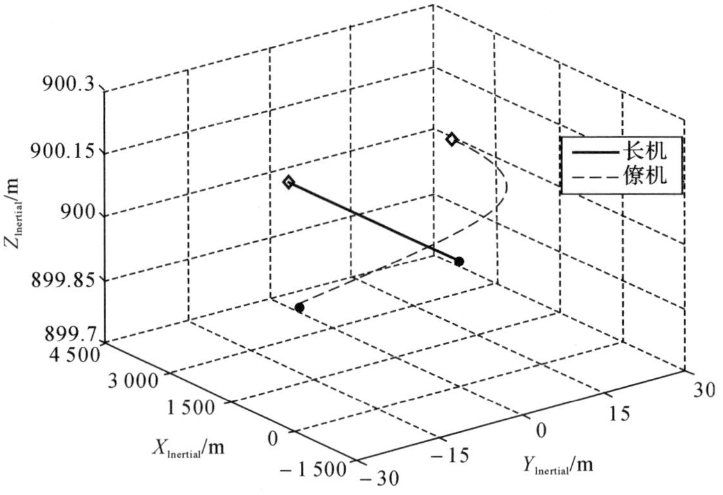

图 6-38　队形变换时长、僚机实时轨迹

6.2.4.3　鲁棒性验证

(1) 为了验证系统的抗风干扰性能，令长机航向角发生 20° 偏转，待响应稳定后，在 20 ～ 25 s 时对长机航向指令再施加一个白噪声信号来模拟 5 s 阵风对长机航向的影响[117]。仿真结果如图 6-39 ～ 图 6-40 所示。由图可知，当长机受到阵风等外界干扰时，所设计的控制器能够很快将编队队形收敛为期望队形，具有很强的抗干扰性能。如果阵风等外界干扰作用于僚机，则长机与僚机的相对状态发生了变化，由于旋转参考系是固连于僚机中心的，因此也可以转化为阵风对长机的影响。

(2) 多机编队飞行会使得飞行参数波动加剧，对飞行参数变化 10%，15%，20%，25% 时的编队飞行分别仿真，如图 6-41 ～ 图 6-42 所示，随着飞行参数变化加剧，响应过程中误差增大，虽然最终可以收敛到期望间距，但当飞行参数变化达到 15% 时，响应过程中的误差已经超出允许范围，控制器不再适用。因此本节设计的控制器鲁棒性尚需改善。

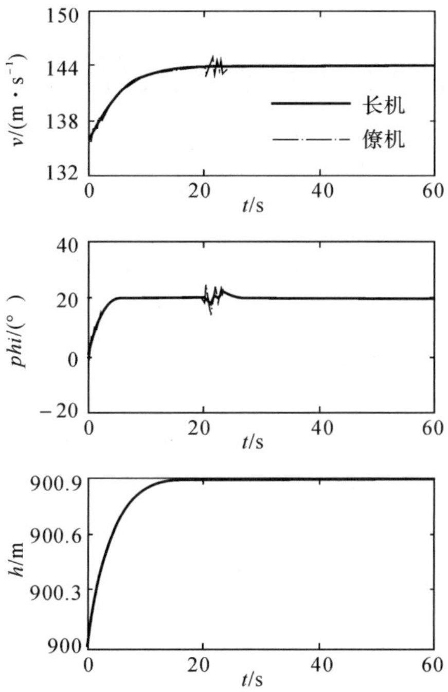

图 6－39　阵风干扰时长、僚机姿态曲线

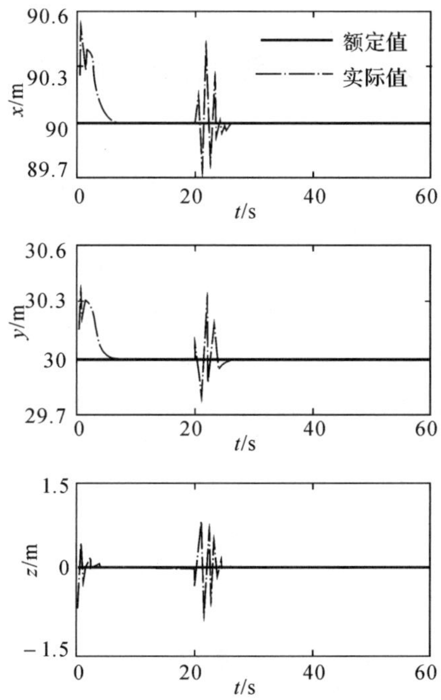

图 6－40　阵风干扰时长、僚机间隔变化

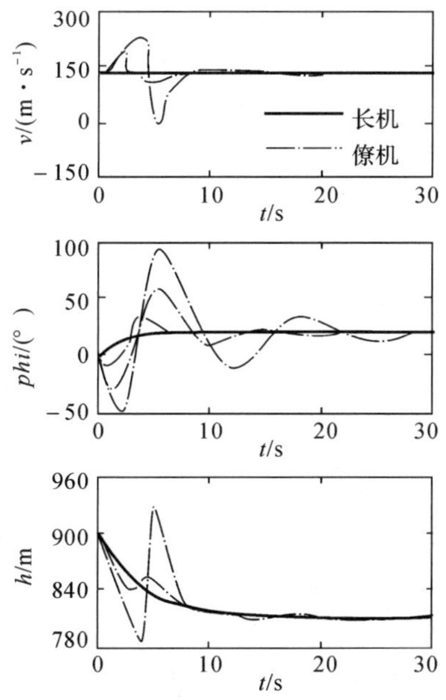

图 6－41　参数变化时长、僚机姿态曲线

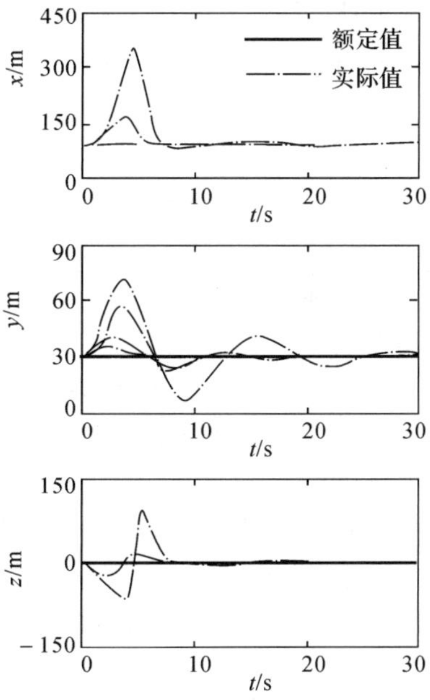

图 6－42　参数变化时长、僚机间隔变化

6.3 鲁棒动态逆编队飞行控制方法研究

动态逆方法需要使用控制对象精确的数学模型，编队飞行控制系统中，存在着严重的气动参数不确定、复杂的未建模动态、数学模型结构的不同程度简化等多种不确定因素，以及大气飞行中的各种外界干扰，如不可避免的风场扰动等[117]。建模误差以及外部干扰会导致逆控制器不能完全对消系统非线性，从而难以保证系统的鲁棒性和稳定性。对于已知的摄动，可以事先设计控制律保证系统的鲁棒性，而在任意干扰的情况下需要采取措施抑制甚至消除逆误差对系统的影响。本节提出了无人机编队飞行控制器的鲁棒动态逆设计方法，利用非线性动态逆方法的精确线性化功能，将整个系统等效为一个已经解耦但存在不确定性的线性对象，再采用 H_∞ 控制理论进行设计，抑制逆误差以及模型不确定性对系统的影响，从而保证整个系统的鲁棒性。

6.3.1 鲁棒动态逆控制器设计

针对非线性动态逆控制器设计要求系统模型精确，不能兼顾系统模型参数不确定性的特点，本小节分析了模型参数的不确定性，并在前面介绍 H_∞ 控制原理的基础上采用鲁棒动态逆方法设计无人机编队飞行控制律。

6.3.1.1 模型参数的不确定性

鲁棒控制在处理系统参数的不确定性时具有优良的控制效果。系统建模时，参数变化、忽略的非线性动态和模型预测的不可靠性等因素通常可以用一个统一的不确定模型来描述。本节采用实值范数的有界摄动来描述系统不确定性如下[53]：

$$G'(\mathrm{j}\omega)=[1+M(\mathrm{j}\omega)]G(\mathrm{j}\omega) \tag{6.3.1}$$

定义 $M(\mathrm{j}\omega)$ 不确定性的结构奇异值 $\bar{\sigma}(M(\mathrm{j}\omega))<\mu$，$\gamma=1/\mu$ 是不确定矩阵的最大奇异值。

根据式(6.3.1)可以写出含有不确定参数的系统模型[53]。

假设 $\boldsymbol{p}=[p_1 \quad p_2 \quad \cdots \quad p_i]$ 是系统的不确定参数向量，系统状态空间矩阵 $\boldsymbol{A},\boldsymbol{B},\boldsymbol{C},\boldsymbol{D}$ 可分别描述为

$$\boldsymbol{A}=\boldsymbol{A}(\boldsymbol{p}),\quad \boldsymbol{B}=\boldsymbol{B}(\boldsymbol{p}),\quad \boldsymbol{C}=\boldsymbol{C}(\boldsymbol{p}),\quad \boldsymbol{D}=\boldsymbol{D}(\boldsymbol{p})$$

假设每一个参数的取值范围为

$$p_i^- \leqslant p_i \leqslant p_i^+$$

式中，p_i^- 是参数取值的下界；p_i^+ 是参数取值的上界。

参数 p_i 的不确定性可以表示为

$$p_i = p_{i\text{nom}} + k_i\delta_i \tag{6.3.2}$$

其中，$p_{i\text{nom}} = \dfrac{p_i^- + p_i^+}{2}$；$k_i = \dfrac{p_i^+ - p_i^-}{2}$；$-1 \leqslant \delta_i \leqslant 1$。

假设 $\boldsymbol{p}$ 是所有不确定参数组成的参数向量，可以描述为

$$\boldsymbol{p} = \boldsymbol{p}_{\text{nom}} + \boldsymbol{k\delta} \tag{6.3.3}$$

其中，$\boldsymbol{p}_{\text{nom}} = [p_{1\text{nom}} \quad p_{2\text{nom}} \quad \cdots \quad p_{i\text{nom}}]$；$\boldsymbol{k} = [k_1 \quad k_2 \quad \cdots \quad k_i]$；$\boldsymbol{\delta} = [\delta_1 \quad \delta_2 \quad \cdots \quad \delta_i]$。

令 $\Delta p = k\delta$，则式(6.3.3)变换为

$$\boldsymbol{p} = \boldsymbol{p}_{\text{nom}} + \Delta\boldsymbol{p} \tag{6.3.4}$$

定义系统状态空间矩阵为

$$\boldsymbol{G}(\boldsymbol{p}) = \begin{bmatrix} \boldsymbol{A}(\boldsymbol{p}) & \boldsymbol{B}(\boldsymbol{p}) \\ \boldsymbol{C}(\boldsymbol{p}) & \boldsymbol{D}(\boldsymbol{p}) \end{bmatrix} \tag{6.3.5}$$

系统状态空间的标称部分和不确定部分描述为

$$\boldsymbol{G}(\boldsymbol{p}) = \boldsymbol{G}(\boldsymbol{p}_{\text{nom}} + \Delta\boldsymbol{p}) = \boldsymbol{G}(\boldsymbol{p}_{\text{nom}}) + \boldsymbol{G}(\Delta\boldsymbol{p}) \tag{6.3.6}$$

考虑参数的不确定性后，系统的状态空间方程描述为

$$\begin{bmatrix} \dot{\boldsymbol{x}} \\ \boldsymbol{y} \end{bmatrix} = \boldsymbol{G}(\boldsymbol{p}_{\text{nom}}) \begin{bmatrix} \boldsymbol{x} \\ \boldsymbol{u} \end{bmatrix} + \boldsymbol{G}(\Delta\boldsymbol{p}) \begin{bmatrix} \boldsymbol{x} \\ \boldsymbol{u} \end{bmatrix} \tag{6.3.7}$$

其中，系统的参数不确定模型为

$$\boldsymbol{G}(\Delta p) = \begin{bmatrix} \boldsymbol{A}(\Delta\boldsymbol{p}) & \boldsymbol{B}(\Delta\boldsymbol{p}) \\ \boldsymbol{C}(\Delta\boldsymbol{p}) & \boldsymbol{D}(\Delta\boldsymbol{p}) \end{bmatrix} \tag{6.3.8}$$

6.3.1.2　H_∞ 鲁棒动态逆方法

无人机编队飞行是一个复杂的控制过程，精确数学模型难以获得，并且在飞行过程中会受到外部扰动以及编队无人机之间的气动干扰的影响，因此系统存在不确定性。在第 5 章采用动态逆方法设计编队控制器时，并没有考虑编队飞机之间的气动耦合、飞机本身参数不确定性、传感器噪声、外部干扰等因素。而动态逆方法存在依赖于精确数学模型的缺陷，逆误差的存在会导致轨迹跟踪效果恶化。因此本节应用 H_∞ 鲁棒控制方法对外回路进行设计，在动态逆的基础上增加一个 H_∞ 回路整形控制器，能够使系统对不确定性的敏感度降低，达到保证性能的作用。鲁棒动态逆控制系统原理如图 6-43 所示。

选取各个权重函数后，鲁棒动态逆控制系统的结构如图 6-44 所示。

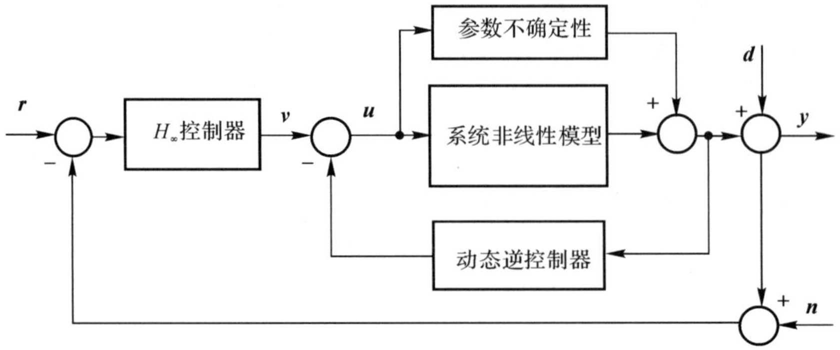

图 6-43　鲁棒动态逆控制系统原理图

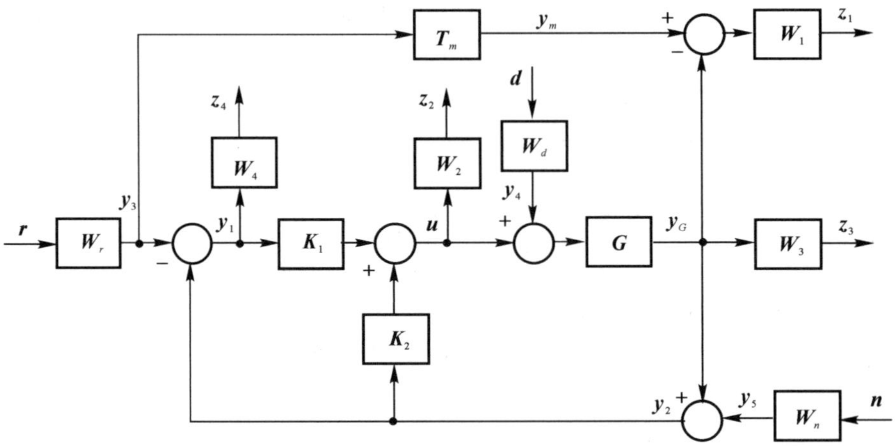

图 6-44　鲁棒动态逆控制系统结构图

根据图 6-44 可写出各个变量之间的关系式如下：

$$\boldsymbol{y}_1 = \boldsymbol{W}_r\boldsymbol{r} - \boldsymbol{y}_2 \tag{6.3.9}$$

$$\boldsymbol{y}_2 = \boldsymbol{W}_n\boldsymbol{n} + \boldsymbol{y}_G \tag{6.3.10}$$

$$\boldsymbol{y}_3 = \boldsymbol{W}_r\boldsymbol{r} \tag{6.3.11}$$

$$\boldsymbol{y}_4 = \boldsymbol{W}_d\boldsymbol{d} \tag{6.3.12}$$

$$\boldsymbol{y}_5 = \boldsymbol{W}_n\boldsymbol{n} \tag{6.3.13}$$

$$\boldsymbol{y}_G = \boldsymbol{G}(\boldsymbol{u} + \boldsymbol{W}_d\boldsymbol{d}) \tag{6.3.14}$$

$$\boldsymbol{z}_1 = \boldsymbol{W}_1(\boldsymbol{T}_m\boldsymbol{W}_r\boldsymbol{r} - \boldsymbol{y}_G) \tag{6.3.15}$$

$$\boldsymbol{z}_2 = \boldsymbol{W}_2\boldsymbol{u} \tag{6.3.16}$$

$$\boldsymbol{z}_3 = \boldsymbol{W}_3\boldsymbol{G}\boldsymbol{W}_d\boldsymbol{d} + \boldsymbol{W}_3\boldsymbol{G}\boldsymbol{u} \tag{6.3.17}$$

$$\boldsymbol{z}_4 = \boldsymbol{W}_4\boldsymbol{y}_1 = \boldsymbol{W}_4\boldsymbol{W}_r\boldsymbol{r} - \boldsymbol{W}_4\boldsymbol{W}_n\boldsymbol{n} - \boldsymbol{W}_4\boldsymbol{G}\boldsymbol{W}_d\boldsymbol{d} - \boldsymbol{W}_4\boldsymbol{G}\boldsymbol{u} \tag{6.3.18}$$

其中,系统传递函数 $\boldsymbol{G}$ 和期望的系统模型 $\boldsymbol{T}_m$ 以及各个权重函数可用状态空间方程描述如下:

$$\boldsymbol{G}=\begin{bmatrix}\boldsymbol{A}_G & \boldsymbol{B}_G\\ \boldsymbol{C}_G & \boldsymbol{D}_G\end{bmatrix}\quad \left.\begin{aligned}\dot{\boldsymbol{x}}_G&=\boldsymbol{A}_G\boldsymbol{x}_G+\boldsymbol{B}_G(u+y_4)\\ y_G&=\boldsymbol{C}_G\boldsymbol{x}_G+\boldsymbol{D}_G(u+y_4)\end{aligned}\right\} \tag{6.3.19}$$

$$\boldsymbol{T}_m=\begin{bmatrix}\boldsymbol{A}_m & \boldsymbol{B}_m\\ \boldsymbol{C}_m & \boldsymbol{D}_m\end{bmatrix}\quad \left.\begin{aligned}\dot{\boldsymbol{x}}_m&=\boldsymbol{A}_m\boldsymbol{x}_m+\boldsymbol{B}_m\boldsymbol{y}_3\\ \boldsymbol{y}_m&=\boldsymbol{C}_m\boldsymbol{x}_m+\boldsymbol{D}_m\boldsymbol{y}_3\end{aligned}\right\} \tag{6.3.20}$$

$$\boldsymbol{W}_r=\begin{bmatrix}\boldsymbol{A}_r & \boldsymbol{B}_r\\ \boldsymbol{C}_r & \boldsymbol{D}_r\end{bmatrix}\quad \left.\begin{aligned}\dot{\boldsymbol{x}}_r&=\boldsymbol{A}_r\boldsymbol{x}_r+\boldsymbol{B}_r\boldsymbol{r}\\ \boldsymbol{y}_3&=\boldsymbol{C}_r\boldsymbol{x}_r+\boldsymbol{D}_r\boldsymbol{r}\end{aligned}\right\} \tag{6.3.21}$$

$$\boldsymbol{W}_d=\begin{bmatrix}\boldsymbol{A}_d & \boldsymbol{B}_d\\ \boldsymbol{C}_d & \boldsymbol{D}_d\end{bmatrix}\quad \left.\begin{aligned}\dot{\boldsymbol{x}}_d&=\boldsymbol{A}_d\boldsymbol{x}_d+\boldsymbol{B}_d\boldsymbol{d}\\ \boldsymbol{y}_4&=\boldsymbol{C}_d\boldsymbol{x}_d+\boldsymbol{D}_d\boldsymbol{d}\end{aligned}\right\} \tag{6.3.22}$$

$$\boldsymbol{W}_n=\begin{bmatrix}\boldsymbol{A}_n & \boldsymbol{B}_n\\ \boldsymbol{C}_n & \boldsymbol{D}_n\end{bmatrix}\quad \left.\begin{aligned}\dot{\boldsymbol{x}}_n&=\boldsymbol{A}_n\boldsymbol{x}_n+\boldsymbol{B}_n\boldsymbol{n}\\ \boldsymbol{y}_5&=\boldsymbol{C}_n\boldsymbol{x}_n+\boldsymbol{D}_n\boldsymbol{n}\end{aligned}\right\} \tag{6.3.23}$$

$$\boldsymbol{W}_1=\begin{bmatrix}\boldsymbol{A}_1 & \boldsymbol{B}_1\\ \boldsymbol{C}_1 & \boldsymbol{D}_1\end{bmatrix}\quad \left.\begin{aligned}\dot{\boldsymbol{x}}_1&=\boldsymbol{A}_1\boldsymbol{x}_1+\boldsymbol{B}_1(\boldsymbol{y}_m-\boldsymbol{y}_G)\\ \boldsymbol{z}_1&=\boldsymbol{C}_1\boldsymbol{x}_1+\boldsymbol{D}_1(\boldsymbol{y}_m-\boldsymbol{y}_G)\end{aligned}\right\} \tag{6.3.24}$$

$$\boldsymbol{W}_2=\begin{bmatrix}\boldsymbol{A}_2 & \boldsymbol{B}_2\\ \boldsymbol{C}_2 & \boldsymbol{D}_2\end{bmatrix}\quad \left.\begin{aligned}\dot{\boldsymbol{x}}_1&=\boldsymbol{A}_2\boldsymbol{x}_2+\boldsymbol{B}_2\boldsymbol{u}\\ \boldsymbol{z}_2&=\boldsymbol{C}_2\boldsymbol{x}_2+\boldsymbol{D}_2\boldsymbol{u}\end{aligned}\right\} \tag{6.3.25}$$

$$\boldsymbol{W}_3=\begin{bmatrix}\boldsymbol{A}_3 & \boldsymbol{B}_3\\ \boldsymbol{C}_3 & \boldsymbol{D}_3\end{bmatrix}\quad \left.\begin{aligned}\dot{\boldsymbol{x}}_3&=\boldsymbol{A}_3\boldsymbol{x}_3+\boldsymbol{B}_3\boldsymbol{y}_G\\ \boldsymbol{z}_3&=\boldsymbol{C}_3\boldsymbol{x}_3+\boldsymbol{D}_3\boldsymbol{y}_G\end{aligned}\right\} \tag{6.3.26}$$

$$\boldsymbol{W}_4=\begin{bmatrix}\boldsymbol{A}_4 & \boldsymbol{B}_4\\ \boldsymbol{C}_4 & \boldsymbol{D}_4\end{bmatrix}\quad \left.\begin{aligned}\dot{\boldsymbol{x}}_4&=\boldsymbol{A}_4\boldsymbol{x}_4+\boldsymbol{B}_4\boldsymbol{y}_1\\ \boldsymbol{z}_3&=\boldsymbol{C}_4\boldsymbol{x}_4+\boldsymbol{D}_4\boldsymbol{y}_1\end{aligned}\right\} \tag{6.3.27}$$

其中

$$\boldsymbol{y}_1=\boldsymbol{y}_3-\boldsymbol{y}_2,\quad \boldsymbol{y}_2=\boldsymbol{y}_G+\boldsymbol{y}_5$$

选取新的状态变量、输出量和输入量分别为

$$\boldsymbol{x}=[\boldsymbol{x}_G\quad \boldsymbol{x}_m\quad \boldsymbol{x}_1\quad \boldsymbol{x}_2\quad \boldsymbol{x}_3\quad \boldsymbol{x}_4\quad \boldsymbol{x}_r\quad \boldsymbol{x}_d\quad \boldsymbol{x}_n]^{\mathrm{T}}$$

$$\boldsymbol{y}=[\boldsymbol{y}_1\quad \boldsymbol{y}_2]^{\mathrm{T}},\quad \boldsymbol{z}=[\boldsymbol{z}_1\quad \boldsymbol{z}_2\quad \boldsymbol{z}_3\quad \boldsymbol{z}_4]^{\mathrm{T}},\quad \boldsymbol{w}=[\boldsymbol{r}\quad \boldsymbol{d}\quad \boldsymbol{n}]$$

$\boldsymbol{x},\boldsymbol{y},\boldsymbol{z},\boldsymbol{w}$ 向量可用标准的 H_∞ 控制状态方程描述如下:

$$\left.\begin{aligned}\dot{\boldsymbol{x}}&=\boldsymbol{A}\boldsymbol{x}+\boldsymbol{B}_1\boldsymbol{w}+\boldsymbol{B}_2\boldsymbol{u}\\ \boldsymbol{z}&=\boldsymbol{C}_1\boldsymbol{x}+\boldsymbol{D}_{11}\boldsymbol{w}+\boldsymbol{D}_{12}\boldsymbol{u}\\ \boldsymbol{y}&=\boldsymbol{C}_2\boldsymbol{x}+\boldsymbol{D}_{21}\boldsymbol{w}+\boldsymbol{D}_{22}\boldsymbol{u}\end{aligned}\right\} \tag{6.3.28}$$

其中,$\boldsymbol{A},\boldsymbol{B}_1,\boldsymbol{B}_2,\boldsymbol{C}_1,\boldsymbol{C}_2,\boldsymbol{D}_{11},\boldsymbol{D}_{12},\boldsymbol{D}_{21},\boldsymbol{D}_{22}$ 分别表示为

$$A=\begin{bmatrix} A_G & 0 & 0 & 0 & 0 & 0 & 0 & B_G C_d & 0 \\ 0 & A_m & 0 & 0 & 0 & 0 & BC_r & 0 & 0 \\ -B_1 C_G & B_1 C_m & A_1 & 0 & 0 & 0 & B_1 D_m C_r & -B_1 D_G C_d & 0 \\ 0 & 0 & 0 & A_2 & 0 & 0 & 0 & 0 & 0 \\ B_3 C_G & 0 & 0 & 0 & A_3 & 0 & 0 & B_1 D_G C_d & 0 \\ -B_4 C_G & 0 & 0 & 0 & 0 & A_4 & B_4 C_r & -B_4 D_G C_d & -B_4 C_n \\ 0 & 0 & 0 & 0 & 0 & 0 & A_r & 0 & 0 \\ 0 & 0 & 0 & 0 & 0 & 0 & 0 & A_d & 0 \\ 0 & 0 & 0 & 0 & 0 & 0 & 0 & 0 & A_n \end{bmatrix}$$

$$B_1=\begin{bmatrix} 0 & B_G D_d & 0 \\ B_m D_r & 0 & 0 \\ B_1 D_m D_r & -B_1 D_G D_d & A_1 \\ 0 & 0 & 0 \\ 0 & B_3 D_G D_d & 0 \\ -B_4 C_r & -B_4 D_G D_d & -B_4 D_n \\ B_r & 0 & 0 \\ 0 & B_d & 0 \\ 0 & 0 & B_n \end{bmatrix}, \quad B_2=\begin{bmatrix} B_G \\ 0 \\ -B_1 D_G \\ B_2 \\ B_3 D_G \\ B_4 D_G \\ 0 \\ 0 \\ 0 \end{bmatrix}$$

$$C_1=\begin{bmatrix} -D_1 C_G & D_1 C_m & C_1 & 0 & 0 & 0 & D_1 D_m C_r & -D_1 D_G C_d & 0 \\ 0 & 0 & 0 & C_2 & 0 & 0 & 0 & 0 & 0 \\ D_3 C_G & 0 & 0 & 0 & C_3 & 0 & 0 & D_3 D_G C_d & 0 \\ -D_4 C_G & 0 & 0 & 0 & 0 & C_4 & D_4 C_r & -D_4 D_G C_d & -D_4 C_n \end{bmatrix}$$

$$C_2=\begin{bmatrix} -C_G & 0 & 0 & 0 & 0 & 0 & C_r & -D_G C_d & -C_n \\ C_G & 0 & 0 & 0 & 0 & 0 & 0 & D_G C_d & C_n \end{bmatrix}$$

$$D_{11}=\begin{bmatrix} D_1 D_m D_r & -D_1 D_G D_d & 0 \\ 0 & 0 & 0 \\ 0 & D_3 D_G D_d & 0 \\ D_4 D_r & -D_4 D_G D_d & -D_4 D_n \end{bmatrix}$$

$$D_{12}=\begin{bmatrix} -D_1 D_G \\ D_2 \\ D_3 D_G \\ -D_4 D_G \end{bmatrix}, \quad D_{21}=\begin{bmatrix} D_r & -D_G D_d & -D_n \\ 0 & D_G D_d & D_n \end{bmatrix}, \quad D_{22}=\begin{bmatrix} -D_G \\ D_G \end{bmatrix}$$

给定系统状态变量的初始值,根据 6.1 节所给出的 H_∞ 控制器设计方法可以求得 H_∞ 回路整形控制的控制律。

6.3.1.3　加权函数取值优化算法

从图6-44所示的鲁棒动态逆控制系统的结构可以看出，加权函数的取值对 H_∞ 回路整形控制器的鲁棒性能有很大的影响[54]。如何选取适当的加权函数是鲁棒动态逆设计过程中的一个重要问题。鲁棒动态逆控制系统可以简化为一个如图6-45所示的标准反馈控制器，在此基础上，有针对性地分析各个加权函数对 H_∞ 回路整形控制器的影响。

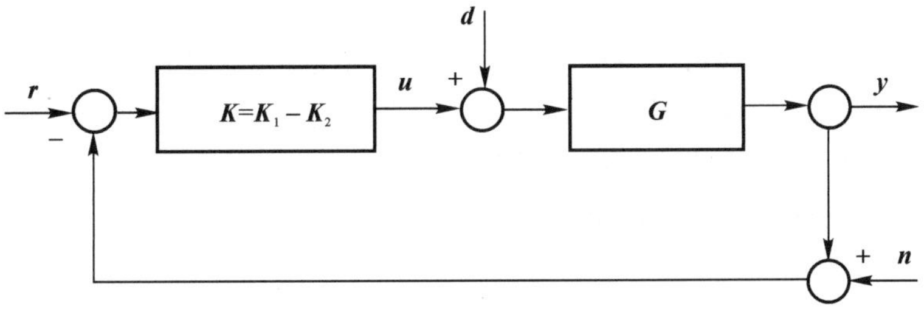

图6-45　标准反馈控制系统原理图

要确保图6-45所示的反馈控制系统是内部稳定的，则存在从向量 $[\boldsymbol{r}\quad \boldsymbol{d}\quad \boldsymbol{n}]^{\mathrm{T}}$ 到向量 $[\boldsymbol{u}\quad \boldsymbol{y}]^{\mathrm{T}}$ 的闭环传递函数满足：

$$\boldsymbol{\Phi}(\boldsymbol{G},\boldsymbol{K})=\begin{bmatrix}\boldsymbol{G}\\ \boldsymbol{I}\end{bmatrix}(\boldsymbol{I}+\boldsymbol{K}_2\boldsymbol{G})^{-1}[\boldsymbol{K}\quad \boldsymbol{I}]\in RH_\infty \tag{6.3.29}$$

根据各个加权函数对 H_∞ 回路整形控制器的作用，可以分为前补偿加权函数 $\boldsymbol{W}_1^*$ 和后补偿加权函数 $\boldsymbol{W}_2^*$。系统的广义被控对象变为 $\boldsymbol{G}_W=\boldsymbol{W}_1^*\boldsymbol{G}\boldsymbol{W}_2^*$。控制系统结构如图6-46所示。

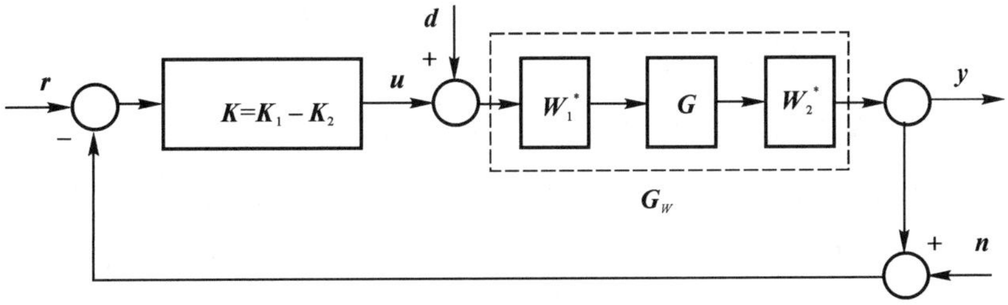

图6-46　H_∞ 回路整形控制系统原理图

同理要确保图6-46所示的反馈控制系统是内部稳定的，则存在从向量 $[\boldsymbol{r}\quad \boldsymbol{d}\quad \boldsymbol{n}]^{\mathrm{T}}$ 到向量 $[\boldsymbol{u}\quad \boldsymbol{y}]^{\mathrm{T}}$ 的闭环传递函数满足：

$$\boldsymbol{\Phi}(\boldsymbol{G}_W,\boldsymbol{K})=\begin{bmatrix}\boldsymbol{G}_W\\ \boldsymbol{I}\end{bmatrix}(\boldsymbol{I}+\boldsymbol{K}_2\boldsymbol{G}_W)^{-1}[\boldsymbol{K}\quad \boldsymbol{I}]\in RH_\infty \tag{6.3.30}$$

给定系统传递函数 G_W 和控制器 K，$[G_W, K]$ 的鲁棒稳定性极限 $b(G_W, K)$ 为

$$\gamma(G,K)=\left\|\begin{bmatrix}G_W\\ I\end{bmatrix}(I+K_2G_W)^{-1}[K \quad I]\right\|_{\infty}^{-1} \tag{6.3.31}$$

如果 $\gamma(G_W, K)$ 的取值趋向 0，$[G_W, K]$ 是内部稳定的；否则，$[G_W, K]$ 不稳定。鲁棒稳定性极限的最大值定义为

$$\gamma_{\mathrm{opt}}(G_W)=\sup_K\gamma(G_W,K) \tag{6.3.32}$$

对于任意 G_W，$\gamma_{\mathrm{opt}}(G_W)\leqslant 1$。

设计 H_∞ 回路整形控制的目标是在 $[G_W, K]$ 是内部稳定的同时，使得鲁棒稳定性极限 $\gamma_{\mathrm{opt}}(G_W)$ 的取值尽可能大。只有选取合适的加权函数，才可以设计出鲁棒性能优越的 H_∞ 回路整形控制器。

加权函数选取的优化问题可以描述为

$$\max_{W_1^*, W_2^* \in RH_\infty} \gamma_{\mathrm{opt}}(G_W) \tag{6.3.33}$$

式(6.3.33)中加权函数的取值满足：

$$\left.\begin{aligned}|\underline{w}_1(\mathrm{j}\omega)|<\sigma_i(W_1^*(\mathrm{j}\omega))<|\overline{w}_1(\mathrm{j}\omega)| \quad \forall i,\omega\\ |\underline{w}_2(\mathrm{j}\omega)|<\sigma_i(W_2^*(\mathrm{j}\omega))<|\overline{w}_2(\mathrm{j}\omega)| \quad \forall i,\omega\end{aligned}\right\} \tag{6.3.34}$$

$$\left.\begin{aligned}|W_1^*(\mathrm{j}\omega)|<|K_1(\mathrm{j}\omega)| \quad \forall \omega\\ |W_2^*(\mathrm{j}\omega)|<|K_2(\mathrm{j}\omega)| \quad \forall \omega\end{aligned}\right\} \tag{6.3.35}$$

其中，式(6.3.34)和式(6.3.35)频域函数 $\underline{w}_i(\mathrm{j}\omega)$ 和 $\overline{w}_i(\mathrm{j}\omega)$ 限定了回路整形加权函数 $W_i(\mathrm{j}\omega)$ $(i=1,2)$ 奇异值的选取区域。

根据式(6.3.30)，H_∞ 回路整形控制器的优化问题描述为

$$\min_{\substack{W_1^*\in(\underline{w}_1,\overline{w}_1,k_1)\\ W_2^*\in(\underline{w}_2,\overline{w}_2,k_2)}}\left\|\begin{bmatrix}G_W\\ I\end{bmatrix}(I+K_2G_W)^{-1}[K \quad I]\right\|_{\infty} \tag{6.3.36}$$

其中，G_W 的奇异值取值范围为 $\underline{s}(\mathrm{j}\omega)<\sigma_i(G_W(\mathrm{j}\omega))<\overline{s}(\mathrm{j}\omega)$。

根据图 6-46，令 $G_W=W_1^*GW_2^*$，并令 $K_\infty=W_1^*KW_2^*$。当 $W_1^*\in(\underline{w}_1,\overline{w}_1,k_1)$ 和 $W_2^*\in(\underline{w}_2,\overline{w}_2,k_2)$ 时，存在 $W_1^*\in(\underline{w}_1^{-1},\overline{w}_1^{-1},k_1)$ 和 $W_2^*\in(\underline{w}_2^{-1},\overline{w}_2^{-1},k_2)$。式(6.3.36)可以变换为

$$\min_{\substack{W_1^*\in(\underline{w}_1,\overline{w}_1,k_1),W_1^*\in(\underline{w}_1^{-1},\overline{w}_1^{-1},k_1)\\ W_2^*\in(\underline{w}_2,\overline{w}_2,k_2),W_2^*\in(\underline{w}_2^{-1},\overline{w}_2^{-1},k_2)}}\left\|\begin{bmatrix}W_2^* & 0\\ 0 & W_1^*\end{bmatrix}\begin{bmatrix}0 & G\\ 0 & I\end{bmatrix}\begin{bmatrix}I & G\\ K_\infty & I\end{bmatrix}_{\infty}^{-1}\begin{bmatrix}W_2^* & 0\\ 0 & W_1^*\end{bmatrix}\right\|_{\infty} \tag{6.3.37}$$

其中，G 的奇异值取值范围为 $\underline{s}(\mathrm{j}\omega)<\sigma_i(W_1^*(\mathrm{j}\omega)G(\mathrm{j}\omega)W_2^*(\mathrm{j}\omega))<\overline{s}(\mathrm{j}\omega)$。

根据上面对 H_∞ 回路整形控制器设计的分析，可以采用下面的步骤设计

一个最优的 H_∞ 回路整形控制器。

(1) 根据各个加权函数在 $[\boldsymbol{G}_W, \boldsymbol{K}]$ 系统中的作用，分别选取适当的值。在图 6-46 所示的控制系统中，$\boldsymbol{W}_r$，$\boldsymbol{W}_d$ 和 $\boldsymbol{W}_n$ 都属于前补偿加权函数 $\boldsymbol{W}_1^*$。其中，输入信号加权函数 $\boldsymbol{W}_r$ 反映系统期望设定值变化，通常选为常值或低通滤波器；为了抑制干扰，干扰信号加权函数 $\boldsymbol{W}_d$ 通常选低通滤波器；噪声信号加权函数 $\boldsymbol{W}_n$ 通常选为常值或加一低通滤波器抑制高频噪声。

$\boldsymbol{W}_1$，$\boldsymbol{W}_2$，$\boldsymbol{W}_3$ 和 $\boldsymbol{W}_4$ 都属于后补偿加权函数 $\boldsymbol{W}_2^*$。其中，$\boldsymbol{W}_1$，$\boldsymbol{W}_2$ 与输出误差代价有关，该误差主要由干扰、噪声、设定值变化以及对象不确定性引起，为得到较好的跟踪性能以及动态特性，通常选为常值或低通滤波器；$\boldsymbol{W}_3$ 反映了控制作用幅值，可以根据特定的执行机构及执行机构的期望输入范围选取，通常为高通滤波器；$\boldsymbol{W}_4$ 与对象乘性不确定性有关，通常选为常数。

(2) 计算 $\boldsymbol{G}_W = \boldsymbol{W}_1^* \boldsymbol{G} \boldsymbol{W}_2^*$，令 $\boldsymbol{G}_W = \boldsymbol{N}_W M_W^{-1}$。考虑系统不确定性：

$$\Delta \boldsymbol{G} = (\boldsymbol{N}_W + \boldsymbol{\Delta}_N)(\boldsymbol{M}_W + \boldsymbol{\Delta}_M)^{-1} \tag{6.3.38}$$

当系统 $[\boldsymbol{G}_W, \boldsymbol{K}]$ 稳定时，$\boldsymbol{\Delta}_N$ 和 $\boldsymbol{\Delta}_M$ 满足 $\| \boldsymbol{\Delta}_N, \boldsymbol{\Delta}_M \|_\infty \leqslant \varepsilon$。其中 ε 是系统的稳定边界值。令 $\boldsymbol{K}_\infty = \boldsymbol{W}_1^* \boldsymbol{K} \boldsymbol{W}_2^*$，检验加权函数 $\boldsymbol{W}_1^*$ 和 $\boldsymbol{W}_2^*$ 的取值满足下面不等式：

$$\bar{\sigma}[(\boldsymbol{I} - \boldsymbol{K}_\infty \boldsymbol{G})^{-1}] \leqslant \min\{\varepsilon^{-1}\bar{\sigma}(\boldsymbol{M}_W)\kappa(\boldsymbol{W}_1^*), 1 + \varepsilon^{-1}\bar{\sigma}(\boldsymbol{N}_W)\kappa(\boldsymbol{W}_1^*)\} \tag{6.3.39}$$

$$\bar{\sigma}[(\boldsymbol{I} - \boldsymbol{K}_\infty \boldsymbol{G})^{-1}] \leqslant \min\{\varepsilon^{-1}\bar{\sigma}(\boldsymbol{N}_W)\kappa(\boldsymbol{W}_2^*), 1 + \varepsilon^{-1}\bar{\sigma}(\boldsymbol{M}_W)\kappa(\boldsymbol{W}_2^*)\} \tag{6.3.40}$$

(3) 计算最优稳定边界值 ε_{opt}。根据式(6.3.2)求得表征系统模型 $\boldsymbol{G}_W$ 的空间状态矩阵：

$$\boldsymbol{G}_W = \begin{bmatrix} \boldsymbol{A}_W & \boldsymbol{B}_W \\ \boldsymbol{C}_W & \boldsymbol{D}_W \end{bmatrix} \tag{6.3.41}$$

最优稳定边界 ε_{opt} 满足：

$$\gamma_{\text{opt}} = \varepsilon_{\text{opt}}^{-1} = (1 + \lambda_m(\boldsymbol{XY}))^{1/2} \tag{6.3.42}$$

式中，$\boldsymbol{X}$ 和 $\boldsymbol{Y}$ 分别为下面 Riccati 方程组的解。λ_m 是系统状态空间矩阵 $\boldsymbol{A}_W$ 的最大特征值。

$$\left.\begin{aligned} &(\boldsymbol{A} - \boldsymbol{B}\boldsymbol{S}^{-1}\boldsymbol{D}^{\mathrm{T}}\boldsymbol{C})\boldsymbol{Y} + \boldsymbol{Y}(\boldsymbol{A} - \boldsymbol{B}\boldsymbol{S}^{-1}\boldsymbol{D}^{\mathrm{T}}\boldsymbol{C})^{\mathrm{T}} - \boldsymbol{Y}\boldsymbol{C}^{\mathrm{T}}\boldsymbol{R}^{-1}\boldsymbol{C}\boldsymbol{Y} + \boldsymbol{B}\boldsymbol{S}^{-1}\boldsymbol{B}^{\mathrm{T}} = \boldsymbol{0} \\ &(\boldsymbol{A} - \boldsymbol{B}\boldsymbol{S}^{-1}\boldsymbol{D}^{\mathrm{T}}\boldsymbol{C})\boldsymbol{X} + \boldsymbol{X}(\boldsymbol{A} - \boldsymbol{B}\boldsymbol{S}^{-1}\boldsymbol{D}^{\mathrm{T}}\boldsymbol{C})^{\mathrm{T}} - \boldsymbol{X}\boldsymbol{B}\boldsymbol{S}^{-1}\boldsymbol{B}^{\mathrm{T}}\boldsymbol{X} + \boldsymbol{C}^{\mathrm{T}}\boldsymbol{R}^{-1}\boldsymbol{C} = \boldsymbol{0} \end{aligned}\right\} \tag{6.3.43}$$

其中，

$$\boldsymbol{S} = \boldsymbol{I} + \boldsymbol{D}^{\mathrm{T}}\boldsymbol{D}, \quad \boldsymbol{R} = \boldsymbol{I} + \boldsymbol{D}\boldsymbol{D}^{\mathrm{T}}$$

若 $\varepsilon_{\text{opt}} < 1$，则表明加权函数 $\boldsymbol{W}_1^*$ 和 $\boldsymbol{W}_2^*$ 的取值确保系统 $[\boldsymbol{G}_W, \boldsymbol{K}]$ 满足鲁棒性能且是稳定的。

(4) 选择 $\varepsilon \leqslant \varepsilon_{\text{opt}}$，设计 H_∞ 回路整形控制器，使得 $\boldsymbol{K}$ 满足：

$$\left\| \begin{bmatrix} \boldsymbol{G}_W \\ \boldsymbol{I} \end{bmatrix} (\boldsymbol{I} + \boldsymbol{K}_2 \boldsymbol{G}_W)^{-1} [\boldsymbol{K} \quad \boldsymbol{I}] \right\|_\infty \leqslant \varepsilon^{-1} \tag{6.3.44}$$

若所求得的稳定边界值不满足 $\varepsilon \leqslant \varepsilon_{\text{opt}}$，则需要重新选取各个加权函数的取值，并按照上述步骤重新设计控制律。

通过上述优化算法，根据稳定性指标和鲁棒性能指标的约束，减少了各个加权函数选取时的盲目性，可以得到最优 H_∞ 回路整形控制的加权函数，对 H_∞ 回路整形控制器中各个加权函数的选取提供了一定的理论依据。

6.3.2 无人机编队鲁棒动态逆控制器设计

6.3.2.1 快状态回路鲁棒动态逆控制律设计

在 6.2 节中，无人机编队飞行系统的状态变量根据时间尺度，分为快状态回路和慢状态回路。对快状态回路设计写出快状态变量的非线性方程为

$$\begin{bmatrix} \dot{v}_W \\ \dot{\delta} \\ \dot{\zeta} \end{bmatrix} = \begin{bmatrix} -\dfrac{1}{\tau_v} v_W + \dfrac{\bar{q}S}{m} \Delta C_{D_y} y \\ -\left(\dfrac{1}{\tau_{\psi a}} + \dfrac{1}{\tau_{\psi b}}\right)\delta - \dfrac{1}{\tau_{\psi a}\tau_{\psi b}} \psi_W + \dfrac{\bar{q}S}{m}[\Delta C_{Y_y} y + \Delta C_{Y_z} z] \\ -\left(\dfrac{1}{\tau_{ha}} + \dfrac{1}{\tau_{hb}}\right)\zeta - \dfrac{1}{\tau_{ha}\tau_{hb}} z + \dfrac{\bar{q}S}{m} \Delta C_{L_y} y \end{bmatrix} + \begin{bmatrix} \dfrac{1}{\tau_v} & 0 & 0 \\ 0 & \dfrac{1}{\tau_{\psi a}\tau_{\psi b}} & 0 \\ 0 & 0 & \dfrac{1}{\tau_{ha}\tau_{hb}} \end{bmatrix} \begin{bmatrix} v_{wc} \\ \psi_{wc} \\ z_c \end{bmatrix} \tag{6.3.45}$$

快回路仿射非线性方程为

$$\begin{bmatrix} \dot{v}_W \\ \dot{\delta} \\ \dot{\zeta} \end{bmatrix} = f_f(\bar{\boldsymbol{x}}_1) + \boldsymbol{G}_B \begin{bmatrix} v_{wc} \\ \psi_{wc} \\ z_c \end{bmatrix} \tag{6.3.46}$$

其中

$$f_f(\bar{x}_1)=\begin{bmatrix} -\dfrac{1}{\tau_v}v_W+\dfrac{\bar{q}S}{m}\Delta C_{Dy}y \\ -\left(\dfrac{1}{\tau_{\psi a}}+\dfrac{1}{\tau_{\psi b}}\right)\delta-\dfrac{1}{\tau_{\psi a}\tau_{\psi b}}\psi_W+\dfrac{\bar{q}S}{m}[\Delta C_{Yy}y+\Delta C_{Yz}z] \\ -\left(\dfrac{1}{\tau_{ha}}+\dfrac{1}{\tau_{hb}}\right)\zeta-\dfrac{1}{\tau_{ha}\tau_{hb}}z+\dfrac{\bar{q}S}{m}\Delta C_{Ly}y \end{bmatrix} \tag{6.3.47}$$

假设状态变量为 v_W,δ,ζ，则式(6.3.47)可写为

$$\begin{bmatrix} \dot{v}_W \\ \dot{\delta} \\ \dot{\zeta} \end{bmatrix}=f_{f1}(\bar{\boldsymbol{x}}_1)+\boldsymbol{G}_A\begin{bmatrix} x \\ y \\ z \\ v_W \\ \delta \\ \zeta \end{bmatrix}+\boldsymbol{G}_B\begin{bmatrix} v_{wc} \\ \psi_{wc} \\ z_c \end{bmatrix} \tag{6.3.48}$$

其中

$$f_f(\bar{\boldsymbol{x}}_1)=\begin{bmatrix} 0 \\ -\dfrac{1}{\tau_{\psi a}\tau_{\psi b}}\psi_W \\ -\dfrac{1}{\tau_{ha}\tau_{hb}}z \end{bmatrix} \tag{6.3.49}$$

$$\boldsymbol{G}_A=\begin{bmatrix} 0 & \dfrac{\bar{q}S}{m}\Delta C_{Dy} & 0 & -\dfrac{1}{\tau_v} & 0 & 0 \\ 0 & \dfrac{\bar{q}S}{m}\Delta C_{Yy} & \dfrac{\bar{q}S}{m}\Delta C_{Yz} & 0 & -\left(\dfrac{1}{\tau_{\psi a}}+\dfrac{1}{\tau_{\psi b}}\right) & 0 \\ 0 & 0 & \dfrac{\bar{q}S}{m}\Delta C_{Ly}y & 0 & 0 & -\left(\dfrac{1}{\tau_{ha}}+\dfrac{1}{\tau_{hb}}\right) \end{bmatrix} \tag{6.3.50}$$

$$\boldsymbol{G}_B=\begin{bmatrix} \dfrac{1}{\tau_v} & 0 & 0 \\ 0 & \dfrac{1}{\tau_{\psi a}\tau_{\psi b}} & 0 \\ 0 & 0 & \dfrac{1}{\tau_{ha}\tau_{hb}} \end{bmatrix} \tag{6.3.51}$$

$$\bar{\boldsymbol{u}}=\begin{bmatrix}v_{wc}\\ \delta_c\\ \zeta_c\end{bmatrix}=\boldsymbol{G}^{-1}\left[\begin{bmatrix}\dot{v}_{Wd}\\ \dot{\delta}_d\\ \dot{\zeta}_d\end{bmatrix}-f_{f1}(\bar{\boldsymbol{x}}_1)-\boldsymbol{G}_A\begin{bmatrix}x\\ y\\ z\\ v_W\\ \delta\\ \zeta\end{bmatrix}\right] \tag{6.3.52}$$

将式(6.3.52)代入式(6.3.48)可得

$$\begin{bmatrix}\dot{v}_W\\ \dot{\delta}\\ \dot{\zeta}\end{bmatrix}=f_{f1}(\bar{\boldsymbol{x}}_1)+\boldsymbol{G}_A\begin{bmatrix}x\\ y\\ z\\ v_W\\ \delta\\ \zeta\end{bmatrix}+\boldsymbol{G}_B\begin{bmatrix}v_{wc}\\ \psi_{wc}\\ z_c\end{bmatrix}=$$

$$f_{f1}(\bar{\boldsymbol{x}}_1)+\boldsymbol{G}_A\begin{bmatrix}x\\ y\\ z\\ v_W\\ \delta\\ \zeta\end{bmatrix}+\boldsymbol{G}_B\boldsymbol{G}^{-1}\left[\begin{bmatrix}\dot{v}_{Wd}\\ \dot{\delta}_d\\ \dot{\zeta}_d\end{bmatrix}-f_{f1}(\bar{\boldsymbol{x}}_1)-\boldsymbol{G}_A\begin{bmatrix}x\\ y\\ z\\ v_W\\ \delta\\ \zeta\end{bmatrix}\right] \tag{6.3.53}$$

只考虑与快状态变量相关的不确定性，则有

$$\begin{bmatrix}\dot{v}_W\\ \dot{\delta}\\ \dot{\zeta}\end{bmatrix}=\hat{\boldsymbol{G}}_A\begin{bmatrix}v_W\\ \delta\\ \zeta\end{bmatrix}+\begin{bmatrix}\dot{v}_{Wd}\\ \dot{\delta}_d\\ \dot{\zeta}_d\end{bmatrix} \tag{6.3.54}$$

其中

$$\hat{\boldsymbol{G}}_A=\begin{bmatrix}\dfrac{1}{\Delta\tau_v} & 0 & 0\\ 0 & \dfrac{1}{\Delta\tau_{\psi a}\Delta\tau_{\psi b}} & 0\\ 0 & 0 & \dfrac{1}{\Delta\tau_{ha}\Delta\tau_{hb}}\end{bmatrix} \tag{6.3.55}$$

快状态回路鲁棒动态逆控制器设计模型如图 6-47 所示。快状态回路控制律的设计目标是在快状态回路非线性动态逆控制律的基础上，通过设计适当的 H_∞ 鲁棒控制律，使得实际输出与理想输出之间的加权误差 z_1($\boldsymbol{W}_1$ 为对应的加权矩阵）最小。

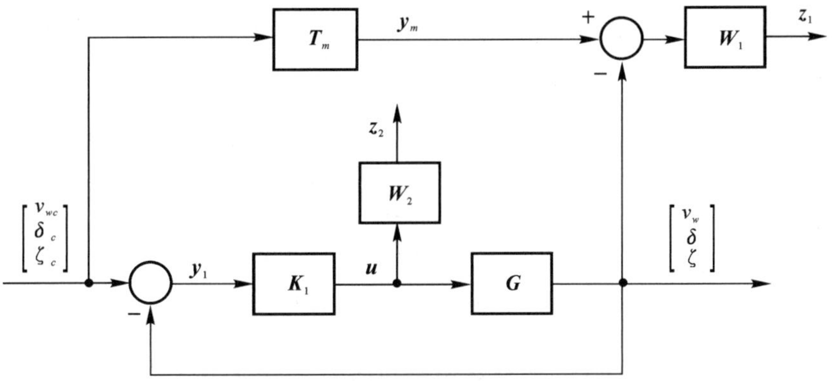

图 6 - 47　快状态回路鲁棒动态逆控制律结构图

分别选取 $\boldsymbol{x}_G=\begin{bmatrix}v_W\\ \delta\\ \zeta\end{bmatrix}$，$\boldsymbol{y}_G=\begin{bmatrix}v_W\\ \delta\\ \zeta\end{bmatrix}$，$\boldsymbol{u}=\begin{bmatrix}\dot{v}_{Wd}\\ \dot{\delta}_d\\ \dot{\zeta}_d\end{bmatrix}$，$\boldsymbol{r}=\begin{bmatrix}v_{wc}\\ \delta_c\\ \zeta_c\end{bmatrix}$，$G$ 描述为状态空间的方程为

$$\left.\begin{aligned}\dot{\boldsymbol{x}}_G&=\boldsymbol{A}_G\boldsymbol{x}_G+\boldsymbol{B}_G\boldsymbol{u}\\ \boldsymbol{y}_G&=\boldsymbol{C}_G\boldsymbol{x}_G+\boldsymbol{D}_G\boldsymbol{u}\end{aligned}\right\}\tag{6.3.56}$$

其中

$$\boldsymbol{A}_G=\begin{bmatrix}\dfrac{1}{\Delta\tau_v} & 0 & 0\\ 0 & \dfrac{1}{\Delta\tau_{\psi a}\Delta\tau_{\psi b}} & 0\\ 0 & 0 & \dfrac{1}{\Delta\tau_{ha}\Delta\tau_{hb}}\end{bmatrix},\quad \boldsymbol{B}_G=\begin{bmatrix}1&0&0\\0&1&0\\0&0&1\end{bmatrix}$$

$$\boldsymbol{C}_G=\begin{bmatrix}1&0&0\\0&1&0\\0&0&1\end{bmatrix},\quad \boldsymbol{D}_G=\boldsymbol{0}_{3\times 3}$$

根据 6.2.1 节给出的快状态回路带宽取值 $\omega_v=\omega_\delta=\omega_\zeta=100$ rad/s，可求得 $\boldsymbol{T}_m$ 的模型如下：

$$\boldsymbol{T}_m=\begin{bmatrix}\dfrac{100}{s+100} & 0 & 0\\ 0 & \dfrac{100}{s+100} & 0\\ 0 & 0 & \dfrac{100}{s+100}\end{bmatrix}\tag{6.3.57}$$

根据式(6.3.57)，可以求出 $\boldsymbol{T}_m$ 的状态空间方程为

$$\begin{bmatrix}\dot{\boldsymbol{x}}_m\\ \dot{\boldsymbol{y}}_m\end{bmatrix}=\begin{bmatrix}\boldsymbol{A}_m & \boldsymbol{B}_m\\ \boldsymbol{C}_m & \boldsymbol{D}_m\end{bmatrix}\begin{bmatrix}\boldsymbol{x}_m\\ \boldsymbol{r}\end{bmatrix} \tag{6.3.58}$$

其中

$$\boldsymbol{A}_m=\begin{bmatrix}-100 & 0 & 0\\ 0 & -100 & 0\\ 0 & 0 & -100\end{bmatrix},\quad \boldsymbol{B}_m=\begin{bmatrix}1 & 0 & 0\\ 0 & 1 & 0\\ 0 & 0 & 1\end{bmatrix}$$

$$\boldsymbol{C}_m=\begin{bmatrix}100 & 0 & 0\\ 0 & 100 & 0\\ 0 & 0 & 100\end{bmatrix},\quad \boldsymbol{D}_m=\boldsymbol{0}_{3\times 3}$$

为得到阶数较低且能实现精确跟踪的控制器，选取$\boldsymbol{W}_1$为对角的低通滤波形式，$\boldsymbol{W}_2$为常值对角阵。经过不断反复迭代调整，在性能和鲁棒性之间合理折中，最终图 6 - 47 中的加权函数的取值分别选为

$$\boldsymbol{W}_1=\begin{bmatrix}\frac{0.01s+0.1}{s+100} & 0 & 0\\ 0 & \frac{0.01s+0.1}{s+20} & 0\\ 0 & 0 & \frac{0.01s+0.1}{s+100}\end{bmatrix} \tag{6.3.59}$$

$$\boldsymbol{W}_2=\boldsymbol{I}_{3\times 3} \tag{6.3.60}$$

根据式(6.3.59)，可以求出$\boldsymbol{W}_1$的状态空间方程为

$$\begin{bmatrix}\dot{\boldsymbol{x}}_1\\ \boldsymbol{z}_1\end{bmatrix}=\begin{bmatrix}\boldsymbol{A}_1 & \boldsymbol{B}_1\\ \boldsymbol{C}_1 & \boldsymbol{D}_1\end{bmatrix}\begin{bmatrix}\boldsymbol{x}_1\\ \boldsymbol{y}_m-\boldsymbol{y}_G\end{bmatrix} \tag{6.3.61}$$

其中

$$\boldsymbol{A}_1=\begin{bmatrix}-100 & 0 & 0\\ 0 & -20 & 0\\ 0 & 0 & -100\end{bmatrix},\quad \boldsymbol{B}_1=\begin{bmatrix}1 & 0 & 0\\ 0 & 1 & 0\\ 0 & 0 & 1\end{bmatrix}$$

$$\boldsymbol{C}_1=\begin{bmatrix}-0.9 & 0 & 0\\ 0 & -0.1 & 0\\ 0 & 0 & -0.9\end{bmatrix},\quad \boldsymbol{D}_1=\begin{bmatrix}0.01 & 0 & 0\\ 0 & 0.01 & 0\\ 0 & 0 & 0.01\end{bmatrix}$$

根据式(6.3.61)，可以求出$\boldsymbol{W}_2$的状态空间方程为

$$\begin{bmatrix}\dot{\boldsymbol{x}}_2\\ \boldsymbol{z}_2\end{bmatrix}=\begin{bmatrix}\boldsymbol{A}_2 & \boldsymbol{B}_2\\ \boldsymbol{C}_2 & \boldsymbol{D}_2\end{bmatrix}\begin{bmatrix}\boldsymbol{x}_2\\ \boldsymbol{u}\end{bmatrix} \tag{6.3.62}$$

其中

$$\boldsymbol{A}_2=\boldsymbol{0}_{3\times 3},\quad \boldsymbol{B}_2=\boldsymbol{0}_{3\times 3},\quad \boldsymbol{C}_2=\boldsymbol{0}_{3\times 3},\quad \boldsymbol{D}_2=\begin{bmatrix}1 & 0 & 0\\ 0 & 1 & 0\\ 0 & 0 & 1\end{bmatrix}$$

根据图 6 - 47 可得

$$\boldsymbol{y}_1=\boldsymbol{r}-\boldsymbol{y}_G \tag{6.3.63}$$

选取新的状态量、输出量、输入量为

$$\boldsymbol{x}=\begin{bmatrix}x_G\\x_m\\x_1\\x_2\end{bmatrix},\quad \boldsymbol{y}=\boldsymbol{y}_1,\quad \boldsymbol{z}=\begin{bmatrix}z_1\\z_2\end{bmatrix},\quad \boldsymbol{w}=\begin{bmatrix}v_{wc}\\\delta_c\\\zeta_c\end{bmatrix},\quad \boldsymbol{u}=\begin{bmatrix}\dot{v}_{Wd}\\\dot{\delta}_d\\\dot{\zeta}_d\end{bmatrix}$$

$\boldsymbol{x},\boldsymbol{y},\boldsymbol{z},\boldsymbol{w}$ 向量可用标准的 H_∞ 控制状态方程描述如下：

$$\left.\begin{aligned}\dot{\boldsymbol{x}}&=\boldsymbol{A}\boldsymbol{x}+\boldsymbol{B}_1\boldsymbol{w}+\boldsymbol{B}_2\boldsymbol{u}\\\boldsymbol{z}&=\boldsymbol{C}_1\boldsymbol{x}+\boldsymbol{D}_{11}\boldsymbol{w}+\boldsymbol{D}_{12}\boldsymbol{u}\\\boldsymbol{y}&=\boldsymbol{C}_2\boldsymbol{x}+\boldsymbol{D}_{21}\boldsymbol{w}+\boldsymbol{D}_{22}\boldsymbol{u}\end{aligned}\right\} \tag{6.3.64}$$

结合 $\boldsymbol{G},\boldsymbol{T}_m,\boldsymbol{W}_1,\boldsymbol{W}_2$ 状态空间方程中各个状态空间矩阵的取值和式(6.3.64)，可以求得 $\boldsymbol{A},\boldsymbol{B}_1,\boldsymbol{B}_2,\boldsymbol{C}_1,\boldsymbol{C}_2,\boldsymbol{D}_{11},\boldsymbol{D}_{12},\boldsymbol{D}_{21},\boldsymbol{D}_{22}$ 的取值：

$$\boldsymbol{A}=\begin{bmatrix}\boldsymbol{A}_G&\boldsymbol{0}&\boldsymbol{0}&\boldsymbol{0}\\\boldsymbol{0}&\boldsymbol{A}_m&\boldsymbol{0}&\boldsymbol{0}\\-\boldsymbol{B}_1\boldsymbol{C}_G&\boldsymbol{B}_1\boldsymbol{C}_m&\boldsymbol{A}_1&\boldsymbol{0}\\\boldsymbol{0}&\boldsymbol{0}&\boldsymbol{0}&\boldsymbol{A}_2\end{bmatrix}=$$

$$\begin{bmatrix}\frac{1}{\Delta\tau_v}&0&0&0&0&0&0&0&0&0&0&0\\0&\frac{1}{\Delta\tau_{\psi a}\Delta\tau_{\psi b}}&0&0&0&0&0&0&0&0&0&0\\0&0&\frac{1}{\Delta\tau_{ha}\Delta\tau_{hb}}&0&0&0&0&0&0&0&0&0\\0&0&0&-100&0&0&0&0&0&0&0&0\\0&0&0&0&-100&0&0&0&0&0&0&0\\0&0&0&0&0&-100&0&0&0&0&0&0\\-1&0&0&100&0&0&-100&0&0&0&0&0\\0&-1&0&0&100&0&0&-20&0&0&0&0\\0&0&-1&0&0&100&0&0&-100&0&0&0\\0&0&0&0&0&0&0&0&0&0&0&0\\0&0&0&0&0&0&0&0&0&0&0&0\\0&0&0&0&0&0&0&0&0&0&0&0\end{bmatrix}$$

$$\boldsymbol{B}_1=\begin{bmatrix}\boldsymbol{0}\\ \boldsymbol{B}_m\\ \boldsymbol{B}_1\boldsymbol{D}_m\\ \boldsymbol{0}\end{bmatrix}=\begin{bmatrix}0&0&0\\0&0&0\\0&0&0\\1&0&0\\0&1&0\\0&0&1\\1&0&0\\0&1&0\\0&0&1\\0&0&0\\0&0&0\\0&0&0\end{bmatrix},\quad \boldsymbol{B}_2=\begin{bmatrix}\boldsymbol{B}_G\\ \boldsymbol{0}\\ -\boldsymbol{B}_1\boldsymbol{D}_G\\ \boldsymbol{B}_2\end{bmatrix}=\begin{bmatrix}1&0&0\\0&1&0\\0&0&1\\0&0&0\\0&0&0\\0&0&0\\0&0&0\\0&0&0\\0&0&0\\0&0&0\\0&0&0\\0&0&0\end{bmatrix}$$

$$\boldsymbol{C}_1=\begin{bmatrix}-\boldsymbol{D}_1\boldsymbol{C}_G&\boldsymbol{D}_1\boldsymbol{C}_m&\boldsymbol{C}_1&\boldsymbol{0}\\ \boldsymbol{0}&\boldsymbol{0}&\boldsymbol{0}&\boldsymbol{C}_2\end{bmatrix}=$$

$$\begin{bmatrix}-0.015&0&0&0.375&0&0&-1.35&0&0&0&0&0\\0&-0.015&0&0&0.375&0&0&-0.15&0&0&0&0\\0&0&-0.015&0&0&0.375&0&0&-1.35&0&0&0\\0&0&0&0&0&0&0&0&0&0&0&0\\0&0&0&0&0&0&0&0&0&0&0&0\\0&0&0&0&0&0&0&0&0&0&0&0\end{bmatrix}$$

$$\boldsymbol{C}_2=[-\boldsymbol{C}_G\quad \boldsymbol{0}\quad \boldsymbol{0}\quad \boldsymbol{0}]=$$

$$\begin{bmatrix}-1&0&0&0&0&0&0&0&0&0&0&0\\0&-1&0&0&0&0&0&0&0&0&0&0\\0&0&-1&0&0&0&0&0&0&0&0&0\end{bmatrix}$$

$$\boldsymbol{D}_{11}=\begin{bmatrix}\boldsymbol{D}_1\boldsymbol{D}_m\\ \boldsymbol{0}\end{bmatrix}=\begin{bmatrix}0&0&0\\0&0&0\\0&0&0\\0&0&0\\0&0&0\\0&0&0\end{bmatrix},\quad \boldsymbol{D}_{12}=\begin{bmatrix}-\boldsymbol{D}_1\boldsymbol{D}_G\\ \boldsymbol{D}_2\end{bmatrix}=\begin{bmatrix}0&0&0\\0&0&0\\0&0&0\\1&0&0\\0&1&0\\0&0&1\end{bmatrix}$$

$$\boldsymbol{D}_{21}=\boldsymbol{I}_{3\times3},\quad \boldsymbol{D}_{22}=-\boldsymbol{D}_G=\boldsymbol{0}_{3\times3}$$

给定状态变量的初始值，根据 6.1 节给出的 H_∞ 控制器计算方法可以求得快状态回路的控制器。

6.3.2.2　慢状态回路鲁棒动态逆控制律设计

根据无人机编队飞行 6 个状态变量在时间尺度的划分，设计慢状态回路鲁棒动态逆控制器时，不考虑加入前面设计的快回路 H_∞ 回路整形控制器，认为非线性动态逆控制律是一个整体，只在慢状态回路之外增加一个 H_∞ 回路整形控制器。选取 $\bar{\boldsymbol{x}}=[x \quad y \quad z \quad v_W \quad \delta \quad \zeta]^{\mathrm{T}}$ 为状态变量，写出状态变量 $\bar{\boldsymbol{x}}$ 的仿射非线性方程如下：

$$\begin{bmatrix}\dot{x}\\ \dot{y}\\ \dot{z}\\ \dot{v}_W\\ \dot{\delta}\\ \dot{\zeta}\end{bmatrix}=\begin{bmatrix}v_L\cos(\psi_L-\psi_W)\\ v_L\sin(\psi_L-\psi_W)\\ 0\\ -\dfrac{1}{\tau_v}v_W+\dfrac{\bar{q}S}{m}\Delta C_{Dy}y\\ -\left(\dfrac{1}{\tau_{\psi a}}+\dfrac{1}{\tau_{\psi b}}\right)\delta-\dfrac{1}{\tau_{\psi a}\tau_{\psi b}}\psi_W+\dfrac{\bar{q}S}{m}[\Delta C_{Y_y}y+\Delta C_{Y_z}z]\\ -\left(\dfrac{1}{\tau_{ha}}+\dfrac{1}{\tau_{hb}}\right)\zeta-\dfrac{1}{\tau_{ha}\tau_{hb}}z+\dfrac{\bar{q}S}{m}\Delta C_{Ly}y\end{bmatrix}+$$

$$\begin{bmatrix}-1 & y & 0 & 0 & 0\\ 0 & -x & 0 & 0 & 0\\ 0 & 0 & 1 & 0 & 0\\ 0 & 0 & \dfrac{1}{\tau_v} & 0 & 0\\ 0 & 0 & 0 & \dfrac{1}{\tau_{\psi a}\tau_{\psi b}} & 0\\ 0 & 0 & 0 & 0 & \dfrac{1}{\tau_{ha}\tau_{hb}}\end{bmatrix}\begin{bmatrix}v_{W_m}\\ \delta_m\\ \zeta_m\\ v_{W_c}\\ \psi_c\\ z_c\end{bmatrix}\tag{6.3.65}$$

整理可得

$$\begin{bmatrix}\dot{x}\\ \dot{y}\\ \dot{z}\\ \dot{v}_W\\ \dot{\delta}\\ \dot{\zeta}\end{bmatrix}=\begin{bmatrix}v_L\cos(\psi_L-\psi_W)\\ v_L\sin(\psi_L-\psi_W)\\ 0\\ 0\\ -\dfrac{1}{\tau_{\psi a}\tau_{\psi b}}\psi_W\\ 0\end{bmatrix}+$$

$$
\begin{bmatrix}
0 & 0 & 0 & 0 & 0 & 0 \\
0 & 0 & 0 & 0 & 0 & 0 \\
0 & 0 & 0 & 0 & 0 & 0 \\
0 & \frac{\bar{q}S}{m}\Delta C_{D_y} & 0 & -\frac{1}{\tau_v} & 0 & 0 \\
0 & \frac{\bar{q}S}{m}\Delta C_{Y_y} & \frac{\bar{q}S}{m}\Delta C_{Y_z} & 0 & -\left(\frac{1}{\tau_{\psi a}}+\frac{1}{\tau_{\psi b}}\right) & 0 \\
0 & \frac{\bar{q}S}{m}\Delta C_{L_y} & -\frac{1}{\tau_{ha}\tau_{hb}} & 0 & 0 & -\left(\frac{1}{\tau_{ha}}+\frac{1}{\tau_{hb}}\right)
\end{bmatrix}
\begin{bmatrix} x \\ y \\ z \\ v_W \\ \delta \\ \zeta \end{bmatrix} +
\begin{bmatrix}
-1 & y & 0 & 0 & 0 \\
0 & -x & 0 & 0 & 0 \\
0 & 0 & 1 & 0 & 0 \\
0 & 0 & \frac{1}{\tau_v} & 0 & 0 \\
0 & 0 & 0 & \frac{1}{\tau_{\psi a}\tau_{\psi b}} & 0 \\
0 & 0 & 0 & 0 & \frac{1}{\tau_{ha}\tau_{hb}}
\end{bmatrix}
\begin{bmatrix} v_{Wm} \\ \delta_m \\ \zeta_m \\ v_{Wc} \\ \psi_c \\ z_c \end{bmatrix} \tag{6.3.66}
$$

根据 6.2 节可知,理想情况下快状态回路非线性动态逆控制律和慢状态回路非线性动态逆控制律的设计目标分别为

$$
\begin{bmatrix} \dot{v}_W \\ \dot{\delta} \\ \dot{\zeta} \end{bmatrix} = \begin{bmatrix} \dot{v}_{Wd} \\ \dot{\delta}_d \\ \dot{\zeta}_d \end{bmatrix} \tag{6.3.67}
$$

$$
\begin{bmatrix} \dot{x} \\ \dot{y} \\ \dot{z} \end{bmatrix} = \begin{bmatrix} \dot{x}_d \\ \dot{y}_d \\ \dot{z}_d \end{bmatrix} \tag{6.3.68}
$$

考虑与状态变量相关的气动力矩参数的不确定性,可得

$$
\begin{bmatrix} \dot{x} \\ \dot{y} \\ \dot{z} \\ \dot{v}_W \\ \dot{\delta} \\ \dot{\zeta} \end{bmatrix} = \Delta \boldsymbol{A} \begin{bmatrix} x \\ y \\ z \\ v_W \\ \delta \\ \zeta \end{bmatrix} + \begin{bmatrix} \dot{x}_d \\ \dot{y}_d \\ \dot{z}_d \\ \dot{v}_{Wd} \\ \dot{\delta}_d \\ \dot{\zeta}_d \end{bmatrix} \tag{6.3.69}
$$

式中,$\Delta \boldsymbol{A}$ 是不确定参数矩阵。

慢状态回路鲁棒动态逆控制器设计模型如图 6-48 所示。

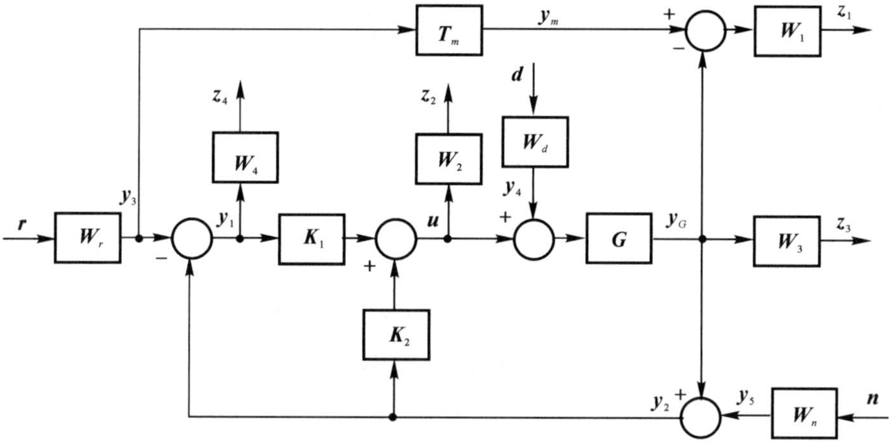

图 6-48　慢状态回路鲁棒动态逆控制器结构图

慢状态回路控制律的设计目标是通过设计适当的 H_∞ 鲁棒整形控制律配合非线性动态逆控制律，在满足加权的控制输出 z_2（$\boldsymbol{W}_2$ 为对应的加权矩阵）要求的前提下，使得实际输出与理想输出之间的加权误差 z_1（$\boldsymbol{W}_1$ 为对应的加权矩阵）最小。考虑到外部干扰和传感器噪声会对控制器产生影响，系统模型加入了阵风干扰 d 和传感器噪声 n。同时，控制律设计时加入状态输出 y_G 的评价指标 z_3（$\boldsymbol{W}_3$ 为对应的加权矩阵）以及控制命令 r 和状态输出 y_G 之间误差 z_4（$\boldsymbol{W}_4$ 为对应的加权矩阵）最小的评价指标。

根据 6.2 节给出的快状态回路带宽取值为 $\omega_v=\omega_\delta=\omega_\zeta=100$ rad/s，慢状态回路带宽取值为 $\omega_x=\omega_y=\omega_z=20$ rad/s。可求得 $\boldsymbol{T}_m$ 的模型如下：

$$\boldsymbol{T}_m=\begin{bmatrix} \frac{20}{s+20} & 0 & 0 & 0 & 0 & 0 \\ 0 & \frac{20}{s+20} & 0 & 0 & 0 & 0 \\ 0 & 0 & \frac{20}{s+20} & 0 & 0 & 0 \\ 0 & 0 & 0 & \frac{100}{s+100} & 0 & 0 \\ 0 & 0 & 0 & 0 & \frac{100}{s+100} & 0 \\ 0 & 0 & 0 & 0 & 0 & \frac{100}{s+100} \end{bmatrix} \tag{6.3.70}$$

图 6-48 中的加权函数的取值分别为

$$W_1 = \frac{0.01s + 0.1}{s + 100} \tag{6.3.71}$$

$$W_2 = 1 \tag{6.3.72}$$

$$W_3 = \frac{25}{s + 20} \tag{6.3.73}$$

$$W_4 = 1 \tag{6.3.74}$$

$$W_d = 0.01 \tag{6.3.75}$$

$$W_n = 0.001 \tag{6.3.76}$$

根据式(6.3.70) ～ 式(6.3.76)，可以求出 $T_m, W_1, W_2, W_3, W_4, W_d, W_n$ 的状态空间方程。选取新的状态量、输出量、输入量为

$$\boldsymbol{x} = [x_G \quad x_m \quad x_1 \quad x_2 \quad x_3 \quad x_4 \quad x_d \quad x_n]^{\mathrm{T}}$$

$$\boldsymbol{y} = [y_1 \quad y_2]^{\mathrm{T}}$$

$$\boldsymbol{z} = [z_1 \quad z_2 \quad z_3 \quad z_4]^{\mathrm{T}}$$

$$\boldsymbol{w} = [r \quad d \quad n]$$

$\boldsymbol{x}, \boldsymbol{y}, \boldsymbol{z}, \boldsymbol{w}$ 向量可用标准的 H_∞ 控制状态方程描述如下：

$$\left.\begin{aligned} \dot{\boldsymbol{x}} &= \boldsymbol{A}\boldsymbol{x} + \boldsymbol{B}_1\boldsymbol{w} + \boldsymbol{B}_2\boldsymbol{u} \\ \boldsymbol{z} &= \boldsymbol{C}_1\boldsymbol{x} + \boldsymbol{D}_{11}\boldsymbol{w} + \boldsymbol{D}_{12}\boldsymbol{u} \\ \boldsymbol{y} &= \boldsymbol{C}_2\boldsymbol{x} + \boldsymbol{D}_{21}\boldsymbol{w} + \boldsymbol{D}_{22}\boldsymbol{u} \end{aligned}\right\} \tag{6.3.77}$$

结合 $\boldsymbol{G}, \boldsymbol{T}_m, \boldsymbol{W}_1, \boldsymbol{W}_2, \boldsymbol{W}_3, \boldsymbol{W}_4, \boldsymbol{W}_d, \boldsymbol{W}_n$ 状态空间方程中各个状态空间矩阵的取值和式(6.3.77)，可以求得 $\boldsymbol{A}, \boldsymbol{B}_1, \boldsymbol{B}_2, \boldsymbol{C}_1, \boldsymbol{C}_2, \boldsymbol{D}_{11}, \boldsymbol{D}_{12}, \boldsymbol{D}_{21}, \boldsymbol{D}_{22}$ 的取值如下：

$$\boldsymbol{A} = \begin{bmatrix} \boldsymbol{A}_G & \boldsymbol{0} & \boldsymbol{0} & \boldsymbol{0} & \boldsymbol{0} & \boldsymbol{0} & \boldsymbol{B}_G\boldsymbol{C}_d & \boldsymbol{0} \\ \boldsymbol{0} & \boldsymbol{A}_m & \boldsymbol{0} & \boldsymbol{0} & \boldsymbol{0} & \boldsymbol{0} & \boldsymbol{0} & \boldsymbol{0} \\ -\boldsymbol{B}_1\boldsymbol{C}_G & \boldsymbol{B}_1\boldsymbol{C}_m & \boldsymbol{A}_1 & \boldsymbol{0} & \boldsymbol{0} & \boldsymbol{0} & -\boldsymbol{B}_1\boldsymbol{D}_G\boldsymbol{C}_d & \boldsymbol{0} \\ \boldsymbol{0} & \boldsymbol{0} & \boldsymbol{0} & \boldsymbol{A}_2 & \boldsymbol{0} & \boldsymbol{0} & \boldsymbol{0} & \boldsymbol{0} \\ \boldsymbol{B}_3\boldsymbol{C}_G & \boldsymbol{0} & \boldsymbol{0} & \boldsymbol{0} & \boldsymbol{A}_3 & \boldsymbol{0} & \boldsymbol{B}_1\boldsymbol{D}_G\boldsymbol{C}_d & \boldsymbol{0} \\ -\boldsymbol{B}_4\boldsymbol{C}_G & \boldsymbol{0} & \boldsymbol{0} & \boldsymbol{0} & \boldsymbol{0} & \boldsymbol{A}_4 & -\boldsymbol{B}_4\boldsymbol{D}_G\boldsymbol{C}_d & -\boldsymbol{B}_4\boldsymbol{C}_n \\ \boldsymbol{0} & \boldsymbol{0} & \boldsymbol{0} & \boldsymbol{0} & \boldsymbol{0} & \boldsymbol{0} & \boldsymbol{A}_d & \boldsymbol{0} \\ \boldsymbol{0} & \boldsymbol{0} & \boldsymbol{0} & \boldsymbol{0} & \boldsymbol{0} & \boldsymbol{0} & \boldsymbol{0} & \boldsymbol{A}_n \end{bmatrix}$$

$$
\boldsymbol{B}_1=\begin{bmatrix}\boldsymbol{0} & \boldsymbol{B}_G\boldsymbol{D}_d & \boldsymbol{0}\\ \boldsymbol{B}_m & \boldsymbol{0} & \boldsymbol{0}\\ \boldsymbol{B}_1\boldsymbol{D}_m & -\boldsymbol{B}_1\boldsymbol{D}_G\boldsymbol{D}_d & \boldsymbol{A}_1\\ \boldsymbol{0} & \boldsymbol{0} & \boldsymbol{0}\\ \boldsymbol{0} & \boldsymbol{B}_3\boldsymbol{D}_G\boldsymbol{D}_d & \boldsymbol{0}\\ -\boldsymbol{B}_4 & -\boldsymbol{B}_4\boldsymbol{D}_G\boldsymbol{D}_d & -\boldsymbol{B}_4\boldsymbol{D}_n\\ \boldsymbol{0} & \boldsymbol{B}_d & \boldsymbol{0}\\ \boldsymbol{0} & \boldsymbol{0} & \boldsymbol{B}_n\end{bmatrix},\quad \boldsymbol{B}_2=\begin{bmatrix}\boldsymbol{B}_G\\ \boldsymbol{0}\\ -\boldsymbol{B}_1\boldsymbol{D}_G\\ \boldsymbol{B}_2\\ \boldsymbol{B}_3\boldsymbol{D}_G\\ \boldsymbol{B}_4\boldsymbol{D}_G\\ \boldsymbol{0}\\ \boldsymbol{0}\end{bmatrix}
$$

$$
\boldsymbol{C}_1=\begin{bmatrix}-\boldsymbol{D}_1\boldsymbol{C}_G & \boldsymbol{D}_1\boldsymbol{C}_m & \boldsymbol{C}_1 & \boldsymbol{0} & \boldsymbol{0} & \boldsymbol{0} & -\boldsymbol{D}_1\boldsymbol{D}_G\boldsymbol{C}_d & \boldsymbol{0}\\ \boldsymbol{0} & \boldsymbol{0} & \boldsymbol{0} & \boldsymbol{C}_2 & \boldsymbol{0} & \boldsymbol{0} & \boldsymbol{0} & \boldsymbol{0}\\ \boldsymbol{D}_3\boldsymbol{C}_G & \boldsymbol{0} & \boldsymbol{0} & \boldsymbol{0} & \boldsymbol{C}_3 & \boldsymbol{0} & \boldsymbol{D}_3\boldsymbol{D}_G\boldsymbol{C}_d & \boldsymbol{0}\\ -\boldsymbol{D}_4\boldsymbol{C}_G & \boldsymbol{0} & \boldsymbol{0} & \boldsymbol{0} & \boldsymbol{0} & \boldsymbol{C}_4 & -\boldsymbol{D}_4\boldsymbol{D}_G\boldsymbol{C}_d & -\boldsymbol{D}_4\boldsymbol{C}_n\end{bmatrix}
$$

$$
\boldsymbol{C}_2=\begin{bmatrix}-\boldsymbol{C}_G & \boldsymbol{0} & \boldsymbol{0} & \boldsymbol{0} & \boldsymbol{0} & \boldsymbol{0} & -\boldsymbol{D}_G\boldsymbol{C}_d & -\boldsymbol{C}_n\\ \boldsymbol{C}_G & \boldsymbol{0} & \boldsymbol{0} & \boldsymbol{0} & \boldsymbol{0} & \boldsymbol{0} & \boldsymbol{D}_G\boldsymbol{C}_d & \boldsymbol{C}_n\end{bmatrix}
$$

$$
\boldsymbol{D}_{11}=\begin{bmatrix}\boldsymbol{D}_1\boldsymbol{D}_m & -\boldsymbol{D}_1\boldsymbol{D}_G\boldsymbol{D}_d & \boldsymbol{0}\\ \boldsymbol{0} & \boldsymbol{0} & \boldsymbol{0}\\ \boldsymbol{0} & \boldsymbol{D}_3\boldsymbol{D}_G\boldsymbol{D}_d & \boldsymbol{0}\\ \boldsymbol{D}_4 & -\boldsymbol{D}_4\boldsymbol{D}_G\boldsymbol{D}_d & -\boldsymbol{D}_4\boldsymbol{D}_n\end{bmatrix},\quad \boldsymbol{D}_{12}=\begin{bmatrix}-\boldsymbol{D}_1\boldsymbol{D}_G\\ \boldsymbol{D}_2\\ \boldsymbol{D}_3\boldsymbol{D}_G\\ -\boldsymbol{D}_4\boldsymbol{D}_G\end{bmatrix}
$$

$$
\boldsymbol{D}_{21}=\begin{bmatrix}\boldsymbol{I} & -\boldsymbol{D}_G\boldsymbol{D}_d & -\boldsymbol{D}_n\\ \boldsymbol{0} & \boldsymbol{D}_G\boldsymbol{D}_d & \boldsymbol{D}_n\end{bmatrix},\quad \boldsymbol{D}_{22}=\begin{bmatrix}-\boldsymbol{D}_G\\ \boldsymbol{D}_G\end{bmatrix}
$$

给定系统状态变量的初始值,可以求得 H_∞ 回路整形控制的控制律。

6.3.3 鲁棒动态逆编队飞行控制律仿真验证与分析

6.3.3.1 编队队形保持

初始条件为,长机与僚机处于同一水平面内,航向角 $\psi_0=0°$,飞行高度为 $h_0=900$ m,速度为 $v_0=135$ m/s。

1. 松散编队队形保持

假设两机以左菱形松散编队飞行,额定编队间距分别为 $x_0=90$ m,$y_0=30$ m,$z_0=0$ m。假设初始编队时分别给长机速度、航向和高度机动指令 v_{Lc},ψ_L,h_L,采用鲁棒动态逆控制器控制僚机跟踪长机变化,保持编队队形。仿真结果如图 6-49 ~ 图 6-53 所示。

(1) 速度减小 7.5 m/s ,航向偏转 +20°,高度 −90 m 组合机动。

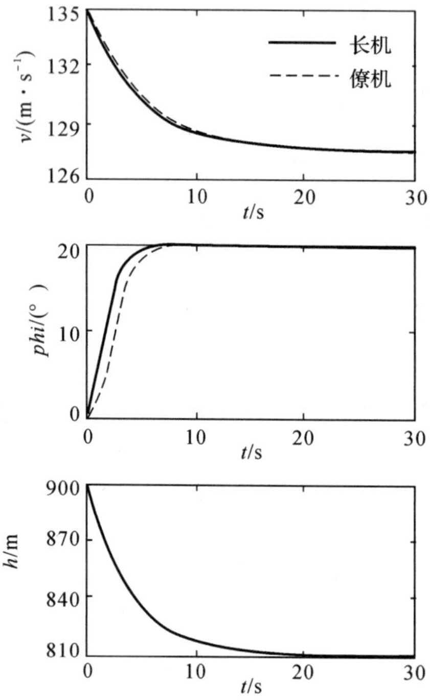

图 6-49　组合机动时长、僚机姿态曲线

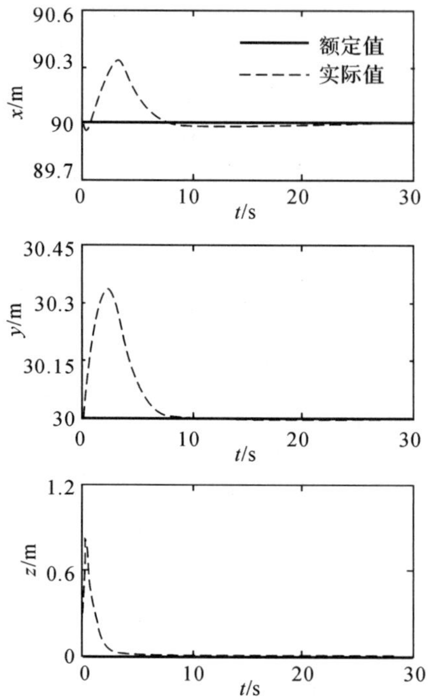

图 6-50　组合机动时长、僚机间隔变化

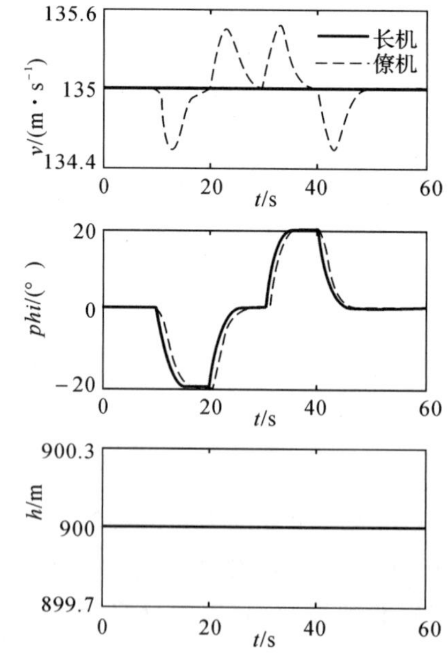

图 6-51　航向反复机动时长、僚机姿态曲线

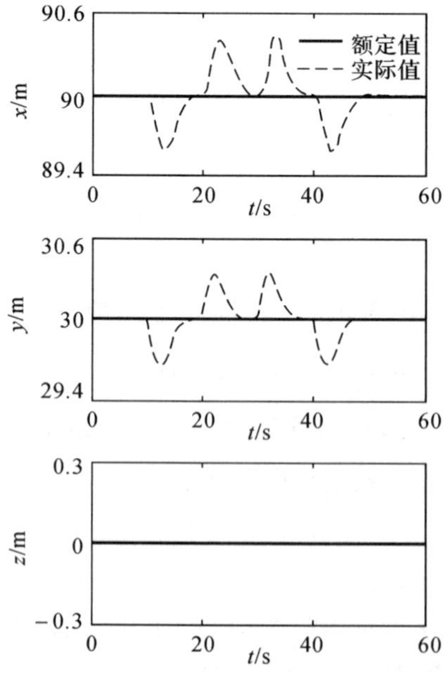

图 6-52　航向反复机动时长、僚机间隔变化

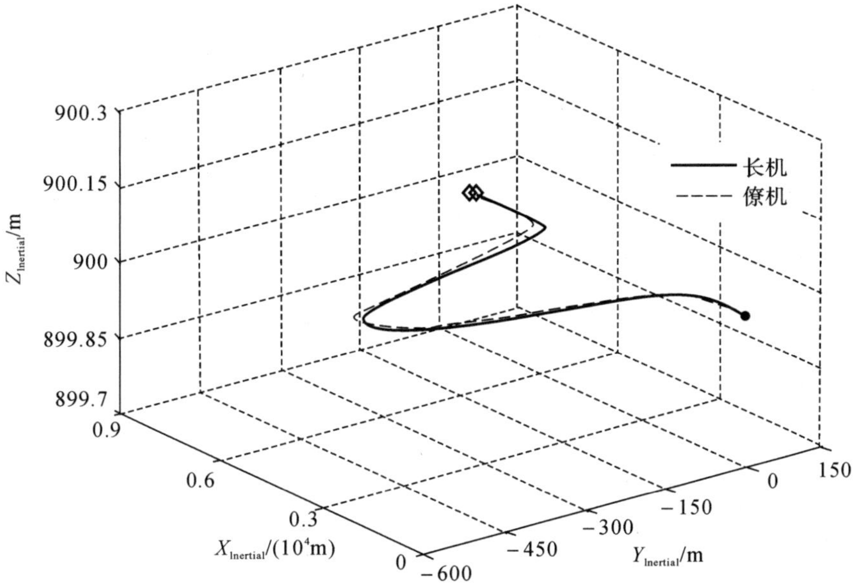

图 6－53　航向反复机动时长、僚机实时轨迹

(2) 航向反复机动。以航向反复机动为例，假设航向指令随时间变化如表 6－3 所示。

表 6－3　不同时刻的航向指令要求

时间 /s	0 ～ 10	10 ～ 20	20 ～ 30	30 ～ 40	40 ～ 60
航向 /(°)	0	－20	0	20	0

给出长机航向反复变化机动时，采用鲁棒 H_∞ 动态逆控制的仿真结果：从图 6－49 ～ 图 6－53 可以看出，在组合机动和反复机动时，采用本节设计的鲁棒非线性动态逆控制器时，僚机都可以在大约 10 s 的调节时间内跟踪长机机动。从图中可以看出，随着 v_W，ψ_W，h_W 完成对长机机动 v_L，ψ_L，h_L 的跟踪，长机与僚机在纵向、横向和垂直方向上的编队间距也很快达到了额定值，实现了编队保持的功能。

2. 紧密编队队形保持

将用于松散无人机编队的动态逆控制器用于考虑气动耦合影响的紧密编队，额定编队间距分别为 $x_0 = 18$ m，$y_0 = 7.068$ m，$z_0 = 0$ m。长机做组合机动时，鲁棒动态逆与动态逆控制器的控制效果如图 6－54 ～ 图6－55 所示。

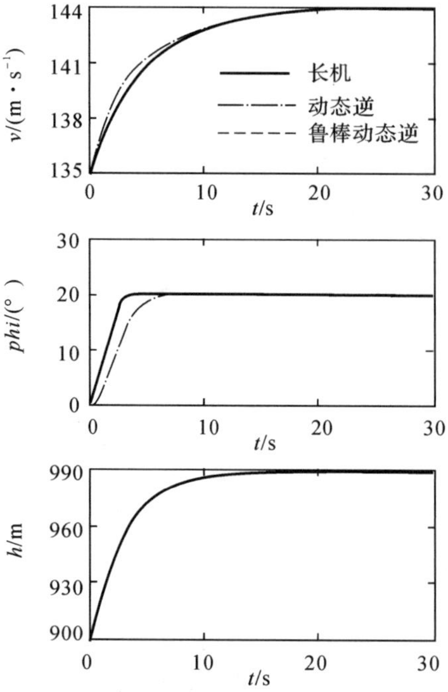

图 6-54　组合机动时长、僚机姿态曲线

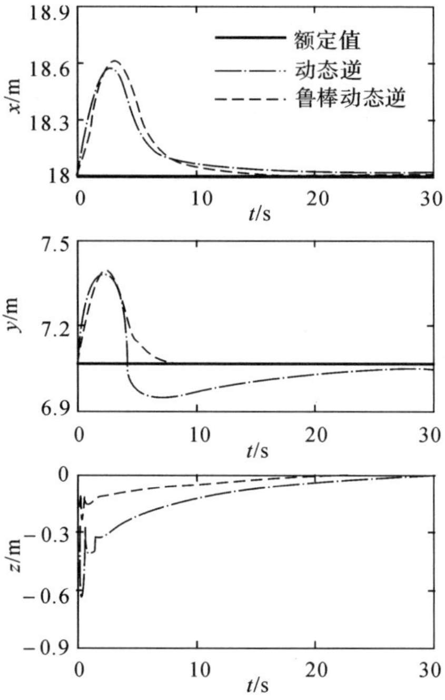

图 6-55　组合机动时长、僚机间距变化

采用鲁棒动态逆控制器的无人机紧密编队，加入气动耦合影响下的速度、航向，以及 x，y 方向编队间隔响应都有振荡，相比动态逆控制偏差量有所减小，响应时间缩短。

6.3.3.2　编队队形变换

初始条件为长机与僚机处于同一水平面内，航向角 $\psi_0=0°$，飞行高度 $h_0=900$ m，速度 $v_0=135$ m/s。取仿真时间 60 s，初始值同上。要求无人机从左菱形编队飞行变换为右菱形编队飞行，已知右菱形编队的额定间距为 $x_c=90$ m，$y_c=-30$ m，$z_c=0$ m。将右菱形编队额定间距作为编队间距的控制指令。仿真结果如图 6-56 ～ 图 6-58 所示。

由图 6-58 可知，僚机是在前进的同时向右进行队形的变换与调整，速度和航向角都经历了增大到减小最终回到额定值的过程，完成了 y 方向间隔的调整，实现了左菱形到右菱形的间隔变换。

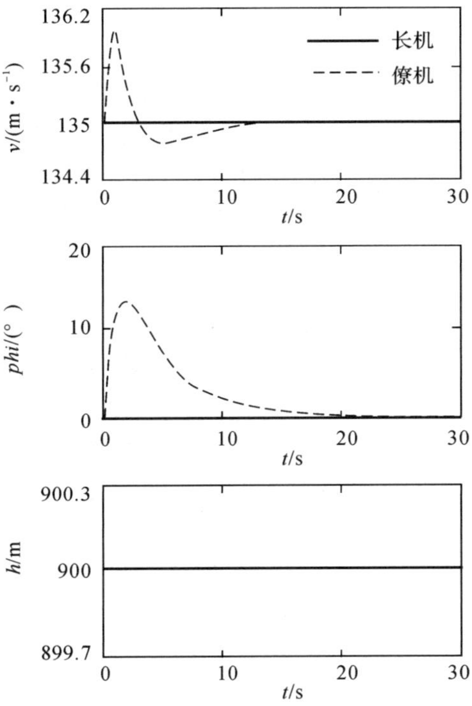

图 6－56　队形变换时长、僚机姿态曲线

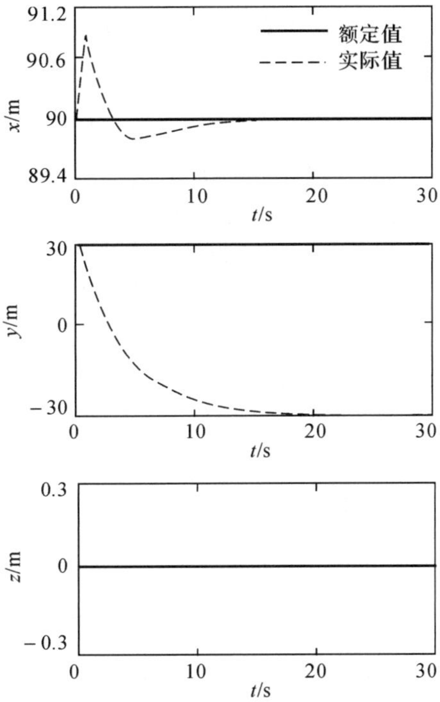

图 6－57　队形变换时长、僚机间隔变化

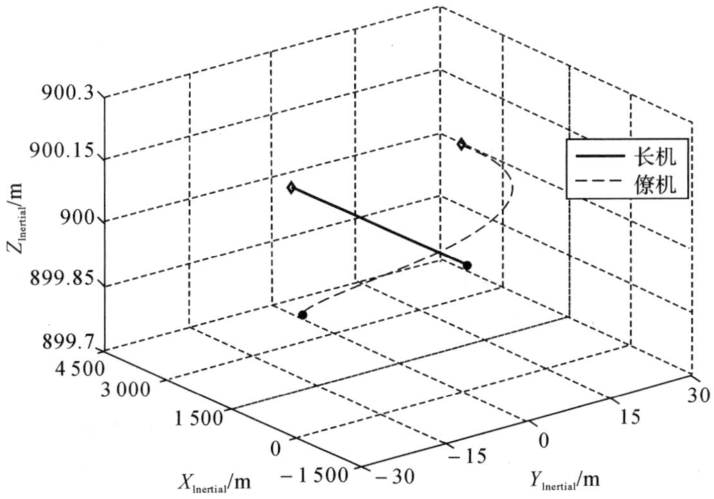

图 6－58　队形变换时长、僚机实时轨迹

6.3.3.3 鲁棒性验证

(1) 为了验证系统的抗风干扰性能，令长机航向角发生 20° 偏转，待响应稳定后，在 20 ~ 25 s 时对长机航向指令再施加一个白噪声信号来模拟 5 s 阵风对长机航向的影响[133]。仿真结果如图 6-59 ~ 图 6-60 所示，由图可知，当长机受到阵风等外界干扰时，所设计的控制器能够很快将编队队形收敛为期望队形，具有很强的抗干扰性能。

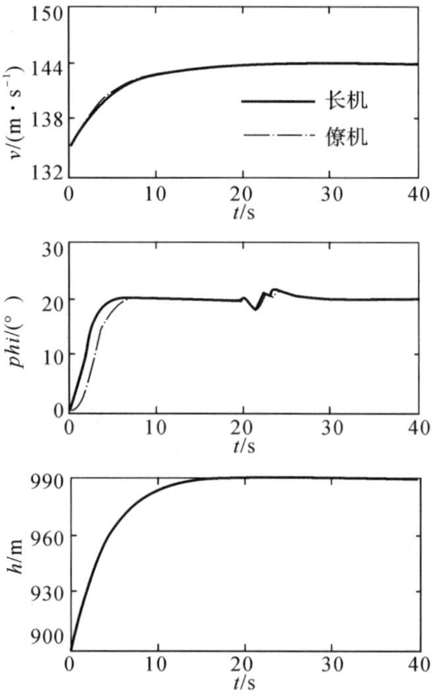

图 6-59 阵风干扰时长、僚机姿态曲线

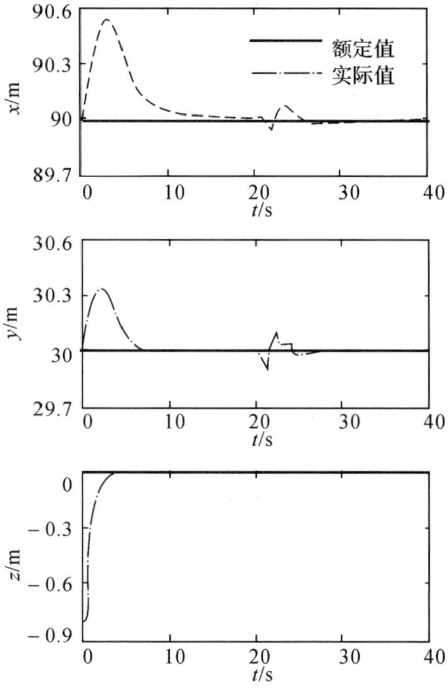

图 6-60 阵风干扰时长、僚机间隔变化

(2) 多机编队飞行会使得飞行参数波动加剧，对飞行参数变化 10%，15%，20%，25% 时的编队飞行分别仿真，如图 6-61 ~ 图 6-62 所示，响应过程中误差有所增加，但都能很快收敛到期望间距，当飞行参数变化达到 25% 时，本节设计的控制器仍能够对编队进行有效的控制，具有较好的鲁棒性。

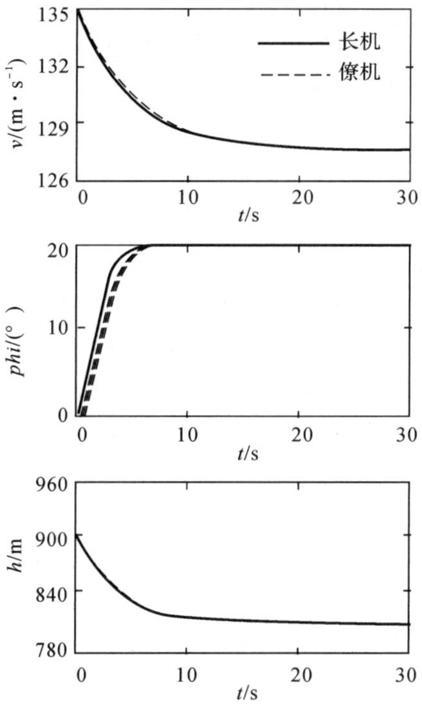

图 6-61　参数变化时长、僚机姿态曲线

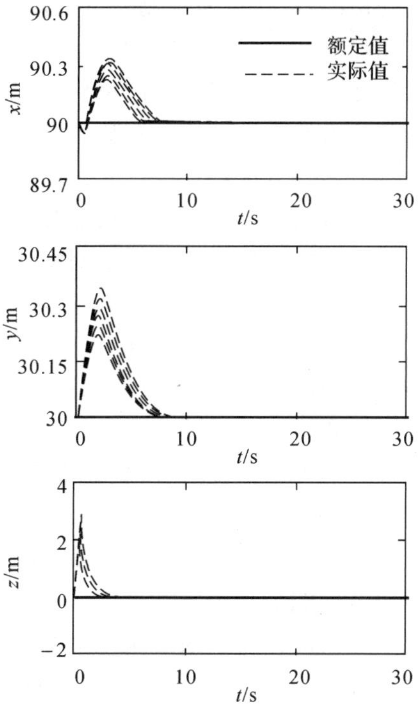

图 6-62　参数变化时长、僚机间隔变化

6.4　神经网络自适应逆编队飞行控制方法研究

基于神经网络的自适应控制方法是近年来自动控制和飞行控制领域研究的热点之一，该方法是处理飞行控制等非线性系统中不确定性的一种十分有效的方法。动态逆方法依赖于对象精确的动力学模型，为了弥补动态逆的不足，利用神经网络具有高精度逼近任意未知非线性函数的能力和在线自适应能力，本节将动态逆与改进的神经网络方法相结合，对编队飞行非线性动态逆控制中建模误差和干扰进行逼近和在线补偿。通过神经网络自适应的补偿误差和干扰，改善编队飞行控制系统的跟踪性能和鲁棒性。

6.4.1　自适应逆控制

6.4.1.1　自适应逆控制简介

自适应逆控制理论是美国斯坦福大学的 B. Widrow 教授于 20 世纪 80 年

代提出的，自适应逆控制是自适应控制与逆控制相互结合后产生的一种新的智能控制方法，为设计控制系统调节器开辟了新的方法。其基本思想是用自适应滤波的方法或神经网络辨识出被控对象的逆模型，串联到被控对象的输入端作为控制器来控制对象的动态特性，该控制器自适应调节使整个系统动态响应达到最优，避免了因反馈可能引起的不稳定因素[62]。

自适应逆控制与传统反馈控制和自适应控制在原理上截然不同。传统的反馈控制方法是将检测到的对象输出反馈到输入端与期望响应(如指定的速度)比较得到误差来调整控制器。由于对象输出不可避免地存在扰动，对象扰动和对象输出就混合在一起反馈到系统输入端，这样反馈值与期望响应比较后得到的误差包括两个部分：对象扰动和被控对象输出与期望响应的偏差。误差经控制器放大和滤波后驱动被控对象，使对象的输出跟随期望响应以及抵消外部干扰，这时控制器既要放大反馈扰动信号，使它与对象输出扰动相抵消，又要将误差信号中输出与期望响应的偏差放大去调节对象输出，使对象输出跟随上期望响应，这就产生了矛盾，因此两者间只能折中选择参数，显然调节性能受到了影响。

自适应逆控制采用被控对象传递函数的逆作为控制器对系统的动态特性做开环控制，反馈仅在自适应本身采用，避免了因为反馈而引起的不稳定。自适应逆控制将受控对象的动态特性控制和消除扰动的控制分开各自进行，提高了系统的动态性能，同时抑制了扰动。自适应逆控制采用反馈不是为了控制系统中的信号流动，而是用于调节控制系统的可变参数。自适应逆控制的优势表现在通过自适应算法可以通过“学习”和“掌握”对象，通过逆模型来进行控制，使系统结构简单化，降低了系统辨识的要求。

自适应逆控制具有良好的鲁棒性，主要研究方法为，扩展多项式方法和神经网络方法[59]。自适应逆控制最成功的实例是斯坦福大学直线加速器的电子束控制；而在国内，已有将该理论用来控制飞行器的研究报告，本节将研究自适应逆方法在无人机编队飞行中的应用。

6.4.1.2 自适应逆控制原理

图 6-63 所示为一个基本的自适应逆控制器。

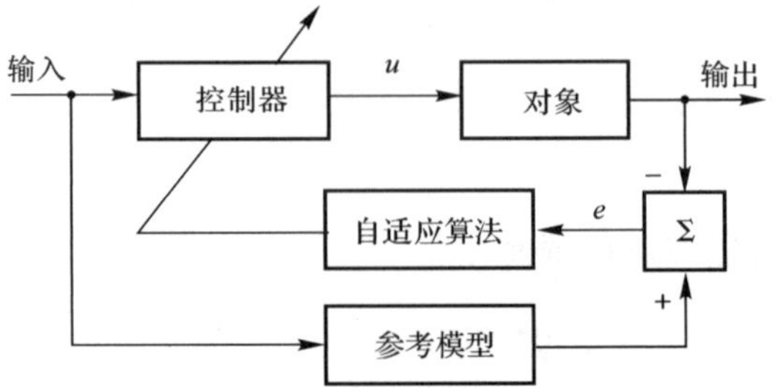

图 6-63 自适应逆控制基本原理

如图 6－63 所示,参考模型的选择是要达到控制系统所要求的性能指标。控制器为被控对象传递函数的逆,可以看作一个有输入、输出的线性滤波器。这个滤波器具有可供调节的参数,通过自适应算法,用对象输出和指令输入的误差信号来调节控制器的参数使得该误差信号的均方误差最小。在这种情况下,控制器和对象的级联在收敛后将有一个参考模型特性的动态响应。

6.4.2　神经网络自适应逆控制

6.4.2.1　神经网络的简介

人工神经网络(Artificial Neural Network, ANN),亦称为神经网络,是由大量处理单元(神经元 neurons)互联而成的网络,是对人脑的抽象、简化和模拟,可以反映人脑的基本特性。人工神经网络的研究是从人脑的生理结构出发来研究人的智能行为,模拟人脑信息处理的功能的。

人工神经网络是简单的处理单元所组成的大量并行分布的处理机。这种处理机具有存储和应用经验知识的自然特性,通过学习过程利用神经网络从外部环境中获取知识,内部神经元(突触权值)用来存储获取的知识信息。

人工神经网络具有学习特性和概括特性。

(1)学习特性。通过预先提供的一批相互对应的输入-输出数据,分析掌握两者之间潜在的规律,最终根据这些规律,用新的输入数据来推算输出结果,这种学习分析的过程被称为“训练”。而“学习”则是指神经网络具有能够通过训练来决定自身的行为能力。

(2)概括特性。概括特性是指在训练完成后,神经网络的响应能在某种程度上对外界输入信息的少量丢失或神经网络组织的局部缺损不再敏感。当缺乏一部分信息时,依然能够得到准确的结果。这一特性反映出神经网络的鲁棒性能,或者说神经网络具有一定的容错能力。

6.4.2.2　神经网络的结构与算法

感知器模型是由美国学者 F. Rosenblatt 于 1958 年提出的。假定神经元的突触权值是可变的,这样就可以进行学习。感知器模型在神经网络研究中有着重要的意义和地位,因为感知器模型包括了自组织、自学习的思想。

单个人工神经元可以表示为如图 6－64 所示的数学形式。

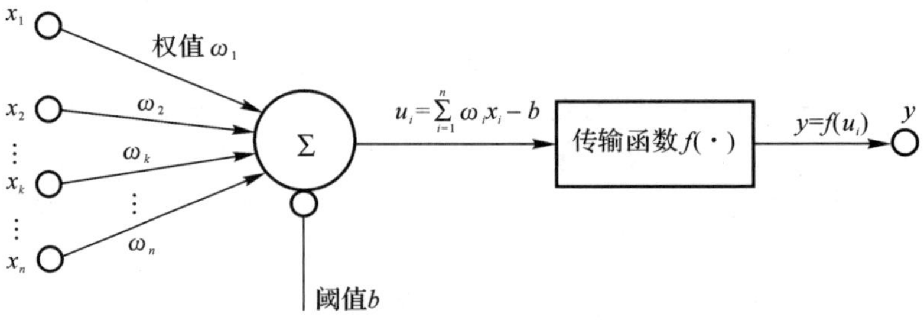

图 6-64　单个神经元的数学表示形式示意图

其中，$x_1,x_2,\cdots,x_n$ 为一组输入信号，经过权值 ω_i 加权后再求和，再减去阈值 b，则可得出 u_i 的值，可以认为该值为输入信号与阈值所构成的广义输入信号的线性组合。该信号经过传输函数 $f(\cdot)$ 可以得出神经元的输出信号 y。

在神经元中，权值和传输函数是两个关键因素。权值的物理意义是输入信号的强度，若涉及多个神经元则可以理解成神经元之间的连接强度。神经元的权值 ω_i 应该通过神经元对样板点反复的学习过程而确定，这样的学习过程就是神经网络的训练。传输函数又称为激励函数，可以理解成对 u_i 信号的非线性映射，一般的传输函数应该为单值函数，使得神经元是可逆的。常用的传输函数有 Sigmoid 函数和对数 Sigmoid 函数，其数学表达式如下：

Sigmoid 函数

$$f(x)=\frac{2}{1+e^{-2x}}-1=\frac{1-e^{-2x}}{1+e^{-2x}} \tag{6.4.1}$$

对数 Sigmoid 函数

$$f(x)=\frac{1}{1+e^{-x}} \tag{6.4.2}$$

根据神经元连接方式的不同，神经网络的类型也会有所不同。本节拟采用前馈神经网络，因为前馈神经网络在权值训练中采用误差逆向传播的方式，所以也称为反向传播(Back Propagation)神经网络，简称 BP 网络。

BP 网络是前馈神经网络的核心部分，它能够实现一种特殊的非线性变换，把输入空间变换到由其隐层输出所张成的空间。典型的三层前馈网络基本结构图如图 6-65 所示。

如图 6-65 所示，$x_i(i=0\sim n_1)$ 表示神经网络输入层第 i 个神经元的输入；$o_j(j=0\sim n_2)$ 表示神经网络输出层第 j 个神经元的输出；ω_{ki} 表示输入层第 i 个神经元与中间层第 k 个神经元的连接权值；v_{jk} 表示中间层第 k 个神经元与输出层第 j 个神经元的连接权值。$u_k(k=0\sim m)$ 表示中间层第 k 个神经元的加权和，y_k 表示中间层第 k 个神经元的输出，它是 u_k 经激励函数作用之后的输出。

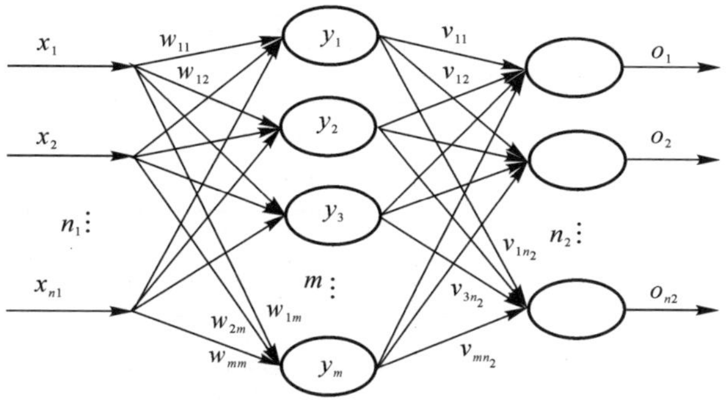

图 6-65 典型的三层前馈网络基本结构图

由图 6-65 可知

$$u_k = \sum_{i=1}^{n_1} \omega_{ki} x_i \tag{6.4.3}$$

$$y_k = f(u_k) \tag{6.4.4}$$

结合式(6.4.3)和式(6.4.4),可得到三层前馈网络的数学描述为

$$o_j = f\left(\sum_{k=0}^{m} v_{jk} f\left(\sum_{i=0}^{n_1} \omega_{ki} x_i\right)\right) \tag{6.4.5}$$

定义代价函数为神经元的期望输出 $\hat{o}$ 与实际输出 o 之差的二次方和的一半,即

$$J = \frac{1}{2} \sum_{p=1}^{N} (\hat{o}^p - o^p)^2 \tag{6.4.6}$$

式(6.4.6)中,$\hat{o}^p$ 和 o^p 分别为第 p 个样本输入时的神经网络期望输出值和实际输出值。分别定义

$$E_p = \frac{1}{2} (\hat{x}^p - x^p)^2 \tag{6.4.7}$$

$$\delta_{ki} = \frac{\partial E_p}{\partial y_{ki}} \tag{6.4.8}$$

其中 δ_k 为中间层第 k 个节点的误差。从而可以由输出层误差 δ_j 逐层向后传播得到各隐层误差 δ_k,代价函数对权值的梯度可以表示如下:

$$\frac{\partial E_p}{\partial \omega_{ki}} = \frac{\partial E_p}{\partial y_k} \frac{\partial y_k}{\partial \omega_{ki}} = \delta_k x_i \tag{6.4.9}$$

BP 算法的原理就是沿着能量对 ω_{ki} 的负梯度方向修正权值。即

$$\Delta \omega_{ki} = -\eta \frac{\partial E}{\partial \omega_{ki}} = -\eta \sum_{i=1}^{N} \frac{\partial E}{\partial \omega_{ki}} \tag{6.4.10}$$

基本的 BP 算法流程图如图 6－66 所示。

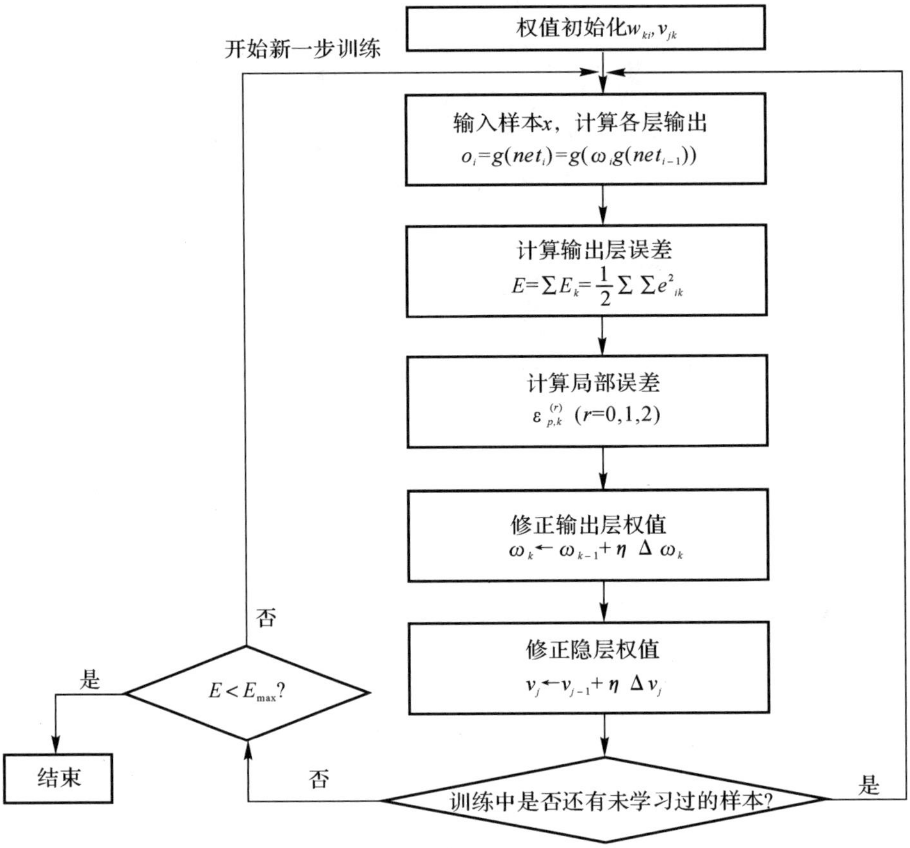

图 6－66　基本的 BP 算法流程图

尽管 BP 神经网络在理论上很完整，应用也很广泛，但它也存在着一些问题：

（1）标准的 BP 算法以均方误差为性能指标并按照梯度下降方向收敛，有可能使得 BP 神经网络陷入局部极小点；

（2）BP 算法学习过程收敛速度很慢；

（3）网络的隐层数及各隐层节点数难以确定；

（4）学习样本的数量和质量影响学习效果，已学习好的网络的泛化能力较差。

针对这些问题，需要对基本 BP 算法做必要的改进，以加快收敛速度，达到最优化[65]。

从 BP 神经网络的算法和结构可知，在设计 BP 神经网络时需要从网络的层数、每层中神经元的个数、激励函数、初始权值以及学习速率等几个方面来考虑。

1. 网络的层数

增加层数可以进一步降低误差，提高精度，但同时也会使得网络复杂化，从而增加网络权值的训练时间。而误差精度的提高实际上也可以通过增加隐含层中神经元的数目来实现，并且其训练效果也比增加层数更容易观察和调整。

2. 隐含层的神经元个数

选择多少个隐含层节点才合适，这一问题在理论上并没有一个明确的规定。神经元个数太少，网络不能很好地进行学习，需要训练的次数也多，并且训练精度也不高。一般地说，隐含层中神经元的个数越多，功能就越强。但当神经元个数太多时，网络的循环次数，也就是训练时间就会随之增加。因此在具体的设计过程中，可以根据实际需要对取不同神经元个数的网络训练效果进行对比，选出一个合适的值。

3. 初始权值的选择

由于所要研究的系统是非线性的，初始权值对学习过程是否能够达到局部最小、是否收敛以及训练时间的长短具有重要影响。如果权值初始值太大，使得加权后的输入落在激励函数的饱和区，从而导致其导数极小，这样就会使神经网络的调节过程几乎停顿。所以一般总是希望经过加权后的每个神经元的输出值都接近0，这样可以保证每个神经元的权值都可以在它们的S型函数变化最大处进行调节。因此在训练开始时，把初始权值定为$(-1,1)$之间的某个随机数，在网络收敛后，再将此时的权值加以保存，则完成了网络的训练过程。

4. 学习速率

学习速率决定每一次循环训练中所产生的权值变化量。大的学习速率可缩短系统响应时间，但可能导致系统不稳定；小的学习速率会导致较长的训练时间，使网络收敛得比较慢，但能够保证网络的误差值最终趋于最小误差值。因此在一般情况下，倾向于选取较小的学习速率以保证系统的稳定性。

5. 期望误差值的选取

在神经网络的训练过程中，期望误差值也是一个重要的指标。较小的期望误差值意味着较高的训练精度，但这需要通过增加隐含层的节点，以及增加训练时间来获得。因此，期望误差值的选取也应当通过对比训练考虑综合因素后，确定一个较为“合适”的值。以上介绍的BP网络可以直接作为神经网络逆系统来逼近被控原系统的动态非线性逆系统，不仅性能优良，而且结构简单、概念明确。

6.4.2.3 BP 神经网络算法的改进

尽管理论上讲，BP 神经网络可以以任意精度逼近任何非线性函数，但是由于误差曲线存在多个极小点，使得标准的BP神经网络易限于局部极小而得不到全局最优；训练次数越多，使得学习效率越低，收敛速度越慢，隐层节点的选取缺乏理论指导，训练学习新样本有遗忘旧样本的趋势。

在编队飞行中，由于僚机要跟随主机的飞行轨迹飞行，短时间内飞机各个状态量变化很大，对飞行控制系统的时效性要求很高。由于一般的BP神经网络算法权值调整过程中迭代步数较多，导致调整速度较慢，进而影响控制的快速性。本节对 BP 算法进行了改进，通过改进 BP 算法的学习率来提高神经网络的训练速度，同时改进激励函数，以避免陷入局部最小。

1. 参数的动态调整

标准 BP 网络中，权值调整公式如下：

$$\Delta W(k) = -\eta \frac{\partial E(k)}{\partial W(k)} \tag{6.4.11}$$

式中，η 是学习率；$\Delta W(k)$ 是第 k 次迭代生成的权值调整量；$E(k)$ 是第 k 次迭代的误差；$W(k)$ 是第 k 次迭代的连接权值。

由式(6.4.11) 可知，学习率 η 的选取直接影响着权值调整量的大小，从而影响网络的收敛速度。若学习率 η 选取过小，网络收敛速度就很慢。若学习率 η 选取过大，权值的调整量过大可能引起收敛过程在最小值点附近摆动。为了解决学习率 η 选取的矛盾，在式(6.4.11) 后面了增加动量项：

$$\Delta W(k) = -\eta \frac{\partial E(k)}{\partial W(k)} + \alpha \Delta W(k-1) \tag{6.4.12}$$

式中，$\alpha \Delta W(k-1)$ 为动量项；$\Delta W(k-1)$ 是第 $k-1$ 次迭代生成的权值调整量；α 为平滑系数，α 取值为 $0 < \alpha < 1$。

式(6.4.12) 是式(6.4.11) 性能的一种改进，可以提高神经网络的收敛速度，但是不明显。

传统的 BP 算法中，η 的值是不变的，为了改善网络的收敛能力，有学者提出了类似退火算法的方案。其核心思想是，初始时，η 和 α 的值设置为较高的值，一般定为 $0.7 \sim 0.9$，随着学习次数增加，η 和 α 按一定规律递减，但如果递减到一定的程度时，网络仍然没有收敛或者误差仍然没有改善，则重新设置 η 和 α 的值，一般为 $0.5 \sim 0.7$，再进入学习过程，直到运行结束。这种改进是在误差长时间没有得到改善或网络达不到收敛目的时候，通过直接设定 η 和 α 的值，适当增大网络权值的修改量，经过再学习过程，使网络能达到收敛，且避免进入局部极小。这种方案虽然改善了局部极小问题，但是网络的学习速度却因此而变得较慢。本节对 η 和 α 进行了动态调整。

为了提高神经网络的收敛速度，本节将权值调整公式做如下进一步改进：

(1) 对 η 的动态调整。将 η 与误差函数相关联，在每一步学习中调整 η 的值。当误差函数减小时，增大学习率；当误差函数增大时，减小学习率。其表达式为

$$\eta(k)=\begin{cases}k_1\eta(k-1) & E(k-1)>E(k)\\ k_2\eta(k-1) & E(k-1)<E(k)\\ \eta(k-1) & E(k-1)=E(k)\end{cases} \tag{6.4.13}$$

式中，$k_1>1$，$k_2<1$。

由式(6.4.13)可知，对于不同的误差变化，每一步学习后都会相应地调整学习率。

(2) 对 α 的动态调整。为了加快收敛速度，同时对 α 进行动态调整。调整规则如下：

$$\alpha\Delta W(k-1)=\alpha(k)\Delta W(k-1) \tag{6.4.14}$$

式中

$$\alpha(k)=\alpha(k-1)+\Delta\alpha$$

由式(6.4.14)可知，平滑系数 α 随调整的进行逐渐增大，因此，动量项在每次调整量中的比例逐渐增大。设定平滑系数的上限为 0.9，确保不会因为平滑系数过大而造成网络收敛时间过长，甚至导致网络出现振荡。经过这样的改进后，网络的学习次数有望大幅下降。同时，网络的收敛速度也可大大加快。

2. 激励函数的改进

网络的拓扑结构和训练数据确定之后，由于期望输出已定，实际输出由激励函数计算得出，所以总误差函数 E 的大小就完全由激励函数决定。因此，改进激励函数，可以尽量减少出现局部极小值的可能性。对标准的 Sigmoid 型函数引入新的参数 a 和 b，则函数变为

$$f(x)=\frac{1}{1+a\mathrm{e}^{-bx}} \tag{6.4.15}$$

其中，系数 a 决定着 Sigmoid 型函数的幅度，参数 b 的引入增加了 x 值的弹性，通过调整参数可以避开局部极小，使该函数具有更好的函数逼近能力以及容错能力。

6.4.3　编队飞行神经网络自适应逆控制律设计

6.4.3.1　非线性动态逆误差的求解

设存在如下二阶系统：

$$\ddot{\boldsymbol{x}} = f(\boldsymbol{x}, \dot{\boldsymbol{x}}, \boldsymbol{\delta}) \tag{6.4.16}$$

式中，$\boldsymbol{x}$ 为状态量；$\boldsymbol{\delta}$ 为控制量；$\boldsymbol{x}, \dot{\boldsymbol{x}} \in \mathbf{R}^n$；$\boldsymbol{\delta} \in \mathbf{R}^m$。

由于系统比较复杂，实际系统的运动方程 f 往往很难描述，因此选取一个近似函数 $\hat{f}$ 对 f 做出近似。

为了实现反馈线性化，引入伪控制量 $\boldsymbol{v}$，使得伪控制量和状态量之间存在如下线性关系：

$$\boldsymbol{v} = \hat{f}(\boldsymbol{x}, \dot{\boldsymbol{x}}, \boldsymbol{\delta}) \tag{6.4.17}$$

用非线性动态逆方法得到系统的控制输入：

$$\boldsymbol{\delta}_{\mathrm{cmd}} = \hat{f}^{-1}(\boldsymbol{x}, \dot{\boldsymbol{x}}, \boldsymbol{v}) \tag{6.4.18}$$

非线性动态逆误差由建模误差、求逆计算产生的误差以及外界干扰等引起，考虑到这些误差的存在，系统的动态特性可以表达为如下形式：

$$\ddot{\boldsymbol{x}} = \hat{f}(\boldsymbol{x}, \dot{\boldsymbol{x}}, \boldsymbol{\delta}) + \Delta(\boldsymbol{x}, \dot{\boldsymbol{x}}, \boldsymbol{\delta}) \tag{6.4.19}$$

式中，$\Delta(\boldsymbol{x}, \dot{\boldsymbol{x}}, \boldsymbol{\delta})$ 为系统逆误差，它是指令信号、状态量以及控制量等的非线性时变函数，可以表示为如下形式：

$$\Delta(\boldsymbol{x}, \dot{\boldsymbol{x}}, \boldsymbol{\delta}) = f(\boldsymbol{x}, \dot{\boldsymbol{x}}, \boldsymbol{\delta}) - \hat{f}(\boldsymbol{x}, \dot{\boldsymbol{x}}, \boldsymbol{\delta}) \tag{6.4.20}$$

根据对伪控制信号和非线性动态逆误差的定义，系统方程可以等价表示为如下形式：

$$\ddot{\boldsymbol{x}} = \boldsymbol{v} + \Delta(\boldsymbol{x}, \dot{\boldsymbol{x}}, \boldsymbol{\delta}) \tag{6.4.21}$$

非线性动态逆方法应用的条件是要求使用系统精确的数学模型，逆误差本身难以在非线性动态逆控制中被消除。为了消除逆误差，可以在控制器中增加自适应环节，将其输出信号 $\boldsymbol{v}_{ad}$ 叠加到伪控制信号 $\boldsymbol{v}$ 中，此自适应环节采用具有良好逼近连续非线性函数的 BP 神经网络来实现。系统结构图如图 6-67 所示。

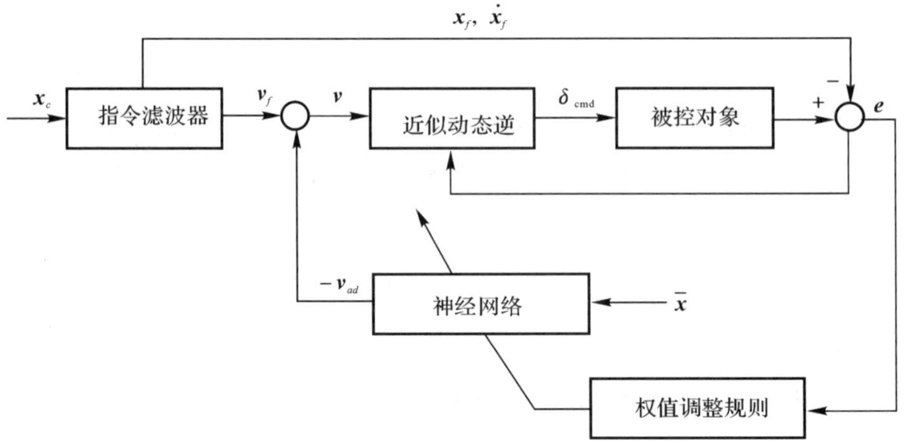

图 6-67 神经网络自适应逆控制结构图

如图 6-67 所示，指令滤波器输出信号 $\boldsymbol{x}_f$ 代表输入指令 $\boldsymbol{x}_c$ 时，此指令滤波器可以表示为如下形式：

$$\dot{\boldsymbol{x}}_f = f_f(\boldsymbol{x}_f, \boldsymbol{x}_c) \tag{6.4.22}$$

而指令滤波器输出的伪控制信号可以表示为

$$\boldsymbol{v}_f = f_f(\boldsymbol{x}_f, \dot{\boldsymbol{x}}_f, \boldsymbol{x}_c) \tag{6.4.23}$$

系统的伪控制信号将由指令滤波器输出的伪控制信号和神经网络自适应信号构成：

$$\boldsymbol{v} = \boldsymbol{v}_f - \boldsymbol{v}_{ad} \tag{6.4.24}$$

将式(6.4.24) 带入式(6.4.21)，经整理可得系统跟踪误差的动态特性如下：

$$\dot{\boldsymbol{e}} = \boldsymbol{e} + \boldsymbol{A}[\boldsymbol{v}_{ad} - \Delta(\boldsymbol{x}, \dot{\boldsymbol{x}}, \boldsymbol{\delta})] \tag{6.4.25}$$

式中，$\boldsymbol{A} = \begin{bmatrix} \boldsymbol{0} \\ \boldsymbol{I} \end{bmatrix}$；$\boldsymbol{e} = \begin{bmatrix} \boldsymbol{x}_f - \boldsymbol{x} \\ \dot{\boldsymbol{x}}_f - \dot{\boldsymbol{x}} \end{bmatrix}$。

由式(6.4.25) 可知，理想情况下，自适应输出项 $\boldsymbol{v}_{ad}$ 如果能够完全重构逆误差，则系统跟踪误差将渐渐趋向于 0。

6.4.3.2　BP 神经网络的构造

为了加快系统的响应时间，提高网络的训练精度，本节考虑使用单隐层 BP 神经网络进行调节。输入层的输入个数为 6 个，分别为 $\boldsymbol{x}_d, \boldsymbol{y}_d, \boldsymbol{z}_d, \boldsymbol{x}_{ad}, \boldsymbol{y}_{ad}, \boldsymbol{z}_{ad}$，输出层输出个数为 3 个，分别为 $\boldsymbol{x}_{ad}, \boldsymbol{y}_{ad}, \boldsymbol{z}_{ad}$，隐含层中神经元的个数取 5 个。

本书中所采用的单隐层 BP 神经网络结构如图 6-68 所示。

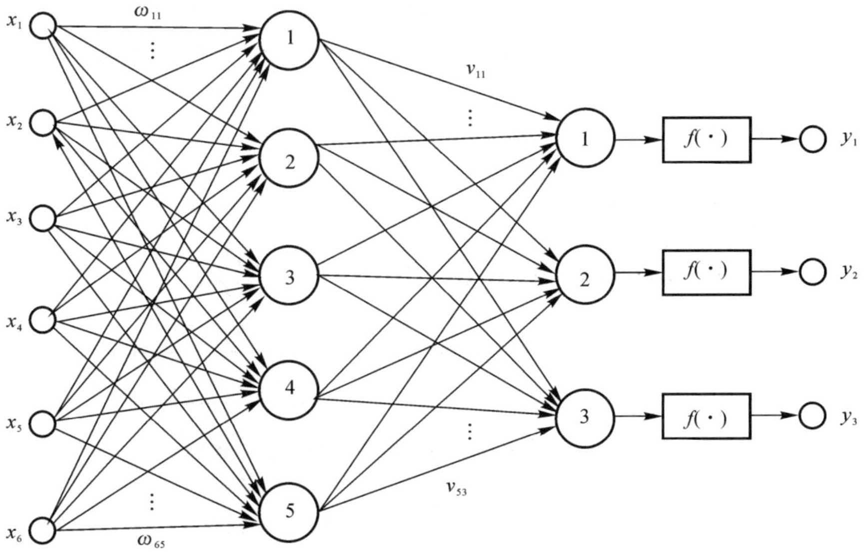

图 6-68　单隐层 BP 神经网络结构图

如图 6－68 所示，BP 神经网络输入与输出的映射关系可以写为

$$\boldsymbol{y}_i=\sum_{j=1}^{N_2}\left[\omega_{ij}\sigma\left(\sum_{k=1}^{N_1}v_{jk}\bar{\boldsymbol{x}}_k+\theta_{v_j}\right)+\theta_{\omega_i}\right],\quad i=1,\cdots,N_3 \tag{6.4.26}$$

其中，v_{jk} 表示输入层到隐含层之间的连接权值；ω_{ij} 表示隐含层到输出层之间的连接权值；$\theta_{v_j},\theta_{\omega_i}$ 表示阈值；N_1,N_2,N_3 分别表示输入层、隐含层和输出层的神经元个数；$\sigma(\cdot)$ 表示隐含层激励函数，其具体表达式如下：

$$\sigma(z_i)=\frac{1}{1+\lambda_1\mathrm{e}^{-\lambda_2 z_i}} \tag{6.4.27}$$

式中，$z_i\in\mathbf{R}$；λ_1,λ_2 为激励系数。

定义如下矩阵：

$$\begin{gathered}\bar{\boldsymbol{x}}=[1\quad \bar{x}_1\quad\cdots\quad \bar{x}_{N_1}]^{\mathrm{T}}\\ \boldsymbol{y}=[y_1\quad\cdots\quad y_{N_3}]^{\mathrm{T}}\\ \sigma(\boldsymbol{z})=[1\quad\sigma(z_1)\quad\cdots\quad\sigma(z_{N_2})]^{\mathrm{T}}\end{gathered} \tag{6.4.28}$$

并定义如下的神经网络权值矩阵：

$$\boldsymbol{W}^{\mathrm{T}}=[\theta_{\omega i}\mid\omega_{ij}],\quad \boldsymbol{v}^{\mathrm{T}}=[\theta_{vj}\mid v_{ij}] \tag{6.4.29}$$

结合式(6.4.28) 和式(6.4.29)，神经网络输入与输出的映射关系可以写为如下矩阵形式：

$$\boldsymbol{y}=\boldsymbol{W}^{\mathrm{T}}\boldsymbol{\sigma}(\boldsymbol{v}^{\mathrm{T}}\bar{\boldsymbol{x}}) \tag{6.4.30}$$

6.4.3.3　编队飞行自适应逆控制律设计

本节针对的是编队飞行中，僚机跟随长机的运动关系。由于快状态回路响应不完全所带来的不确定误差主要对慢回路控制产生影响，且在编队飞行中，系统主要的控制量是僚机相对于长机的位置 x,y,z。所以在设计中，主要对慢回路进行误差补偿。对 x,y,z 三个通道分别设计神经网络自适应补偿器。以 x 通道为例，控制结构如图 6－69 所示。

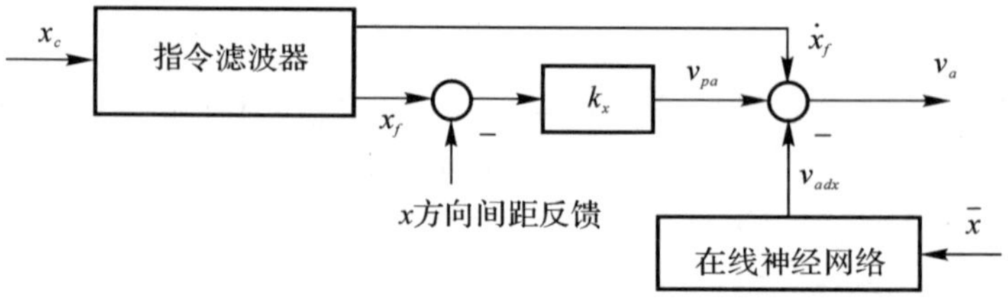

图 6－69　x 通道神经网络自适应补偿器结构图

图 6－69 中，x_c 为指令信号，x_f 为经过指令滤波器输出的理想响应信号，

$\dot{x}_f$ 为其微分信号；线性补偿器取一阶比例控制。伪控制信号 v_a 由线性补偿器输出信号 v_{pa}、滤波器输出的微分信号 $\dot{x}_f$ 和神经网络输出的自适应信号 v_{adx} 三部分组成。

6.4.4　神经网络自适应逆编队飞行控制律仿真验证与分析

6.4.3 小节设计了无人机编队飞行自适应逆控制律。结合第 5 章设计的非线性动态逆控制器，在 Simulink 下构建编队飞行自适应逆控制器仿真模型，并通过编队保持控制和队形变换控制，分别对采用标准 BP 算法与采用改进后的 BP 算法自适应逆的控制效果进行仿真验证。

6.4.4.1　编队队形保持

初始条件同前面各章。学习速率初值选取为 0.5，$k_1=1.12$，$k_2=0.78$；期望误差值取 e^{-6}；激励函数 $f(\cdot)$ 选改进后的对数 Sigmoid 函数：$f(x)=\dfrac{1}{1+a\mathrm{e}^{-bx}}$，其中，$a=1.1$，$b=0.5$。线性补偿器的比例系数 $k_x=3$。

1. 松散编队队形保持

假设两机以左菱形松散编队飞行，额定编队间距分别为 $x_0=90$ m，$y_0=30$ m，$z_0=0$ m。

(1) 速度减小 7.5 m/s，航向偏转 +20°，高度下降 90 m 组合机动。

图 6-70～图 6-71 所示为组合机动的仿真结果。速度减小 7.5 m/s，航向偏转 +20°，高度下降 90 m。图中实线为长机在接收到指令信号后的响应。红色点画线为采用标准 BP 网络时僚机跟随长机的情况，蓝色虚线是采用改进后的 BP 网络时僚机的响应曲线。由图中可看出，两种控制律下僚机都可以及时跟踪长机的机动，保持编队队形，但改进后的自适应逆控制算法的性能优于普通自适应逆控制器，僚机响应更快速，精度更高。

(2) 航向反复机动。以航向反复机动为例，假设航向指令随时间变化如表 6-4 所示。

表 6-4　不同时刻的航向指令要求

时间 /s	0～10	10～20	20～30	30～40	40～60
航向 /(°)	0	−20	0	20	0

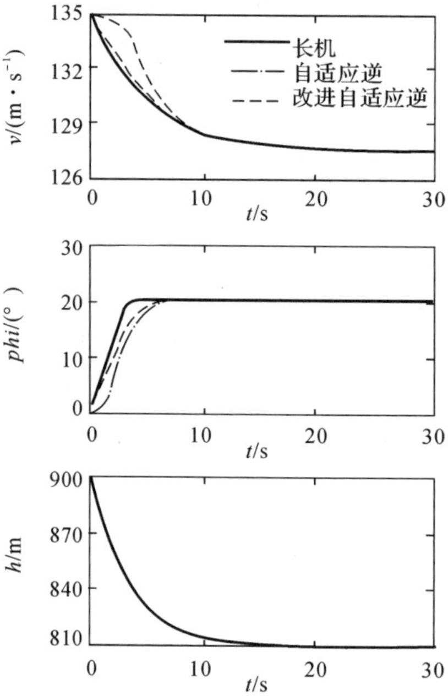

图 6-70　组合机动时长、僚机姿态曲线

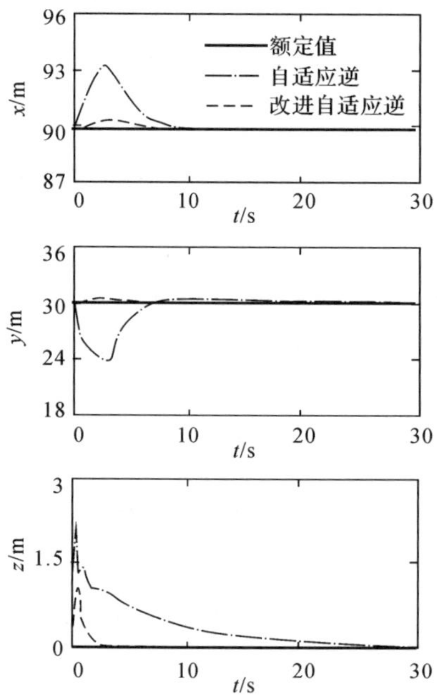

图 6-71　组合机动时长、僚机间距变化

长机航向反复变化机动时，采用自适应逆控制的仿真结果如图 6-72 和图 6-73 所示。

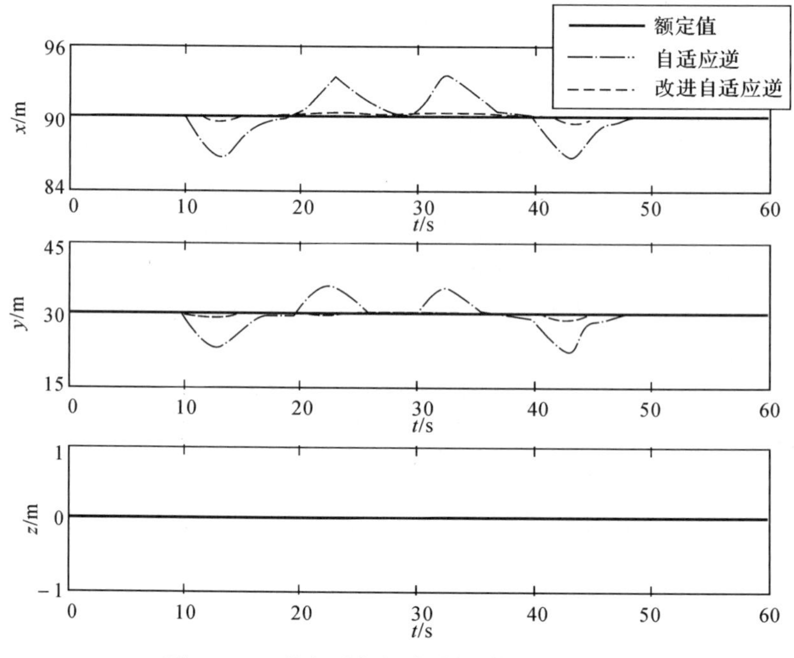

图 6-72　航向反复机动时长、僚机姿态曲线

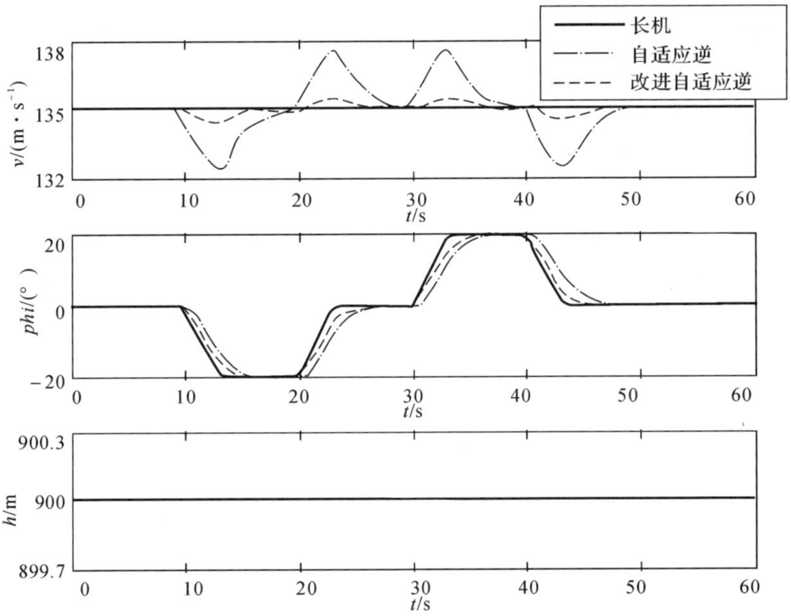

图 6－73　航向反复机动时长、僚机间隔变化

从图 6－72～图 6－73 可以看到，当长机在一定的时间间隔内发起航向机动时，僚机都能在 10 s 的时间内实现准确、快速跟踪。在航向反复机动过程中，速度变化趋势合理，体现了无人机编队飞行过程中各通道的协调性。图 6－74 所示为航向反复机动时长、僚机的实时轨迹和它们之间编队间隔变化，可知僚机很好地完成了航向机动反复变化的跟踪。从图中可以看出，两种控制律下僚机都可以实现对长机航向反复机动时的精确跟踪，保持编队队形，但改进后的自适应逆控制算法的性能优于普通自适应逆控制器，僚机响应更快速，精度更高。

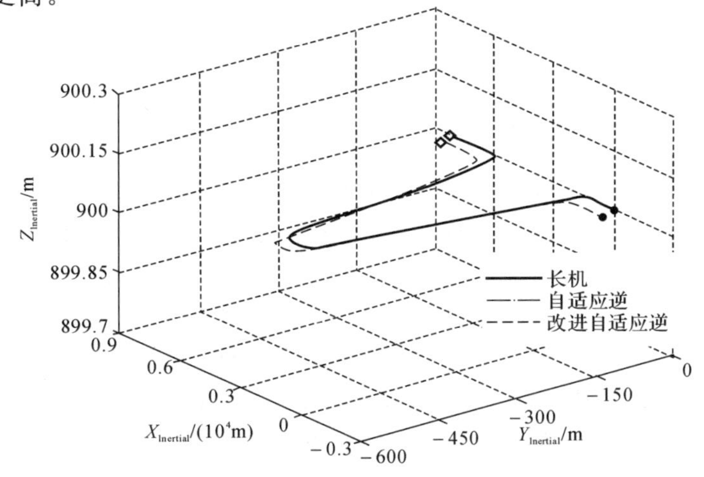

图 6－74　航向反复机动时长、僚机实时轨迹

2. 紧密编队队形保持

将用于松散无人机编队的动态逆控制器用于考虑气动耦合影响的近距离编队，额定编队间距分别为 $x_0=18$ m，$y_0=7.068$ m，$z_0=0$ m。长机做组合机动时，自适应逆与改进自适应逆控制器的控制效果如图 6－75 ～ 图6－76 所示。

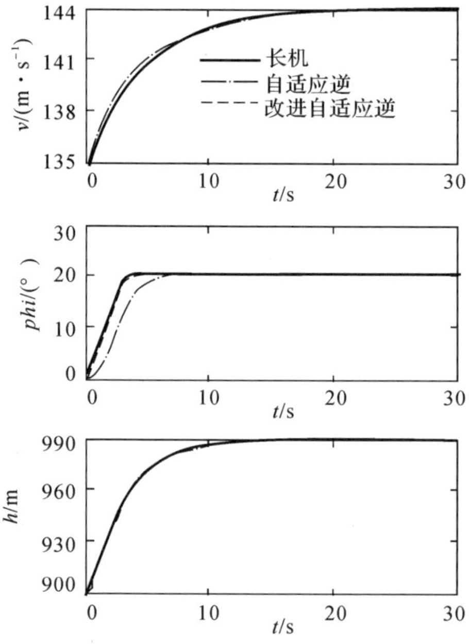

图 6－75　组合机动时长、僚机姿态曲线对比

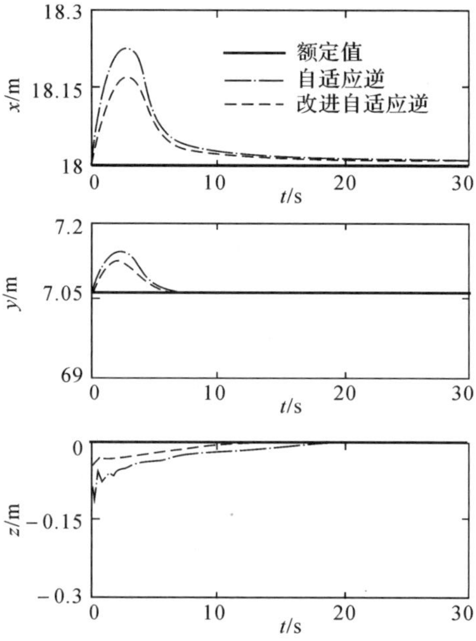

图 6－76　组合机动时长、僚机间距变化对比

采用神经网络自适应逆控制器的无人机紧密编队，在组合机动时，加入气动耦合影响下，僚机的速度、航向和高度都能很快跟踪长机机动，x，y，z 方向编队间隔响应虽都有振荡，但误差较小，改进后的自适应逆相比标准 BP 网络自适应逆控制有更好的控制效果。

6.4.4.2　编队队形变换

取仿真时间 60 s，初始值同上。要求无人机从左菱形编队飞行变换为右菱形编队飞行，同时高度上升 90 m，已知右菱形编队的额定间距为$x_c=90$ m，$y_c=-300$ m，$z_c=0$ m。将右菱形编队额定间距作为编队间距的控制指令，仿真结果如图 6－77 ～ 图 6－82 所示。图 6－77 ～ 图 6－79 所示是在仿真初始时刻，长机直接发起队形变换指令。由图中可看到，僚机在跟踪长机的同时，调整航向，在前进的同时向右进行队形的变换，为了能够跟踪长机并调整队形，僚机速度和航向角都经历了增大到减小最终回到额定值的过程，在此过程中，y 方向间隔由长机左边 30 m 变化到长机右边 30 m，完成了队形的变换。图6－80～图 6－82 所示是在仿真开始 20 s 后，长机同时发起队形变换指令和爬高指令。由图中可以看到，因为长机本身有爬升 90 m 的机动指令，僚机要跟踪长机高度变换，同时又接收到队形变换指令，因此僚机在爬高的同时进行队形变换。大约 20 s 内，完成了编队变换，同时高度爬升到 990 m。

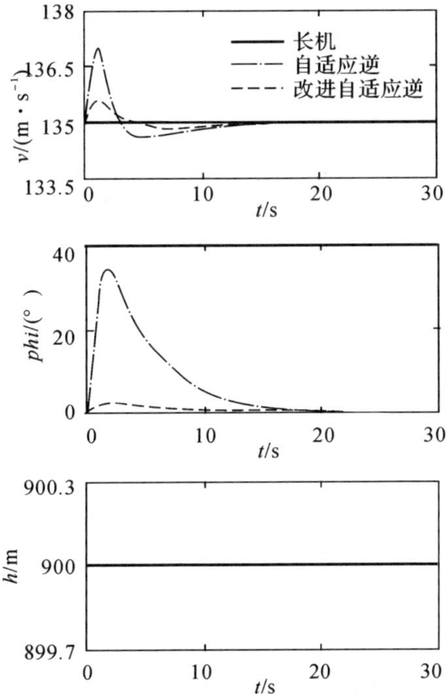

图 6－77　队形变换时长、僚机姿态曲线

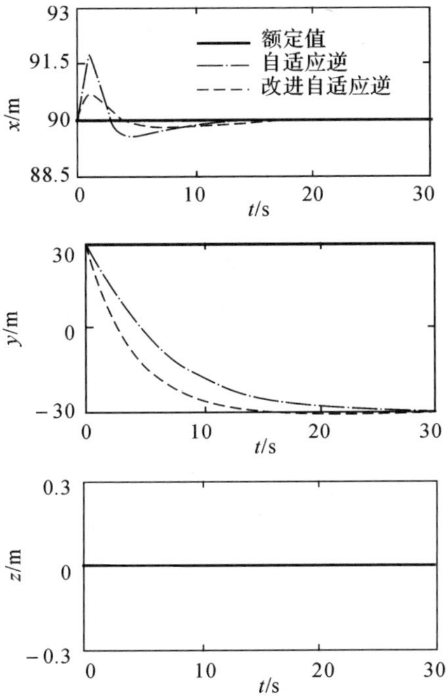

图 6－78　队形变换时长、僚机间隔变化

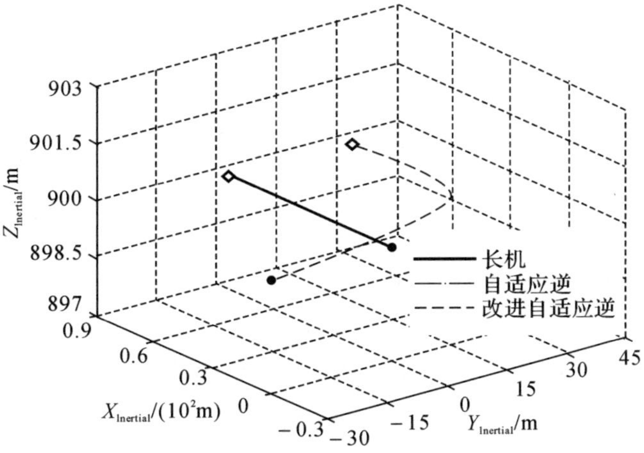

图 6－79　队形变换时长、僚机实时轨迹

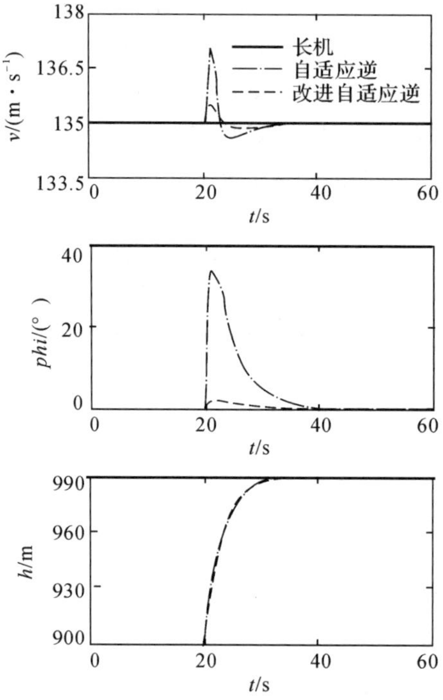

图 6-80　队形变换时长、僚机姿态曲线

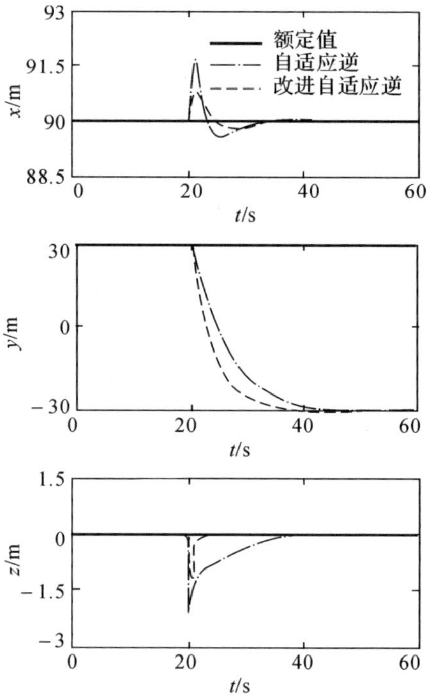

图 6-81　队形变换时长、僚机间隔变化

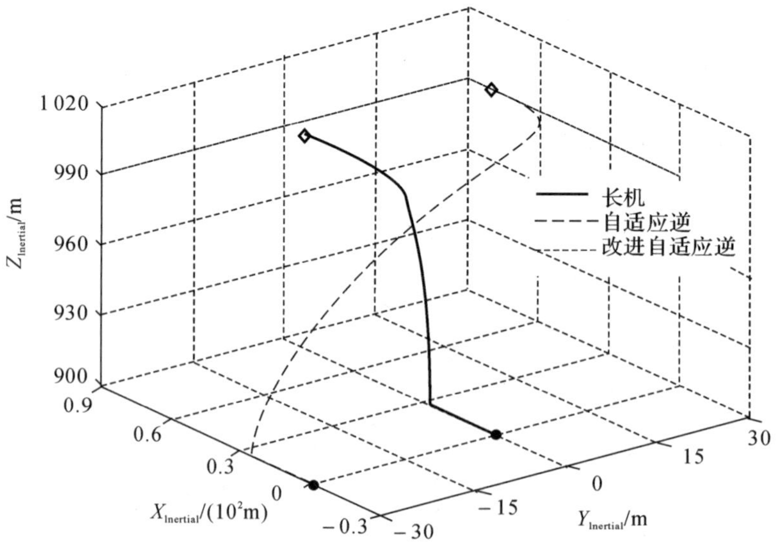

图 6-82　队形变换时长、僚机实时轨迹

6.4.4.3　鲁棒性验证

(1) 为了验证系统的抗风干扰性能，令长机航向角发生 20° 偏转，待响应稳定后，在 20 ～ 25 s 时对长机航向指令再施加一个白噪声信号来模拟 5 s 阵风对长机航向的影响[133]。仿真结果如图 6-83 ～ 图 6-84 所示，由图可知，当长机受到阵风等外界干扰时，本章所设计的自适应逆与改进自适应逆控制器都能很快将编队队形收敛为期望队形，具有很强的抗干扰性能，但后者性能明显优于前者。

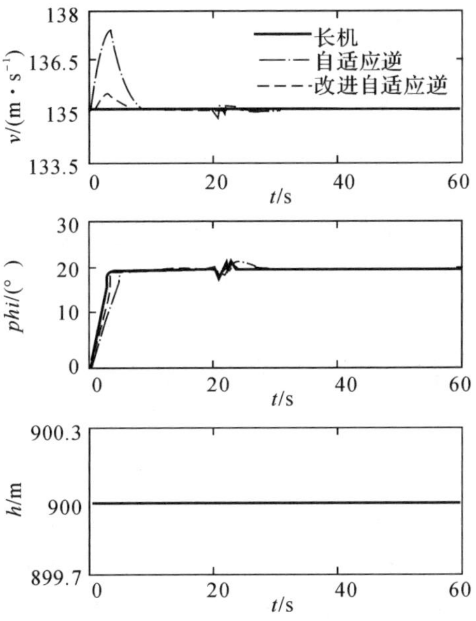

图 6-83　阵风干扰时长、僚机姿态曲线

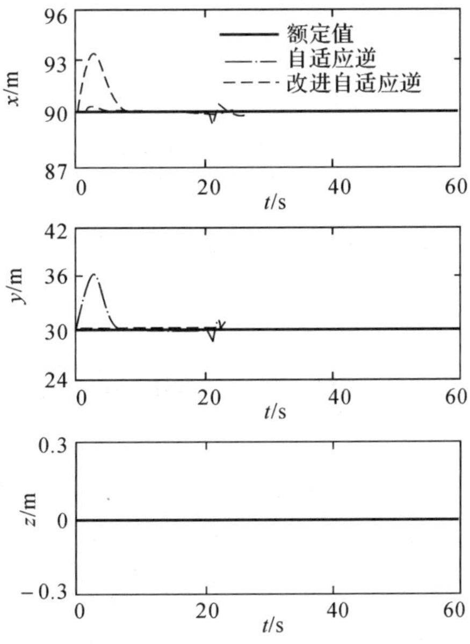

图 6-84　阵风干扰时长、僚机间隔变化

(2) 多机编队飞行会使得飞行参数波动加剧，对飞行参数变化 10%，15%，20%，25% 时的编队飞行分别仿真，如图 6-85 ～ 图 6-86 所示，响应过程中误差有所增加，但都能很快收敛到期望间距，当飞行参数变化达到 25% 时，本章设计的两种控制器仍能够对编队进行有效的控制，具有较好的鲁棒性。

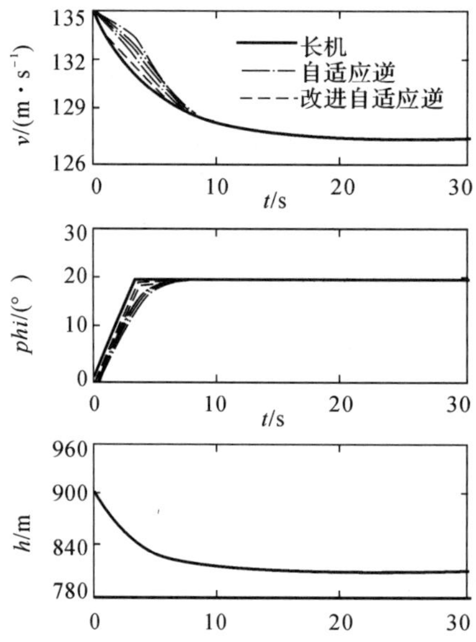

图 6-85　参数变化时长、僚机姿态曲线

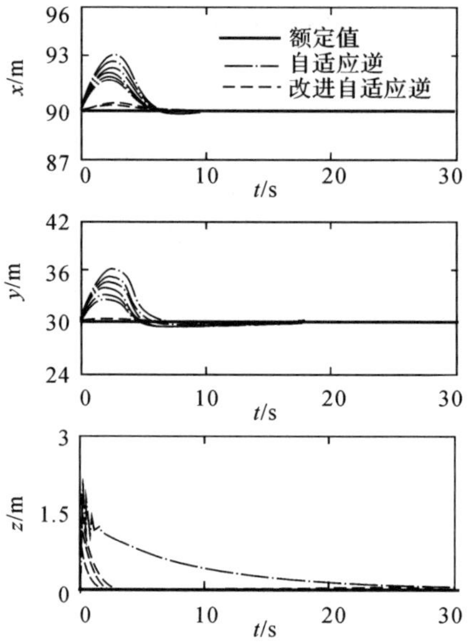

图 6-86　参数变化时长、僚机间隔变化

6.5　航迹规划下的编队飞行控制

队形保持控制一般分为两步：首先根据当前环境确定各无人机的目标位置；然后根据一定的控制策略生成控制命令，驱动无人机以一定队形驶向目标位置。到目前为止，研究队形控制的方法有以下几种：跟随领航者法(Leader -Follower)，基于行为法(Behavior - Based)，虚拟结构法(Virtual Structure)和人工势场法(Artificial Potential Fields)等。

Leader - Follower 方法首先在文献[170]中提出并用于移动机器人的队形控制。在 Leader - Follower 中指定队形中的某一机器人作为 Leader，其他机器人作为 Followers。其基本思想是，将队形控制问题转化为 Followers 跟踪 Leader 的位置和方向的问题。这样就可用标准的控制理论知识加以分析并稳定跟踪误差。Leader - Follower 有多种形式，例如，队形中可有多个 Leader；或者形成一个跟踪链，即第 i 个机器人跟踪第 $i-1$ 个机器人；或者 Leader 与 Follower 构成树状结构等。

本节将 Leader - Follower 与人工势场法相结合，进行多机编队保持。根据飞行器编队的习惯叫法，称 Leader 为长机，称 Follower 为僚机。编队引导控制主要涉及无人机人工势场中的队形势和队形力。

6.5.1　僚机的势场函数

编队控制中的首要任务是队形的保持，保持队形需确定队形参考点，参考点的数量和位置由队形和队形控制方式决定。主从编队控制以长机为队形参考点，如图 6-87 所示。

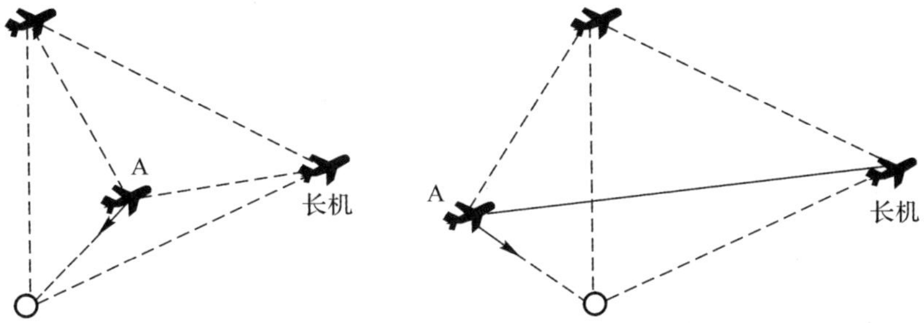

图 6-87　队形力示意图

在参考点的基础上，确定僚机的位置，僚机 A 的预期位置将对僚机产生吸引作用，这种作用的程度以队形势表示，并通过队形力来实现，迫使其逼近预期位置。与此同时，编队内其他无人机对无人机 A 也起到一种编队约束作用：当某飞机的实际位置在编队队形内部时，受到编队向外的推力；当某飞机的实际位置在编队队形外部时，受到编队向内的引力。

编队中第 i 架僚机的队形势为

$$U_i = \frac{1}{2}k \parallel \boldsymbol{p}_i - \boldsymbol{p}_i^G \parallel^2 \tag{6.5.1}$$

其中，$\boldsymbol{p}_i = [x_i \quad y_i \quad z_i]$ 为无人机 i 的位置；$\boldsymbol{p}_i^G = [x_g \quad y_g \quad z_g]$ 表示无人机 i 的预定位置期望值。

队形力为队形势的负梯度，有

$$F_i = -\mathbf{grad}U_i = -k \parallel \boldsymbol{p}_i - \boldsymbol{p}_i^G \parallel \tag{6.5.2}$$

当僚机 i 位于其目标点 $\boldsymbol{p}_i^G = [x_g \quad y_g \quad z_g]$ 时，队形势为 0，队形力也为 0；当僚机 i 与其目标点距离增大时，队形势增大，队形力也增大。僚机受到的队形力是相对于预定位置而言的，预定位置是僚机 i 的平衡点，即队形控制的目标点。

6.5.2　编队控制下的仿真轨迹

以三架飞行器编队控制为例，参数 l 和 φ 如图 6-88 所示，l 为长机与僚机的距离，φ 为僚机相对于长机的角度。

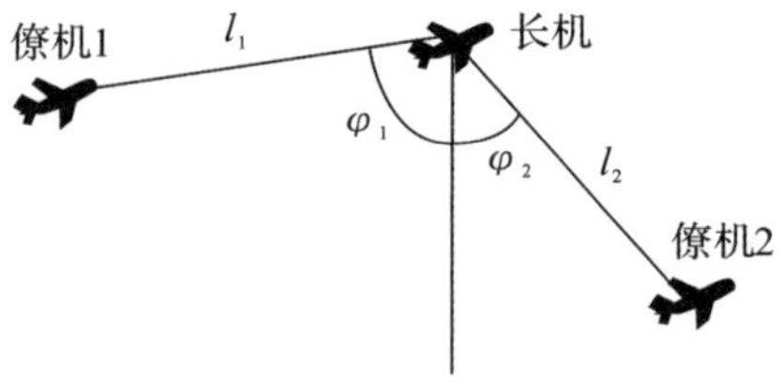

图 6-88　编队中飞行器的位置

僚机跟随长机保持队形，实时跟踪长机。实际系统中，僚机测得长机的导航位置信号，根据固定的 l 和 φ，求出自己当前应该处的位置，由僚机的势场函数进行跟随。

算法步骤：

(1) 利用改进的人工势场法(用到改进斥力势场函数、随机波动法) 规划出长机的航迹点 Xl_{current}；

(2) 利用编队队形 l 和 φ 算出当前僚机所在的理论位置 $Xf1_{\text{theory}}$；

(3) 僚机的前一位置 $Xf1_{\text{former}}$；

(4) 利用队形力(见公式(6.5.2)) 将僚机"拖向"僚机的理论位置，$Xf1_{\text{former}} > Xf1_{\text{theory}}$，得到僚机的实际位置 $Xf1_{\text{current}}$；

(5) 转到步骤(1) 进行下一航迹点的规划。

使用本节所提航迹规划算法在计算机上进行了仿真实验，运行环境为 Windows XP，编程环境为 Matlab 7.1。实验使用了 $100\times100\ \text{km}^2$ 二维地形环境图和模拟生成的威胁数据。其中，障碍物 1 ～ 8 的模型同 5.5.2.4 节表 5-2 所示；参数 k,m,ρ_0,w,θ,d 同 5.5.2.4 节所述，其他相关参数如下：

• $l_1=2\ \text{km},\varphi_1=45°$；

• $l_2=1\ \text{km},\varphi_2=30°$。

图 6-89 所示为平面 $100\times100\ \text{km}^2$ 范围内的仿真图形，显示了在无障碍物影响的情况下，僚机跟随长机的轨迹。其中红色的航迹线为长机的航迹，蓝色为僚机 1,2，可见僚机可实现紧密跟随，时刻保持队形。

图 6-90 所示为平面 $100\times100\ \text{km}^2$ 范围内的仿真图形，显示了障碍物环境下的僚机航迹跟随情况。其中，图 6-90(a)为不考虑转弯角约束时的轨迹图，可见此时僚机跟随航迹有明显的折线情况，显然不满足无人机的机动特性要求，需将其进行优化；图 6-90(b)是在考虑了转弯角约束情况下的轨迹图，较图 6-90(a)可见明显平滑了许多，长机与僚机的航迹均满足飞机的机动性能要求，在障碍物附近，队形将出现变化，但是仍能满足编队队形之间的安全要求，越过障碍物影响区域队形恢复。

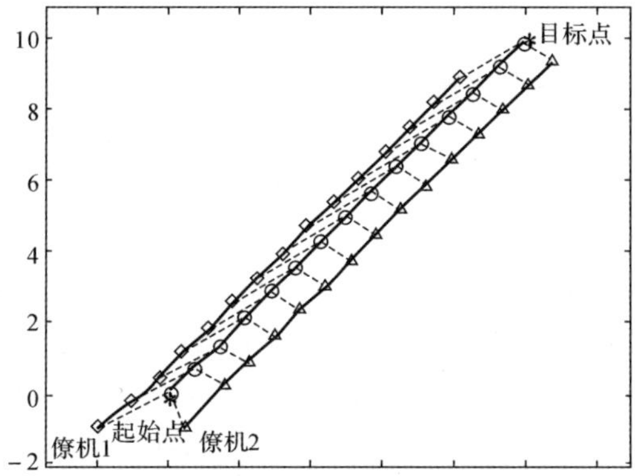

图 6-89　基于人工势场的僚机跟随轨迹

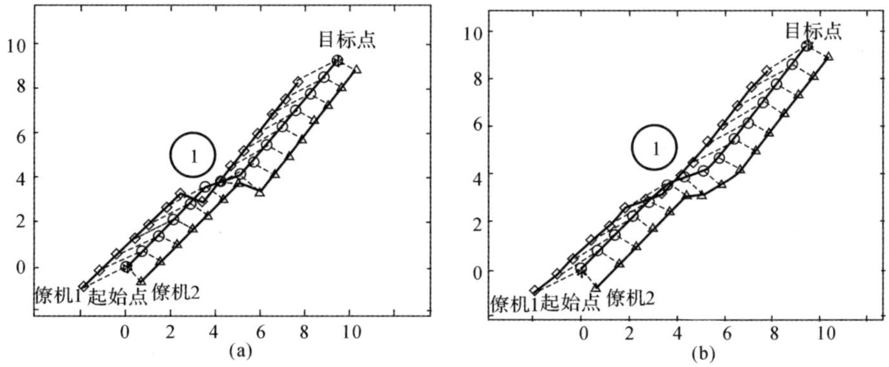

图 6-90　障碍物环境下的编队轨迹

图 6-91 所示为长机-僚机编队在 $100\times100\ \mathrm{km}^2$ 范围内的仿真轨迹。在多障碍物的影响下，可见长机-僚机能够保持一定的队形，到达目标点。但是此时，僚机并不能避开障碍物影响，如在障碍物 8 处，僚机 1 已经碰上障碍物，显然不满足避障要求，基于此，需考虑多机编队避障问题(见下节)。

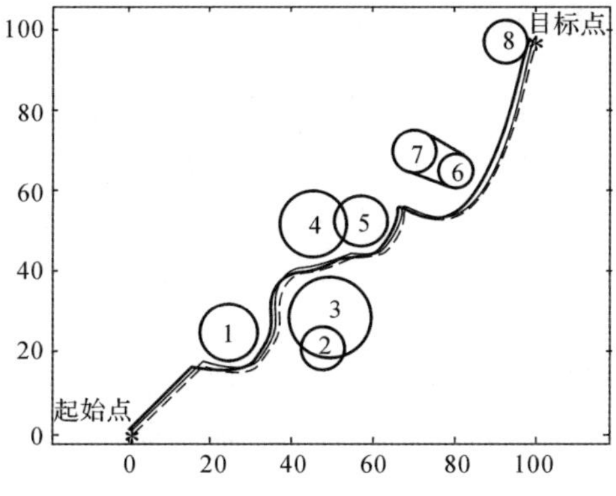

图 6-91　长机-僚机编队控制跟随下的仿真航迹

6.5.3 多无人机编队避障

6.5.3.1 障碍物膨胀化

为了保证多机编队成功避障，对障碍物进行“膨胀”处理，所谓障碍物膨胀就是将障碍物的边界向外扩展。设编队中各僚机与长机的距离最长者为 r，以 r 为膨胀的距离，对多边形障碍物进行膨胀，膨胀后的障碍物即为多机编队避障所需考虑的新的威胁。按新的威胁大小规划出来的航迹离真实威胁较远，这样多机编队的航迹规划问题，可以转化为质点导航问题。

根据上述思想，首先对凸边形障碍物膨胀过程进行描述，以三角形为例来说明，障碍物模型如图 6－92(a)所示，以半径 r 为膨胀距离，对三角形障碍物进行膨胀，得到膨胀后障碍物轮廓，$A'B'C'$ 即为新的障碍物模型。

对于圆弧形障碍物，以圆形障碍物为例，如图 6－92(b)所示，图中黑色区域为原先的障碍物，虚线所示的圆即为新的障碍物。

对于凹边形障碍物，以图 6－92(c)所示的障碍物为例，对其凹进去的部分进行障碍物填充，填充之后与凸边形情况相同，$E'F'G'$ 即为新的障碍物。

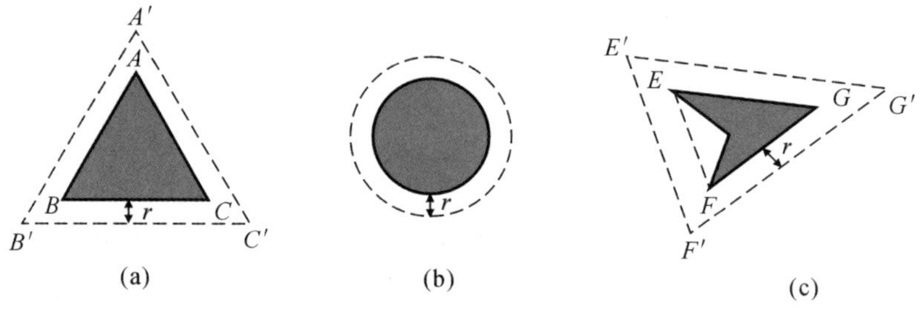

图 6－92 障碍物膨胀示意图

6.5.3.2 编队避障下的仿真轨迹

使用本节所提航迹规划算法在计算机上进行了仿真实验，运行环境为 Windows XP，编程环境为 Matlab 7.1。实验使用了 100×100 km^2 二维地形环境图和模拟生成的威胁数据。其中，障碍物 1～8 的模型同 5.5.2.4 节；参数 $k,m,\rho_0,w,\theta,d,l_1,\varphi_1,l_2,\varphi_2$ 同 5.5.2.4 节，其他相关参数如下：

障碍物膨胀半径为 r=2 km。

图 6－93 中，蓝色实线圆圈表示原始障碍物模型，蓝色虚线圆圈表示膨胀后的障碍物模型；红色为长机的航迹，黑色为僚机 1 的航迹，绿色为僚机 2 的

航迹。在障碍物 7 附近,僚机 2 的航迹很贴近膨胀后的障碍物,但是离实际的障碍物还有一段距离,能够安全避开障碍物,在障碍物 8 处,僚机 1 甚至碰撞到膨胀障碍物 8,但是能够避开实际障碍物的影响。由此可见,进行障碍物膨胀后,规划出来的航迹满足多机编队避障需求。

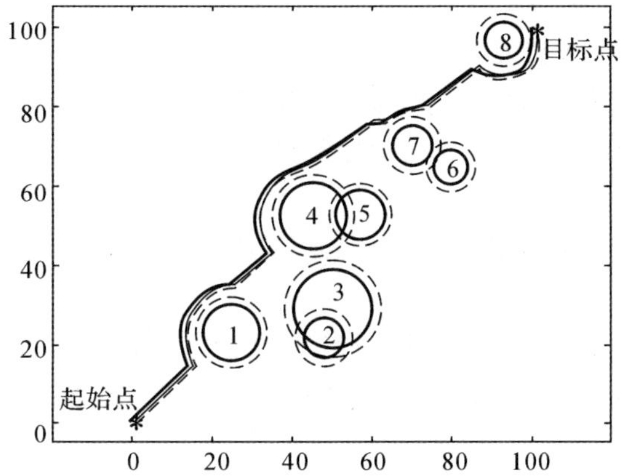

图 6-93　多机编队航迹规划

参考文献

[1] 秦博，王蕾. 无人机发展综述[J]. 飞航导弹,2002，8：4－10.

[2] 韩旭. 小型无人机鲁棒飞行控制系统研究[D]. 西安:西北工业大学,2007.

[3] 秦明，朱会，李国强. 军用无人机的发展趋势[J]. 飞航导弹,2007, 6：36－39.

[4] 曲东才. 微型无人机研制的关键技术及军事应用[J]. 飞机设计,2007,27(3): 46－51.

[5] 朱战霞，袁建平. 无人机编队飞行问题初探[J]. 飞行力学,2003,21(8):5－7.

[6] 刘小雄，章卫国，李广文，等. 无人机自主编队飞行控制的技术问题[J]. 电光与控制,2006,13(6):28－31.

[7] 丁帆，刘长亮. 无人机主动协同式编队飞行指挥与控制研究[J]. 飞航导弹, 2009,11:57－59.

[8] 樊琼剑，杨忠，方挺，等. 多无人机协同编队飞行控制的研究现状[J]. 航空学报,2009,30(4):683－691.

[9] 李文皓，张珩. 无人机编队飞行技术的研究现状与展望[J]. 飞行力学,2007, 25(1):9－11.

[10] Giulietti F, Pollini L, Innoncenti M. Autonomous Formation Flight[J]. IEEE Control Systems Magazine[J], 2000,(12) :566－572.

[11] Hanson C E, Ryan J. Flight Test Results for an Autonomous Formation Flight Control System[C]//AIAA's 1st Technical Conference and Workshop on Unmanned Aerospace Vehicles , May 20－23 ,2002 , 485－491.

[12] Darrah M A, Niland W M, Stolarik B M. Multiple UAV Dynamic Task Allocation Using Mixed Integer Linear Programming in a SEAD Mission[C]// American Institute of Aeronautics and Astronautics, 2006 :1211 -1225.

[13] Bangash Z A, Sanchez R P, Ahmed A. Aerodynamics of Formation Flight [C] // 42nd AIAA Aerospace Sciences Meeting and Exhibit, 2003 : 1210 -1223.

[14] Gu Y, Seanor B, Campa G, et al. Design and Flight Testing Evaluation of Formation Control Laws [J]. IEEE Transactions on Control Systems Technology , 2006, 14 (6):1105－1112.

[15] Sinsley L, M Iller, Long N, et al. An Intelligent Controller for Collaborative

Unmanned Air Vehicles[C]. Proceedings of the 2007 IEEE Symposium on Computational Intelligence in Security and Defense Applications. USA, 2007: 139 - 214.

[16] Iannotta B. Vortex Draws Flight Research Forward [J] . Aerospace America, 2002, 40 (3):26 - 30.

[17] Ray R J, Cobleigh B R, Vachon M J, et al. Flight Test Techniques used to Evaluate Performance Benefits during Formation Flight [R]. 2002, AIAA - 2002 - 4492.

[18] William B. Drag Reduction from Formation Flight[R]. Flying Aircraft in Bird -Like Formations Could Significantly Increase Range, 2002.

[19] Wagner G, Jacques D, Blake W, Pachter M. An Analytical Study of Drag Reduction in Tight Formation Flight [C]. AIAA Atmospheric Flight Mechanics Conference, Montreal, Quebec, 2001,AIAA - 2001 - 4075.

[20] Bin L, Liao X H, Sun Z. Robust Autopilot for Close Formation Flight of Multi — UAVs [C]. The 38th Southeastern Symposium on System Theory Tennessee Technological University Cookeville, TN, USA, March 5 - 7, 2006.

[21] Li Y, Bin L. Fuzzy Technique Based Close Formation Flight Control[J]. IEEE, Department of Electrical Engineering North Carolina A&T State University, Greensboro, NC 27411,2005.

[22] Andrew W, Proud B S. Close Formation Flight Control[D]. the Air Force Institute of Technology , Air University,USA,1999.

[23] Giulietti F, Lorenzo P, Mario Innocenti. Autonomous Formation Flight [J]. IEEE Control Systems Magazine, 2000, 25(12): 34 - 45.

[24] Giulietti F, Innocenti M, Napolitano M. Dynamic and Control Issues of Formation Flight [J]. Aerospace Science and Technology, 2005, 36 (9): 65 - 71.

[25] Sai Ming Li, Jovan D Boskovic, Raman K Mehra. Globally Stable Automatic Formation Flight Control in Two Dimensions [C]// AIAA Guidance, Navigation, and Control Conference and Exhibit, 6 - 9, August Montreal, Canada, 2001,AIAA - 176 - 182.

[26] BinZuo, Yun'an Hu. UAV Tight Formation Flight Modeling And Autopilot Designing [C]// Proceedings of the 5th World Congress on Intelligent Control and Automation, Hangzhou, June 15 - 19, 2004: 180 - 183.

[27] Elham Semsar. Adaptive Formation Control of UAVs in the Presence of

Unknown Vortex Forces and Leader Commands [C]// Proceedings of the 2006 American Control Conference Minneapolis, Minnesota, USA, 2006: 3563 - 3569.

[28] Shawn B. McCamish, B S. Optimal Formation Flight Control[D]. School of Engineering and Management, Air Force Institute of Technology, Air University, USA,1995.

[29] Boskovic J D, Sai Ming Li, R K Mehra. Semi - Globally Stable Formation Flight Control Design in Three Dimensions [C] Proceedings of the 40th IEEE Conference on Decision and Control,USA,2001, 2: 1059 - 1064.

[30] Seungkeun K, Youdan K. Optimum Design of Three - Dimensional Behavioural Decentralized Controller for UAV Formation Flight [J]. Engineering Optimization,2009,41(3): 199 - 224.

[31] Hummel D. The Use of Aircraft Wakes to Achieve Power Reduction in Formation Flight[A]. Proceedings of the Fluid Dynamics Panel Symposium, 1996:1777 - 1794.

[32] Chichka D F,Speyer J,Park C G. PeakSeeking Control with Application to Formation Flight[A]. Proceedings of the 38th IEEE Conference on Decision and control. Piscataway, 1999:2463 - 2470.

[33] Travis Dierks, Jagannathan S. Neural Network Control of Quadrotor UAV Formations [C]. 2009 American Control Conference Hyatt Regency Riverfront, USA, June 10 - 12, 2009:1307 - 1315.

[34] 朱战霞,郑莉莉. 无人机编队飞行控制器设计[J]. 飞行力学,2007,25(4): 22 -24.

[35] 胡云安,左斌. 无人机近距离编队飞行模型建立及控制器设计[J]. 飞行力学, 2008,25(5):879 - 882.

[36] 刘小雄,章卫国,王振华,等. 无人机自适应编队飞行控制设计与仿真[J]. 系统仿真学报,2009,21(5): 1420 - 1422.

[37] 王正,朱兴动. 无人机全局渐近稳定自动编队飞行控制研究[J]. 系统仿真学报,2009,21(7):2014 - 1017.

[38] 刘成功,杨忠,樊琼剑. 基于 CMAC 的无人机紧密编队飞行控制研究[J]. 传感器与微系统,2009,28(7):37 - 41.

[39] 秦世引,潘宇雄,苏善伟. 小型无人机编队飞行的控制律设计与仿真[J]. 智能系统学报,2009,4(3):218 - 225.

[40] 万婧,艾剑良. 无人机编队飞行模糊控制系统设计与仿真[J]. 系统仿真学报,2009,21(13):4183 - 4186.

[41] 李广文，蒋正雄，贾秋玲. 分布式多无人机编队控制系统仿真[J]. 计算机仿真,2010,27(2):101 - 105.

[42] 胡云安,左斌.应用极值搜索算法优化无人机近距离编队飞行[J].飞行力学,2005,23(3):37 - 40.

[43] Schumacher C J, Khargonekar P P, McClamroch N H. Stability Analysis of Dynamic Inversion Controllers Using Time - Scale Separation[C]. Proc. AIAA Guidance, Navigation, and Control Conference and Exhibit, Boston, MA, Aug. 10 - 12, 1998, AIAA - 1998 - 4322.

[44] Schumacher C J, Kumar R. Adaptive Control of UAVs in Close - Coupled Formation Flight [C]. Proceeding of the American Control Conference, Chicago, USA, 2000. USA:IEEE,2000: 849 - 853.

[45] Sahjendra N. Singh, Adaptive Feedback Linearizing Nonlinear Close Formation Control of UAVs [C]. The American Control Conference, June 2000.

[46] 李文皓，张珩. 用于多无人机编队飞行的 PIDA+逆飞行控制器[J].系统仿真学报，2009,21(19):6221 - 6224.

[47] 肖健，陈谋，姜长生. 基于动态逆的队形保持控制器设计[J]. 电光与控制，2008,15(3): 29 - 32.

[48] Dong J X, Yang G H. Static Output Feedback Control Synthesis for Linear Systems with Time - Invariant Parametric Uncertainties[J]. IEEE Trans. Automat. Control, 2007,52(10): 1930 - 1936.

[49] Lee K H, Lee J H, Kwon W H. Sufficient LMI Conditions for Output Feedback Stabilization of Linear Discrete - Time Systems[J]. IEEE Trans. Automat. Control, 2006,51(4): 675 - 680.

[50] Kharitonov V L. Asymptotic Stability of an Equilibrium Position of a Family of Systems of Linear Differential Equations Differential[J]. IEEE Trans. Automat Control,14: 2086 - 2088, 1978.

[51] Doyle J C. Analysis of Feedback Systems with Structured Uncertainties[J]. IEEE, Proc. Part D. 129: 242 - 251, 1982.

[52] Zames G. Feedback and Optimal Sensitivity Model Reference Transformations , Multiplicative Seminorms, and Approximation Inverses[J]. IEEE Trans. AC, 26: 301 - 320, 1981.

[53] 冯纯伯，田玉平，忻欣. 鲁棒控制系统设计[M]. 南京:东南大学出版社,1995.

[54] 郭雷,冯纯伯.基于 LMI 方法的鲁棒 H_∞ 性能问题[J].控制与决策,1999,14

(1) ：61 - 64.

[55] 俞立. 具有闭环区域极点约束的鲁棒协方差输出反馈控制器设计[M]. 自动化学报，28(5)，1999.

[56] 高会军. 基于参数依赖 Lyapunov 函数的不确定动态系统的分析与综合[D]. 哈尔滨：哈尔滨工业大学，2005

[57] Huijun Gao，Tongwen Chen，James Lam. A New Delay System Approach to Network Based Control[J]. Automatica. 44：39 - 52，2008.

[58] Mekheal E，El - Singaby M I，Khalil A. Robust Controller Design Using Loop - Shaping and Method of Inequalities[J]. IEEE ISIE 2006，July 9 - 12，2006，Montreal，Quebec，Canada.

[59] 李爱军，王伟，章卫国，等. 神经网络动态逆方法在飞控系统设计中的应用[J]. 飞行力学，2001，19(3)：70 - 73.

[60] 王欣. 飞机鲁棒控制器设计及稳定裕度研究[D]. 西安：西北工业大学，2004.

[61] 骆成勋. 非线性系统的鲁棒控制[D]. 新乡：河南师范大学，2009.

[62] 闫根峰. 一类非线性系统的鲁棒自适应逆最优跟踪[D]. 合肥：中国科学技术大学，2005.

[63] 周丽，姜长生，文杰. 超机动飞行的非线性鲁棒自适应控制系统研究[J]. 系统工程与电子技术，2008，30(4)：710 - 714.

[64] 王峰. 无人机飞行运动建模与自主飞行控制技术研究[D]. 南京：南京航空航天大学，2009.

[65] 陈龙胜，王长坤. 基于神经网络的自动着陆飞行鲁棒自适应逆控制[J]. 飞行力学，2010，28(4)：32 - 36.

[66] Ollerenshaw D，Costello M. Simplified Projectile Swerve Solution for Control Inputs[J]. Journal of Guidance，Control and Dynamics，2008，31 (5)：1259 -1265.

[67] Doyle J，Wall J E，Stein G. Performance and Robustness Analysis for Structured Uncertainty[J]，Processing Of IEEE Control Decision Conference，1982：629 - 636.

[68] Littleboy D M，Smith P R. Using Bifurcation Methods to Aid Nonlinear Dynamic Inversion Control Law Design[M]，Journal of Guidance，Control，and Dynamics，1998，21(4) ：632 - 638.

[69] Kocks K. Systems That Permit Everyone to Fly[J]. Avionics Magazine，March 2001：16 - 20.

[70] Rogalski T，Doga B. Algorithms Improving Flying Qualities of General

Aviation Aircraft[J]. Aviation, 2006: 17 - 21.

[71] Widrow B, Walach E. 自适应控制[M]. 刘绍棠，韩崇昭，译. 西安：西安交通大学出版社，2001：1 - 20.

[72] Widrow b, Plett G L. Nonlinear Adaptive Inverse Control[C]. The 36th Conference on Decision and Control, San Diego, California，1997：1032 - 1037.

[73] Widrow B, Plett G L. Adaptive Inverse Control Based on Linear and Nonlinear Adaptive Filtering. Intelligence Workshop on Neural Networks for Identification Control[J]. Robotics and Signal/Image Processing, Venice, Italy，1996：30 - 38.

[74] 刘小华. 模糊神经网络在飞机自动着陆系统中的应用研究[D]. 长春：长春理工大学，2008.

[75] 苏丙未，万胜. 一种基于动态逆的控制方案在无人机中的应用研究[J]. 南京航空航天大学学报，2000，32(6)：706 - 710.

[76] 杨志峰，雷虎民，李庆良. 基于逆误差补偿的非线性导弹控制器设计[J]. 飞行力学，2010，28(4)：54 - 58.

[77] 徐见源. 非线性动态逆在飞行器姿态控制中的应用研究[D]. 天津：中国民用航空学院，2004.

[78] 孙国强，胡寿松. 基于神经网络动态逆的歼击机自适应跟踪控制[J]. 南京航空航天大学学报，2004，36(4)：516 - 519.

[79] 朱荣刚，姜长生. 新一代歼击机超机动飞行的动态逆控制[J]. 航空学报，2003，24(3)：242 - 245.

[80] 苏丙未，曹云峰，陈欣，等. 一种鲁棒自适应 Backstepping 控制方案研究[J]. 应用科学学报，2002，20(4)：350 - 353.

[81] 周丽，姜长生，都延丽. 一种基于反步法的鲁棒自适应终端滑模控制[J]. 控制理论与应用，2009，26(6)：678 - 682.

[82] 朱荣刚，姜长生. 超机动飞行的神经网络动态逆控制[J]. 南京航空航天大学学报，2004，35(2)：168 - 172.

[83] 谢蓉，王新民，李俨. 超机动飞机动态逆 PID 控制器设计[J]. 飞行力学，2009，27(2)：67 - 71.

[84] 高伟，王生，姜鲁华. 基于神经网络动态逆的飞艇定点控制及仿真[J]. 微计算机信息，2010，26(1)：56 - 57.

[85] 李林侃，樊战旗，杨军. 鲁棒动态逆控制在无人机姿态控制中的应用研究[J]. 弹箭与制导学报，2008，28(1)：83 - 92.

[86] 陈欣，潘常春. H_∞控制与逆系统在无人机直接侧力控制中的应用[J]. 南京航空航天大学学报，2006，38(1)：33 - 36.

[87] Joongbo Seo, Chaeik Ahn, Youdan Kim. Controller Design for UAV Formation Flight Using Consensus based Decentralized Approach[C]. AIAA Unmanned. Unlimited Conference 6 - 9 April 2009, Seattle, Washington. AIAA 2009 -1826.

[88] Masayuki Suzuki, Kenji Uchiyama. Three - Dimensional Formation Flying Using Bifurcating Potential Fields[C]. AIAA Guidance, Navigation, and Control Conference 10 - 13 August 2009, Chicago, Illinois. AIAA 2009 -5884.

[89] Galzi D, Shtessel Y. Closed - Coupled Formation Flight Control Using Quasi - Continuous High - Order Sliding - Mode [J]. IEEE, the 2007 American Control Conference Marriott Marquis Hotel at Times Square New York City, USA, July 11 - 13, 2007.

[90] Achudhan Sivakumar, Colin Keng - Yan Tan. Formation Control for Lightweight UAVs Under Realistic Communications and Wind Conditions[C]. AIAA Guidance, Navigation, and Control Conference 10 - 13 August 2009, Chicago, Illinois. AIAA 2009 - 5885.

[91] Zhao Weihua, Tiauw Hiong Go. 3 - D Formulation of Formation Flight Based on Model Predictive Control with Collision Avoidance Scheme[C]. 48th AIAA Aerospace Sciences Meeting Including the New Horizons Forum and Aerospace Exposition 4 - 7 January 2010, Orlando, Florida. AIAA 2010 - 493.

[92] Michael J, Veth B S. Advanced Formation Flight Control [D]. Department of the Air Force Air University, USA,1994.

[93] Vincent P, Reyna B S. Automation of Formation Flight Control[D]. The Air Force Institute of Technology, Air University, USA,1994.

[94] Eugene H, Wagner Jr B S. An Analytical Study of T - 38 Drag Reduction in Tight Formation Flight [D]. Department of the Air Force Air University, USA, 2002.

[95] Steven M, Ross B S. Formation Flight Control for Aerial Refueling [D]. School of Engineering and Management, Air Force Institute of Technology, Air University, USA, 2006.

[96] Ryan K. Osteroos, B S. Full Capability Formation Flight Control[D]. School of Engineering and Management, Air Force Institute of Technology, Air University, USA, 2005.

[97] Shawn B, McCamish B S. Optimal Formation Flight Control[D]. School of

Engineering and Management, Air Force Institute of Technology, Air University, USA,1995.

[98] Duncan McFarlane, Keith Glover. A Loop Shaping Design Procedure Using Synthesis[J]. IEEE Transactions on Automatic Control, 1992, 37(6): 233-242.

[99] Saber R O, Murray R M. Distributed Structural Stabilization and Tracking for Formations of Dynamic Multi-Agents[C]//Proceedings of the 41st IEEE Conference on Decision and Control. 2002:209-215.

[100] Stipanovic D M, Inalhan G R, Tomlin C J. Decentralized Overlapping Control of a Formation of Unmanned Aerial Vehicles[C]//Proceedings of the 41st IEEE Conference on Decision and Control. 2002: 2829-2835.

[101] Pollini L, Giulietti F, Innocenti M. Robustness to Communication Failures within Formation Flight [C]// Proceedings of the American Control Conference. 2002:2860-2866.

[102] Walls J, Howard A, Homaifar A, et al. A Generalized Framework for Autonomous Formation Reconfiguration of Multiple Spacecraft [C]// Aerospace Conference. 2005:397-406.

[103] Lucas A, Ronnquist R, Ljungberg M, et al. Teamed UAVs: A New Approach with Intelligent Agents[R]. 2003, AIAA-2003-6574.

[104] 王晋云，魏瑞轩，刘月，等. 无人机紧密编队队形构成控制[J]. 飞行力学，2008，26(6):34-37.

[105] Wolfe J D, Chichka D F, Speyer J L. Decentralized Controllers for Unmanned Aerial Vehicles Formation Flight. In Proceedings of the AIAA GNC Conference. 1996.

[106] Wang X H, Vivek Yadav, Balakrishnan S N. Cooperative UAV Formation Flying With Obstacle/Collision Avoidance[C]. IEEE Transaction on Control Systems Technology, 2007:672-679.

[107] McLain Timothy W, Chandler Phillip R, Pachter Meir. A Decomposition Strategy for Optimal Coordination of Unmanned Air Vehicle. Proceedings of the American Control Conference, 2000:369-373.

[108] 宋绍梅，张克，关世义. 基于层次分解策略的无人机多机协同航线规划方法研究[J]. 战术导弹技术,2004,(1):44-48.

[109] 贾秋玲，李广文，闫建国. 基于遗传算法的多无人机协同逆推式路径规划[J]. 西北工业大学学报,2007,25(4):590-594.

[110] 丁琳，高晓光，王健，等. 针对突发威胁的无人机多机协同航段规划的方

法[J]. 火力与指挥控制,2005,30 (7):5 - 9.

[111] 秦硕，朱凡，刘永学,等. 多 UAV 协同路径规划研究[J]. 系统仿真学报，2008，20(23):6356 - 6364.

[112] 史战伟，周成平，丁明跃. 基于进化计算的多无人飞行器协同航迹规划[J]. 战术导弹技术，2007(5):49 - 53.

[113] Wagner G, Jacques D, Blake W, et al. An Analytical Study of Drag Reduction in Tight Formation Flight [C]. AIAA Atmospheric Flight Mechanics Conference, Montreal, Quebec, 2001. AIAA - 2001 - 4075.

[114] Giulietti F, Pollini L, Innocenti M. Autonomous Formation Flight [J]. IEEE Control Systems Magazine (S0272 - 1708), 2000, 25(12): 34 - 45.

[115] 熊伟，陈宗基，周锐. 运用混合遗传算法的多机编队重构优化方法[J]. 航空学报,2008,(29),Sup:S209 - S214.

[116] Behcet A, Daniel S P, Emmanuell M A, et al. A Convex Guidance Algorithm for Formation Reconfiguration [C]//AIAA Guidance, Navigation, and Control Conference and Exhibit, Keystone, Colorado, 21 - 24 August 2006, AIAA - 2006 - 6070.

[117] 嵇亮亮. 无人机的导引及协同编队飞行控制技术研究[D]. 南京:南京航空航天大学,2008.

[118] Pollid L, Giulietti F, Innocenti M. Robustness to Communication Failures within Formation Flight [C]//Proceedings of the American Control Conference, Anchorage, May 8 - 10, 2002:2860 - 2866.

[119] Dušan M S, Gökhan Nalhan, Teo R, et al. Decentralized Overlapping Control of a Formation of Unmanned Aerial Vehicles [J]. Automatic, 2004, (40): 1285 - 1296.

[120] Arimoto S, Noborio H, Fukuda S, et al. A Feasible Approach to Automatic Planning of Collision - Free Robot Motions[C]. The Fourth International Symposium, 1988:479 - 488.

[121] Stewart M G, Johnson E N. 3D Obstacle Avoidance in Adversarial Environments for Unmanned Aerial Vehicles [C]. AIAA Guidance, Navigation, and Control Conference and Exhibit, Keystone, Colorado, 2006, AIAA - 2006 - 6542.

[122] Larson R, Pachter M, Mears M. Path Planning by Unmanned Air Vehicles for Engaging an Integrated Radar Network[C]. AIAA Guidance, Navigation, and Control Conference and Exhibit, San Francisco, California, 2005, AIAA - 2005 - 6191.

[123] Pollini L, Mati R, Innocenti M. A Synthetic Environment for Simulation of Vision - Based Formation Flight [C]. AIAA Modeling and Simulation Technologies Conference and Exhibit, Austin, Texas, 2003, AIAA - 2003 -5376.

[124] Teo R, Jang J S, Tomlin C J. Automated Multiple UAV Flight[R]. The Stanford Dragon Fly UAV Program, Stanford University, 2003.

[125] 王锐，宋科璞，车军. 基于分散式 RHC 算法的无人机编队碰撞避免研究[J]. 航空计算技术，2008，38(3)：56 - 63.

[126] 周炜，魏瑞轩，董志兴. 基于层次分解策略无人机编队避障方法[J]. 系统工程与电子技术，2009，31(5)：1152 - 1157.

[127] Pruett S H, Slutz G J, et al. Hardware - In - The - Loop Simulation using Open Control Platform [C]. AIAA Modeling&Simulation Technologies Conference, Austin, Texas , 2003:1 - 11.

[128] Nettleton E, Ridley M, Sukkarieh S, et al. Implementation of a decent ralised sensing network aboard mulitiple UAVs [J] . Telecommunication Systems, 2004 ,26 (4) :253 - 284.

[129] Jeffrey M, Fowler R. Formation Experiment [J]. IEEE Control Systems Magazine, 2003,(10) : 272 - 275.

[130] How J, Kuwata Y, King E. Flight Demonst Rations of Cooperative Control for UAV Teams[R]. AIAA 3rd Unmanned Unlimited Technical Conference, Workshop and Exhibit, Chicago, Illinois,2004. AIAA - 2004 - 6490.

[131] Louis E Buzogany. Automated Control of Aircraft in Formation Flight, MS Thesis, AFIT/GE/ENG/92D - 07. Graduate School of Engineering, Air Force Institute of Technology (AU), Wright - Patterson AFB OH, December 1992.

[132] Andrew W P, Pachter M, Azzo J J. Close Formation Flight Control [C]// AIAA Guidance, Navigation, and Control Conference and Exhibit Portland, 1999,AIAA - 1231 - 1246.

[133] 李文皓，张珩. 分布式多无人机编队飞行的阵形保持策略[J]. 系统仿真学报，2007，19(20)：4765 - 4768.

[134] Paul R, Rohs. A Fully Coupled, Automated Formation Flight Control System for Dissimilar Aircraft in Maneuvering Formation Flight[D]. MS Thesis, AFIT/GE/ENG/91M - 03, Graduate School of Engineering, Air Force Institute of Technology (AU), USA,1991.

[135] Louis E Buzogany, Pachter M, D'Azzo J J. Automated Control of Aircraft

卓越大学出版联盟

in Formation Flight [J]. Proceedings of the 1993 AIAA Guidance, Navigation, and Control Conference, Monterey, CA, August 1993: 1349 -1369.

[136] Lydia E, Kavraki, et al. Analysis of Probabilistic Roadmaps for Path planning[J]. IEEE transactions on Robotics and Automation, 1998,14(1): 166 - 171.

[137] 杨遵，雷虎民. 一种多无人机协同侦察航迹规划算法仿真[J]. 系统仿真学报，2007，19(2)：433 - 436.

[138] 宋建梅，李侃. 以机动过载为控制量的低空突防导弹三维航迹规划方法. 中国专利：200710118205X，2008 - 1 - 9.

[139] 柳长安，王和平，李为吉，等. 无人机的协同侦察航迹规划[J]. 火力与指挥控制，2004，29(2)：60 - 63.

[140] PerOl of Petterssion, Patrick Doherty. Probabilistic Roadmap Based Path Planning for an Autonomous Unmanned Helicopter [J]. Journal of Intelligent and Fuzzy Systems, 2006, 17(2):395 - 405.

[141] Hanna Kurniawati. Overview of Motion Planning Problem&Probabilistic Roadmap Planner[J]. MediaTech Discussion Group, 2004:1 - 60.

[142] Svestka P, Overmars M H. Probabilistic Path Planning [J]. Robot Motion Planning and Control, 1988, 22(9):255 - 304.

[143] Lydia E Kavraki. Analysis of Probabilistic Roadmap for Path Planning[J]. IEEE Transactions on Robotics and Automation (S0882 - 4967), 1998, 14 (1):166 - 171.

[144] Kavraki L E, Latombe J C. Randomized Preprocessing of Configuration Space for Fast Planning[C]. IEEE Conference of Robotics and Automation, San Diego, CA, May, 8 - 13, 1994:2138 - 2145.

[145] Amato N M, Wu Y. A randomized roadmap method for path and manipulation planning[C]. In Proceedings of IEEE Conference on Robotics and Automation, 1996,1:113 - 120.

[146] Kavraki L E, Kolountzakis M N, Latombe J C. Analysis of probabilistic roadmaps for path planning[C]. In Proceedings of IEEE Conference on Robotics and Automation, 1996,3020 - 3025.

[147] 霍红卫. 算法设计与分析[M]. 西安：西安电子科技大学出版社，2005.

[148] Oussama Khatib. Real - Time Obstacle Avoidance for Manipulators and Mobile Robots [J]. Proc of the 1994 IEEE. 1986,5(1):90 - 98.

[149] 沈文君. 基于改进人工势场法的机器人路径规划算法研究[D]. 广州：暨

南大学，2009.5.
[150] 姚远，周兴社，张凯龙，等．基于稀疏 A^* 搜索和改进人工势场的无人机动态航迹规划[J]．控制理论与应用，2010，27(7)：954－958.
[151] 丁华胜，王华忠．基于PSO的人工势场法在移动机器人路径规划中的应用[J]．华东理工大学学报(自然科学版)，2010，36(5)：727－731.
[152] 纪迪．人工势场法在机器人避碰路径规划中的应用[J]．软件导刊，2010，19(7)：83－85.
[153] 王会丽，傅卫平，方宗德，等．基于改进的势场函数的移动机器人路径规划[J]．西安：机床与液压，2002(6)：67－68.
[154] 肖本贤，余雷，李善寿，等．逃逸人工势场法局部极小值策略的研究[J]．系统仿真学报，2007，19(19)：4495－4498.
[155] 肖本贤，李善寿，王晓伟，等．基于PSO和人工势场的机器人路径规划[J]．合肥工业大学学报(自然科学版)，2007，30(6)：718－722.
[156] 石为人，黄兴华，周伟．基于改进人工势场法的移动机器人路径规划[J]．计算机应用，2010，30(8)：2021－2023.
[157] 代永红．人工势场法路径规划的一种优化方法[J]．机电工程技术，2010，39(4)：69－72.
[158] David Eppstein. Finding the *k* Shortest Paths [J]. SIAM Journal of Computing, 1998, 28(2): 652－673.
[159] 周炳生．Floyed算法的一个通用程序及在图论中的应用[J]．杭州应用工程技术学院学报，1999，11(3)：1－9.
[160] 马炫．求解 *k* 条最优路径问题的遗传问题[J]．计算机工程与应用，2006，12：100－113.
[161] 柴登峰，张登荣．前 *N* 条最短路径问题的算法及应用[J]．浙江大学学报，2002，36(5)：531－534.
[162] 高松，陆锋，段滢滢．一种基于双向搜索的 *K* 则最优路径算法[J]．武汉大学学报，2008，33(4)：418－421.
[163] 白轶多，胡鹏，夏兰芳，等．关于 *K* 次短路径问题的分析与求解[J]．武汉大学学报，2009，34(4)：492－494.
[164] Brit R, Engelbrecht A P, Bergh F. A Nicking Particle Swarm Optimizer [C] In Proceedings of the 4th Asia - Pacific Conference on Simulated Evolution and Learning, Singapore, 2002, 2(2): 692－696.
[165] Beasley D, Bull D R, Martin R R. A Sequential Niche Technique for Multimodal Function Optimization [J]. Evolutionary Computation, 1993, 1(2): 101－125.

[166] Ester M, Krigel H P, Sander J. Density - Based Clustering in Spatial Databases the Algorithms GDBSCAN and Its Applications [J]. Data Mining and Knowledge Discovery, 1998, 2(2): 169 - 194.

[167] Katoh M, Masuda T, Nozaki S. Feedback Dynamic Inversion for Static and Dynamic Parallel Model by Differential Operator Method[J]. Proceedings of the 41st SICE Annual Conference, 2002(4): 5 - 7.

[168] Wang P K C. Navigation Strategies for Multiple Autonomous Mobile Robots Moving in Formation [J]. Journal of Robotic Systems, 1991, 8 (2): 177 -195.

[169] 邵壮,祝小平,周洲,等. 无人机编队机动飞行时的队形保持反馈控制[J]. 西北工业大学学报,2015,33(1): 26 - 32.

[170] 吕明海,魏瑞轩,许卓凡. 基于改进微分进化的无人机编队重构安全控制[J]. 电光与控制, 2014, 21(9): 65 - 70.

[171] 王建宏,邱继栋. 人机编队保持轨迹的对偶优化设计[J]. 电光与控制, 2014, 21(12): 15 - 19.

[172] 魏健,李相民,代进进. 基于预测控制的无人机编队内部避碰[J]. 海军航空工程学院学报,2015, 30(4): 387 - 391.

[173] 付幼明,闫建国,屈耀红,等. 基于自适应滤波的无人机编队防碰撞系统研究[J]. 计算机技术与发展,2013, 23(4): 254 - 257.

[174] 杨婧,史小平. 基于超扭曲算法的无人机动态逆编队控制器设计[J]. 系统工程与电子技术, 2014, 36(7): 1380 - 1385.

[175] 沈东,魏瑞轩,茹常剑. 基于数字信息素的无人机集群搜索控制方法[J]. 系统工程与电子技术,2013, 35(3): 591 - 596.

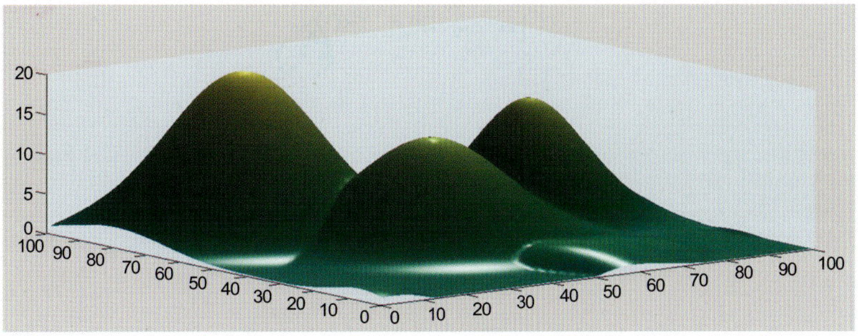

图5-11　三维自由构建C空间

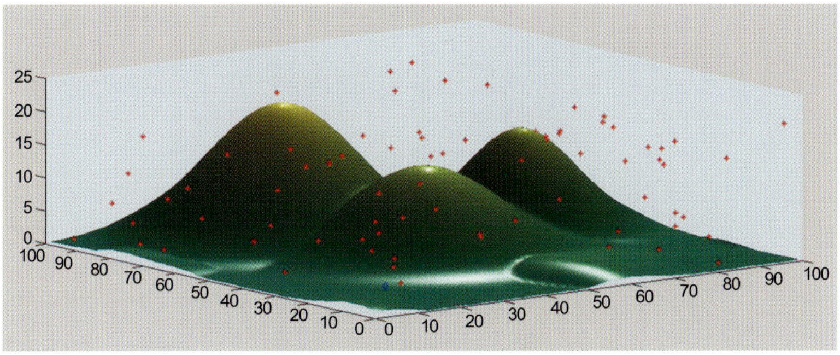

图5-12　随机采样点的分布

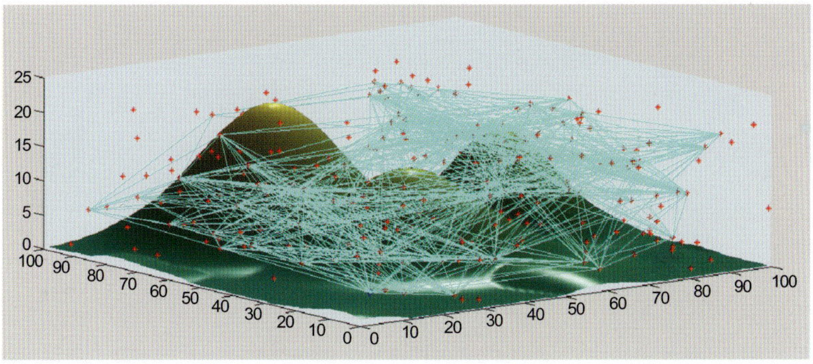

图5-13　概率地图的生成

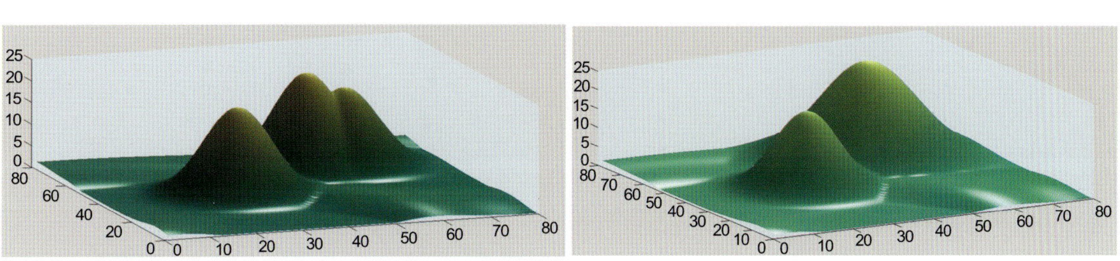

（a）　　　　　　　　　　　　（b）

图5-18　威胁源的连通过程

（a）初始威胁源示意图；（b）连通后的威胁源示意图

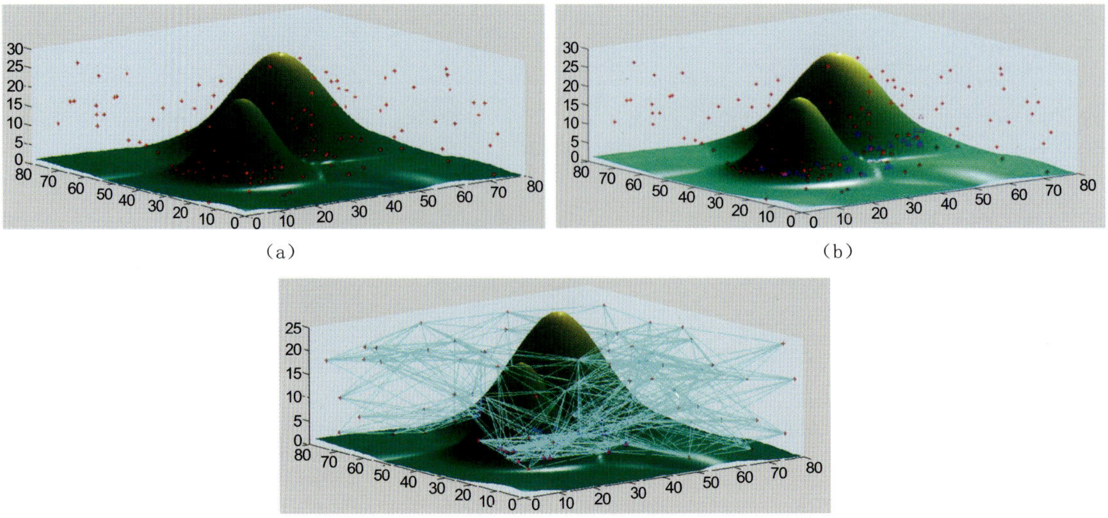

（a）　　　　　　　　（b）

（c）

图5-19　模拟概率地图的生成过程

（a）初始采样撒点；（b）进行地图增强；（c）构成模拟概率地图

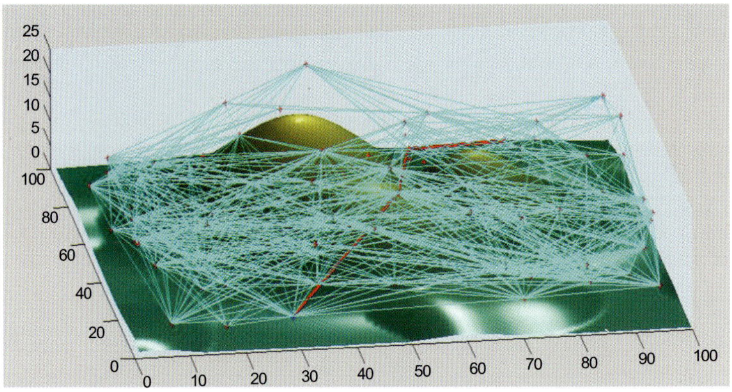

图5-20　飞行路径的搜索

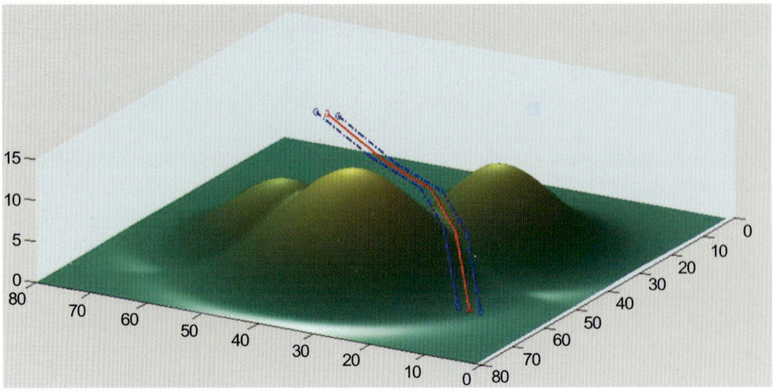

图5-21　多无人机协同编队飞行航迹

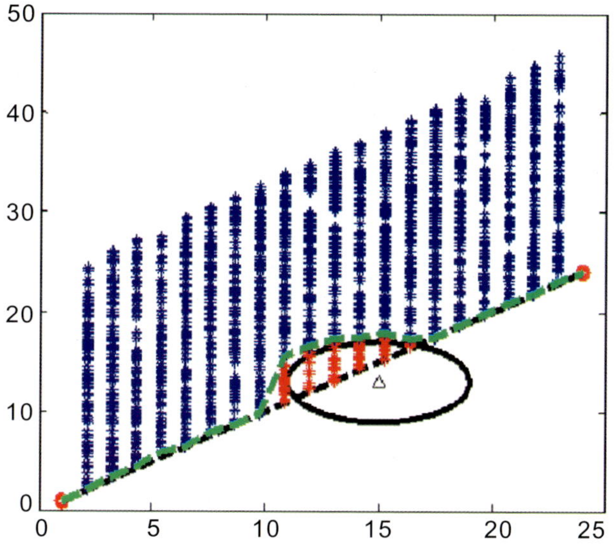

图5-24　二维平面单威胁实时重规划示意图

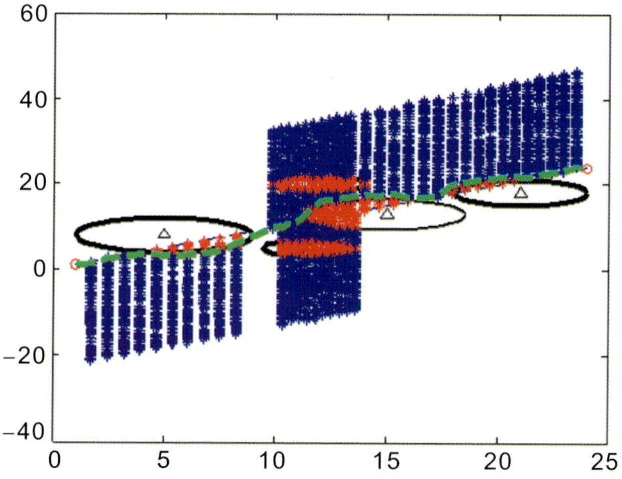

图5-25　二维平面多威胁实时重规划示意图

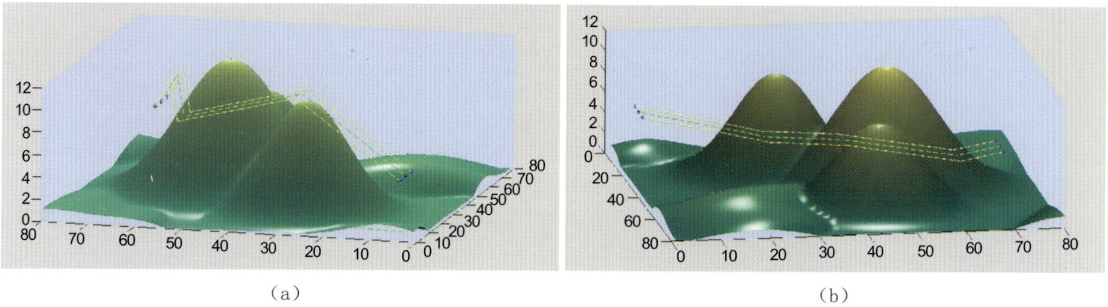

图5-26　多无人机协同编队飞行航迹平滑

（a）平滑前的编队飞行航迹；（b）平滑后的编队飞行航迹

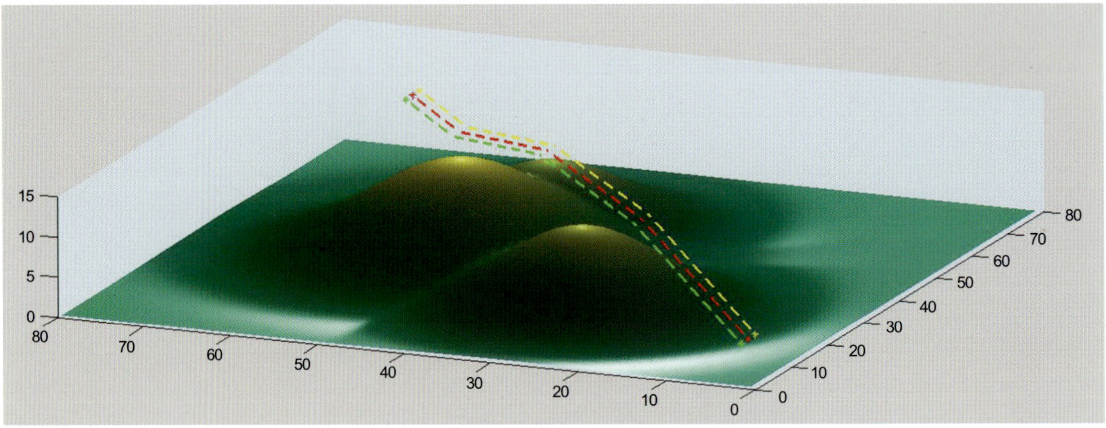

图5-27　多无人机离线协同编队飞行航迹

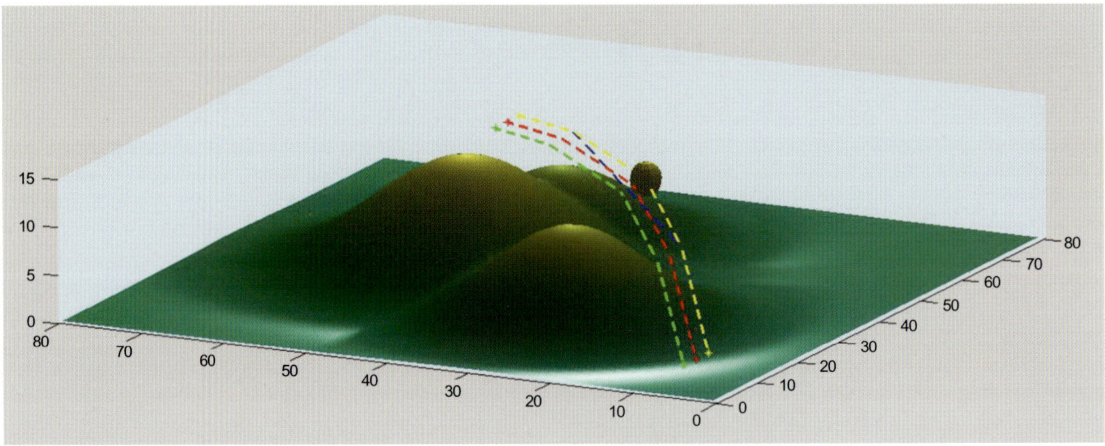

图5-28　多无人机实时协同编队飞行航迹

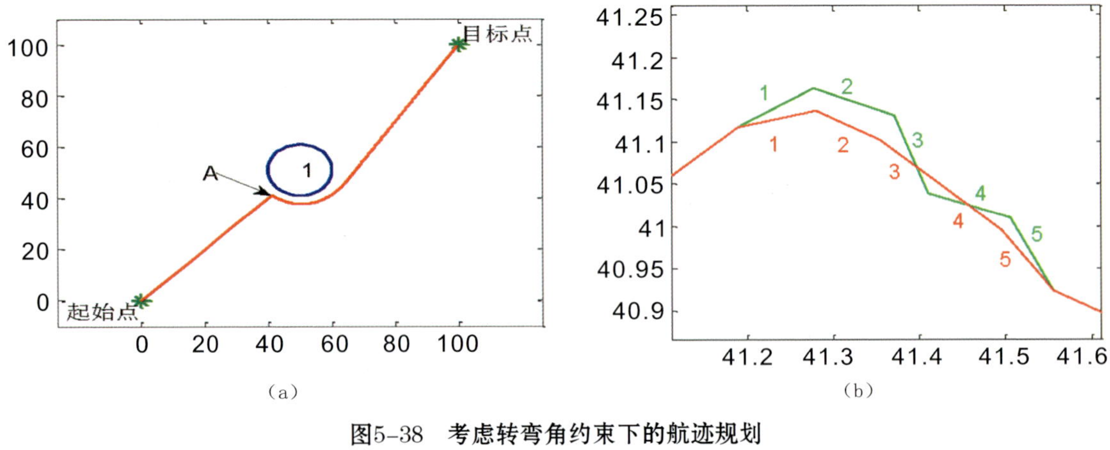

图5-38　考虑转弯角约束下的航迹规划

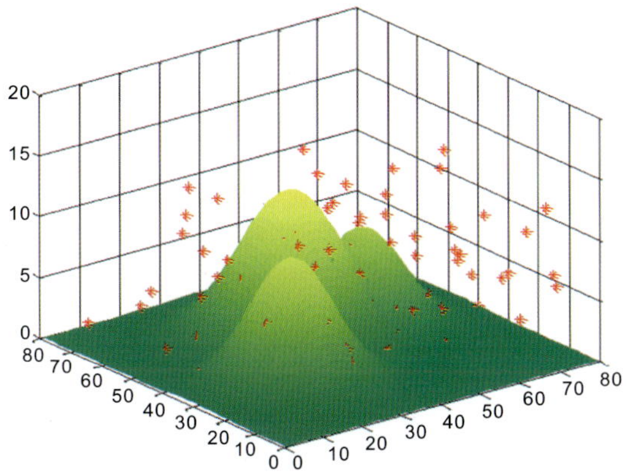

图5-42　采样点分布图

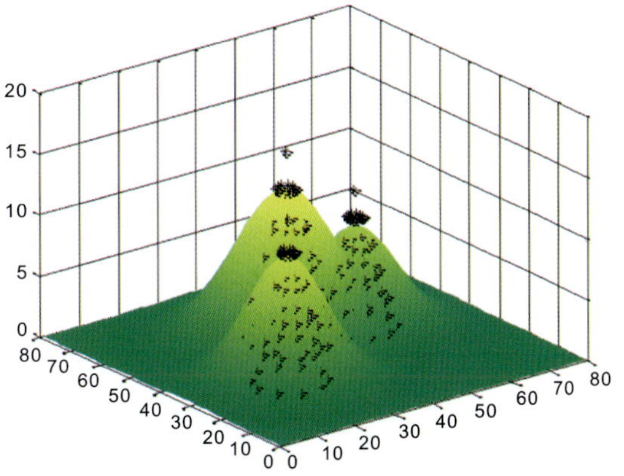

图5-43　概率地图增强

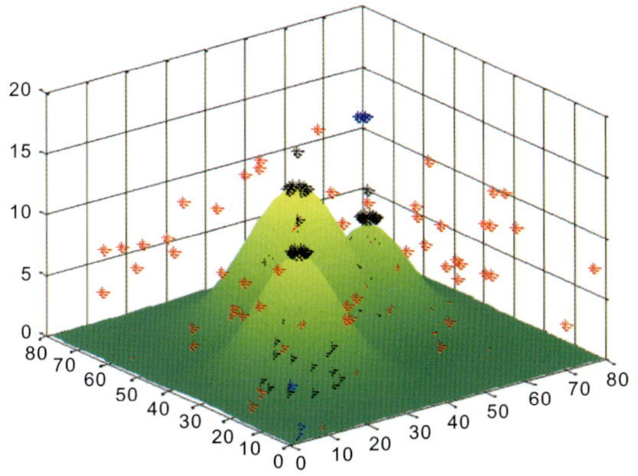

图5-44　概率地图

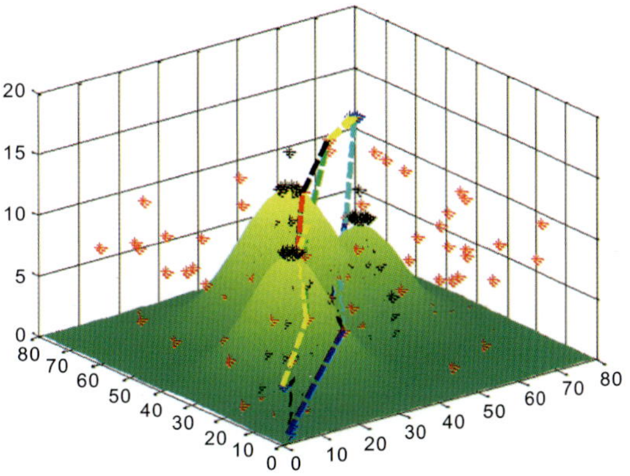

图5-47　前K条最短路径规划图

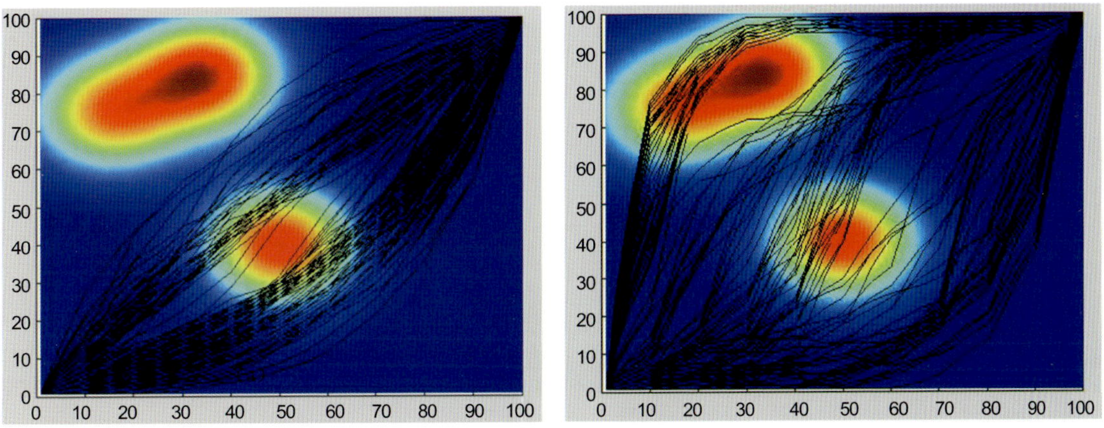

图5-52　航迹初始化示意图

(a) $\varphi=15^\circ$；(b) $\varphi=30^\circ$

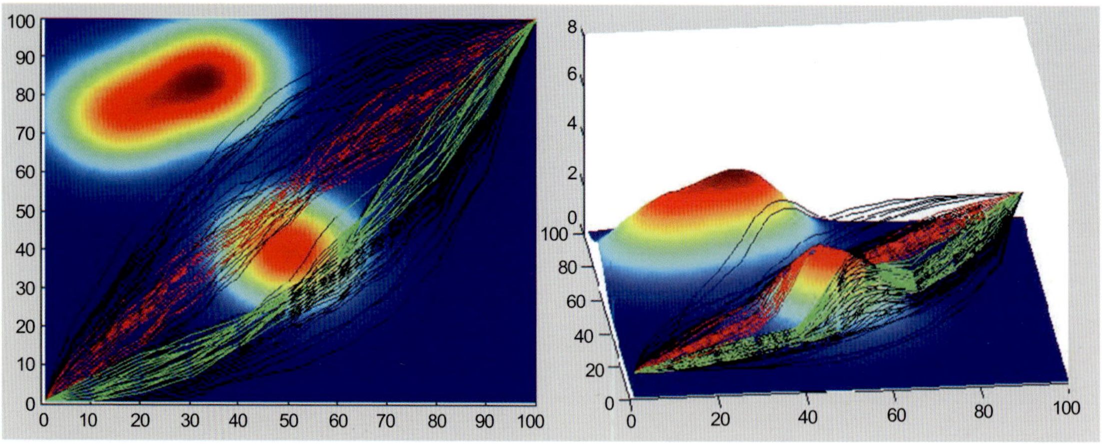

（a）

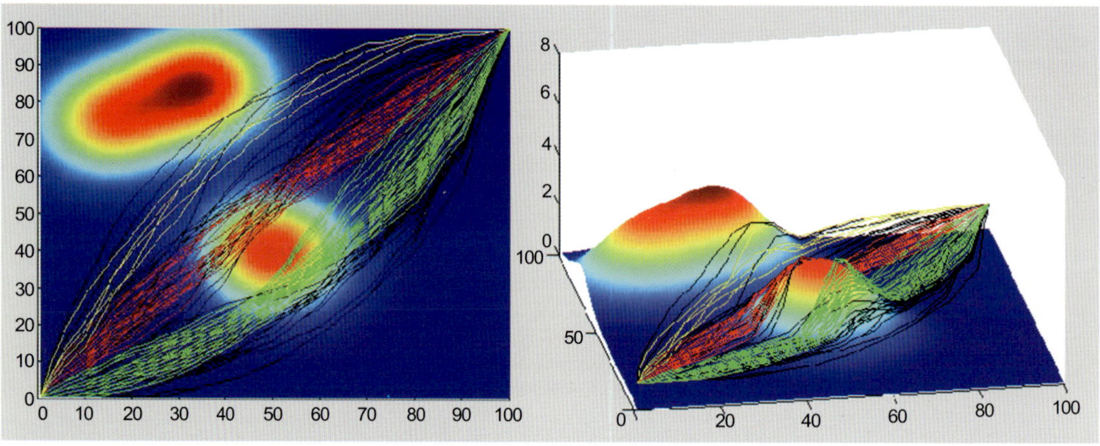

（b）

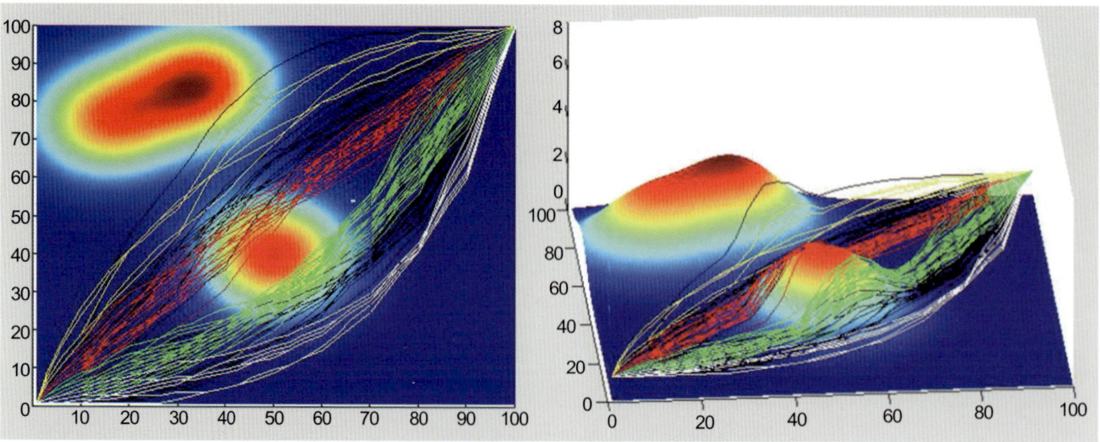

（c）

图5-53　小生境子种群划分结果

（a）n=2；（b）n=3；（c）n=4

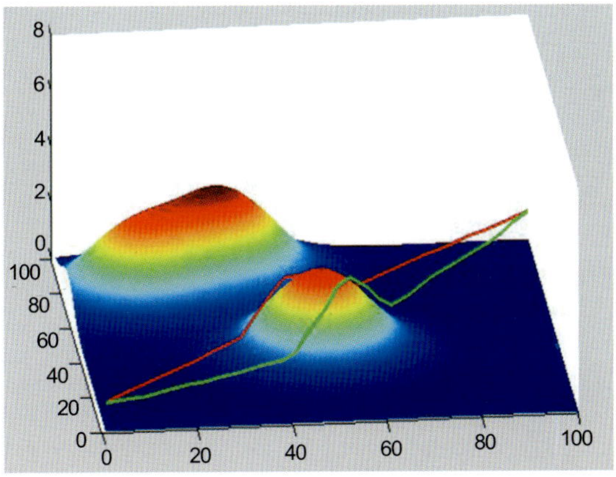

(a)

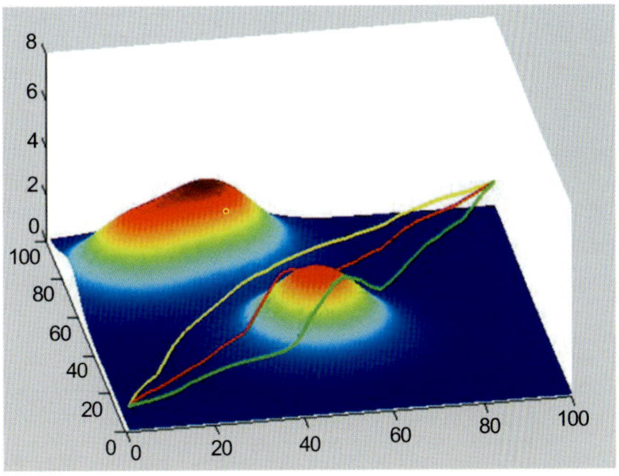

(b)

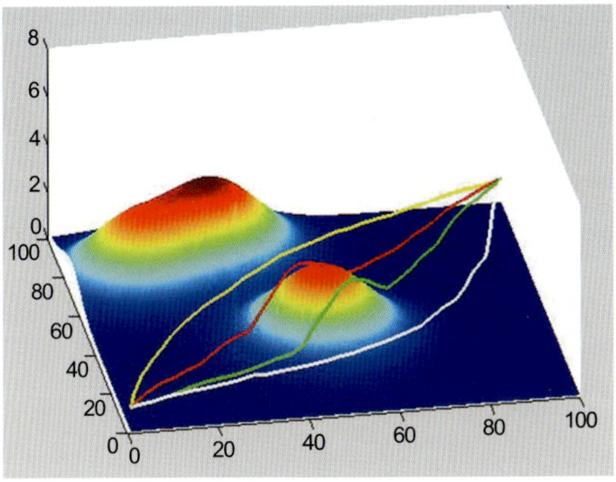

(c)

图5-54　基于小生境粒子群算法无人机编队航迹规划图

（a）n=2；（b）n=3；（c）n=4

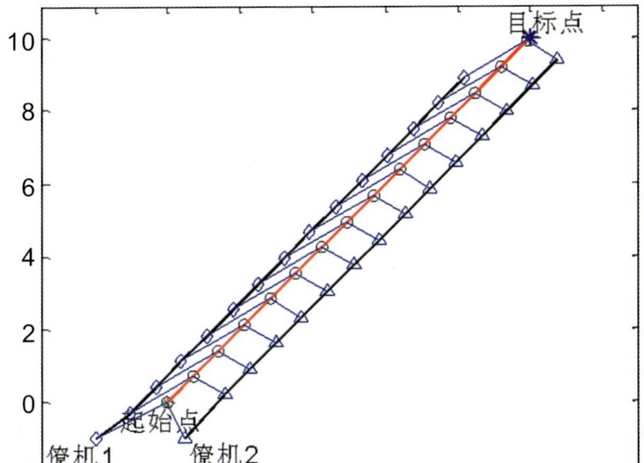

图6-89　基于人工势场的僚机跟随轨迹

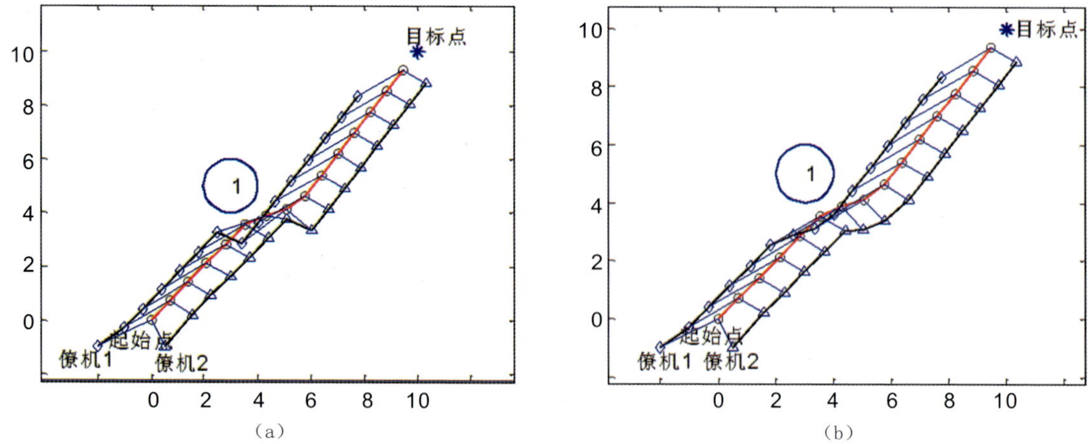

图6-90　障碍物环境下的编队轨迹

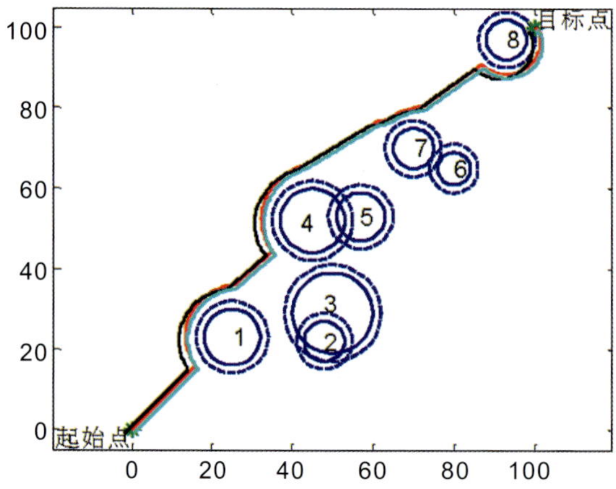

图6-91　长机-僚机编队控制跟随下的仿真航迹

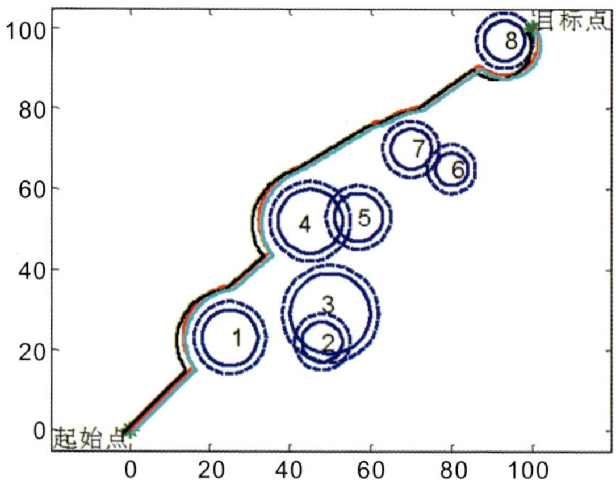

图6-93　多机编队航迹规划